Vue.js
项目开发实战

张 帆◎编著

U0370088

机械工业出版社
China Machine Press

图书在版编目（CIP）数据

Vue.js项目开发实战/张帆编著. —北京：机械工业出版社，2018.7（2021.3重印）

ISBN 978-7-111-60529-4

Ⅰ.V… Ⅱ.张… Ⅲ.网页制作工具－程序设计 Ⅳ.TP392.092.2

中国版本图书馆CIP数据核字（2018）第163311号

　　本书以JavaScript语言为基础，以Vue.js项目开发过程为主线，介绍了一整套面向Vue.js的项目开发技术。从NoSQL数据库的搭建到Express项目API的编写，最后再由Vue.js显示在前端页面中，让读者可以非常迅速地掌握一门技术，提高项目开发的能力。

　　本书分为4篇。第1篇介绍了Vue.js基础环境的搭建，是全书的基石；第2篇介绍了电影网站项目的设计，涵盖ES 6、Webpack、工程化环境搭建等关键技术；第3篇介绍了电影网站项目前端和后端的实现，涵盖Node.js后端技术、Vue.js各种组件和API等技术；第4篇介绍了页面优化，通过讲解一些Vue.js模板和框架的用法，带领读者制作更加美观的UI界面。

　　本书适合Vue.js初学者和进阶者阅读，也适合其他Web前端和后端开发爱好者阅读；对于一些IT领域的产品经理而言，本书也有较高的参考价值；对于一些培训机构和各类开设Web开发课程的学校来说，本书是一本很好的项目开发教程。

Vue.js 项目开发实战

出版发行：机械工业出版社（北京市西城区百万庄大街 22 号 邮政编码：100037）			
责任编辑：欧振旭 李华君		责任校对：姚志娟	
印　　刷：北京建宏印刷有限公司		版　　次：2021 年 3 月第 1 版第 5 次印刷	
开　　本：186mm×240mm 1/16		印　　张：22.25	
书　　号：ISBN 978-7-111-60529-4		定　　价：89.00 元	

凡购本书，如有缺页、倒页、脱页，由本社发行部调换

客服热线：（010）88379426　88361066　　　　　　投稿热线：（010）88379604
购书热线：（010）68326294　88379649　68995259　　读者信箱：hzit@hzbook.com

前言

随着手机和移动互联网市场的日益成熟，移动 App 领域也从如何开发，发展到如何更高效、更低成本地开发阶段。传统的原生平台（PC、iOS 和 Android）开发技术虽然比较成熟，但由于其开发效率和成本的限制，已经无法满足移动互联网 App 的开发需求。

跨平台技术横空出世，大量的 JavaScript 框架和工具得以迅速流行，而 Vue.js 跃升为其中的佼佼者，成为构建用户界面的绝佳实践技术之一。

Vue.js 是一套构建用户界面的渐进式框架。与其他重量级框架不同的是，Vue.js 的核心库只关注视图层，并且采用自底向上增量开发的设计，非常容易学习。

Vue.js 完全有能力驱动采用单文件组件和 Vue.js 生态系统支持的库来开发复杂的单页应用，它本身也非常容易与其他库或已有项目进行整合。

目前，市面上有关 Vue.js 的书甚是驳杂，大多数是对专业文档的复述和非常难懂的底层知识的介绍。很难想象一个编程的初学者，或者只是一个初期尝试 Web 开发的学生该如何阅读这样的书。

而本书是一本专注于 Vue.js 项目实战的书，内容涵盖应用广泛的前端和后端技术，可以指导读者构建自身的知识框架。Vue.js 主要擅长前端视图层的开发，本书不但介绍了 Vue.js 的一些开发技巧，而且用大量篇幅介绍了如何构建一个合格的工程项目，以及如何用 Vue.js 在一个项目中开发出所需要的效果。

本书以实战为主旨，从一个由 Node.js 开发的完整后台开始，去制作一个电影网站，完成这项工程的每一个步骤，从而提高读者的整体技术水平。本书涵盖了 Vue.js 中常用的组件、API、布局、第三方 UI 组件库、请求和数据更新等内容，可以让读者全面、深入、透彻地理解 Vue.js 主流开发技术和整个项目工程的设计方法，从而提升实际开发水平和项目实战能力。

本书涉及的知识点较多，如图 1 的词云图所示。即便是一个对 Vue.js 一无所知的"小白"，通过阅读本书，也可以一点一滴地积累知识，完成整个 Vue.js 的学习。

图 1　词云图

本书的学习流程如图 2 所示。

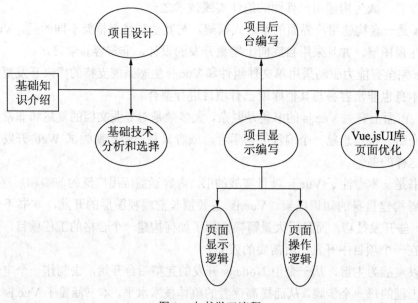

图 2　本书学习流程

本书特色

1. 涵盖Web开发的常用技术

本书不仅是一本介绍 Vue.js 框架技术的图书，更是一本 JavaScript 全栈技术图书。书中不仅涵盖从 HTML 5、CSS 3 到 JavaScript 脚本编程等 Web 开发的基础知识，而且也涵盖 NoSQL 数据库技术、Node.js 服务器端开发技术及页面优化技术等高级开发知识。

2．注重实战，通过一个完整的项目带领读者学习

本书通过一个完整的 Web 工程项目案例贯穿全书，带领读者全流程参与该项目的整个开发过程，让读者可以掌握 Web 开发的完整技术链，从而提升实际项目开发水平。

3．对项目案例的核心源代码做了详细注释和讲解

为了便于读者理解本书内容，提高学习效率，本书在讲解时给出了书中项目案例的核心源代码，并对源代码做了详细注释，对实现方法和思路做了详细讲解。

4．展现项目设计思路和项目管理流程

笔者认为，一个优秀的程序员不仅要有良好的代码编写能力，更要有对整个项目的设计思路和把控能力，这对于编写业务逻辑的程序员尤其重要。本书从第 2 章开始就逐步渗透了项目管理的相关知识，展现了从项目设计到项目开发的整个流程。

本书内容

第1篇　背景知识（第1章）

本篇主要介绍了网页开发的相关背景知识和 Vue.js 的背景知识，并通过 Hello World 标准入门示例带领读者体验如何简单地使用 Vue.js。通过对本篇内容的学习，读者可以掌握 Vue.js 的安装方法，并对 Vue.js 的主要特性有个大概的了解，从而给后续学习打好基础。

第2篇　项目设计（第2~4章）

本篇主要介绍了一个电影网站的项目设计，包括整个项目的 UI 设计、路由设计和数据库设计等。通过对本篇内容的学习，读者可以了解一个完整的项目应该如何去构思和设计，应该包含哪些内容，从而提高自己的项目设计能力。

第3篇　Vue.js应用开发（第5~8章）

本篇主要介绍了电影网站前端和后端的实现，涵盖 Node.js 技术、Vue.js 组件和 API 等技术。本篇通过大量的代码展示了 Vue.js 的强大功能，并比较了当前流行的前端技术和传统的 Web 开发技术的差异。通过对本篇内容的学习，读者可以系统地掌握 Vue.js 应用开发所需要掌握的各种技术。

第4篇　页面优化（第9章）

本篇主要介绍了如何使用网络中已有的 UI 库或其他造好的"车轮"，去优化自己的

页面。通过应用这些流行的 UI 组件库，开发人员可以快速地将一个页面制作得非常精美。通过对本章内容的学习，读者可以掌握页面优化的各种"武器"，从而开发出更加美观的页面。

本书配套资源获取方式

本书涉及的源代码文件等配套资源需要读者自行下载。请在华章公司的网站 www.hzbook.com 上搜索到本书，然后在本书页面上找到资料下载模块即可下载。

本书读者对象

- Vue.js 初学人员；
- Vue.js 进阶人员；
- JavaScript 全栈开发者；
- Web 前端开发工程师；
- Web 服务器端开发工程师；
- Node.js 服务端开发工程师；
- 软件开发项目经理；
- 各大院校的学生；
- 相关培训机构的学员。

致谢

感谢本书编辑，让我有机会和本书结缘！感谢在本书写作过程中对我提供过帮助的人！更要感谢家人，正是有了他们的支持，才让我能够坚持下去，完成本书的写作！最后还要感谢读者，本书的价值因你们而存在！

由于笔者水平所限，加之编写时间仓促，书中可能还存在一些疏漏，恳请广大读者指正。本书服务邮箱为 hzbook2017@163.com。

编者

目 录

第 2 篇　项目设计

第 3 篇 Vue.js 应用开发

第4篇 页面优化

第1篇
背景知识

▶▶ 第1章 初探网页开发

第1章　初探网页开发

做前端开发或网页开发的朋友们肯定已经被 Vue.js 这个名词彻底"包围"了，因为它太"火爆"了！本章的目的就是探索 Vue.js 的出现及流行的原因。

最早的软件都是运行在大型计算机上的，软件使用者通过"终端"登录到大型计算机上运行软件。随着 PC 机的兴起，软件开始主要运行在客户端的 PC 平台上，而数据库这样的软件运行在服务器端，这种 Client（客户端）/Server（服务器端）模式简称 C/S 架构。

随着互联网的兴起，人们发现 C/S 架构不适合 Web。简单而言，最基本的客户端软件虽然安装和使用方便，但是其安装和手动升级成了很繁琐的事。而对于应用程序的逻辑和数据都存储在服务器端的最大优点是：通过所有终端中带有的浏览器作为承载对象，直接交由用户访问存储在服务器中的内容，所以 Web 应用程序的修改和升级非常便捷。而 C/S 架构需要每个客户端逐个升级桌面 App，因此 Browser（浏览器）/Server（服务器端）模式开始流行，简称 B/S 架构。

在 B/S 架构下，客户端只需要有浏览器即可，而无须在意用户的使用终端。浏览器只需要请求服务器获取 Web 页面，并把 Web 页面展示给用户即可。

同时，Web 构建的页面也具有极强的交互性和美观性，不用过于在意某种既定的 UI 规范，可以更快、更艺术化地表现内容和交互。并且，服务器端升级后，客户端无须做任何部署或更新就可以使用最新的版本，非常适合企业的版本迭代和功能增加。

1.1　网页开发历史

简单来说，Web 是运行在互联网上的一个超大规模的分布式系统，通过对数据的一些可视化进行展现的一种工具。

网页开发的设计初衷是一个静态信息资源的发布媒介。通过超文本标记语言（HTML）描述信息资源；通过统一资源标识符（URI）定位信息资源；通过超文本传输协议（HTTP）请求信息资源。

HTML、URI（URL 地址是 URI 的一个特例）和 HTTP 这 3 个规范构成了 Web 的核心体系结构，也是一个网页不可或缺的 3 种协议体系。用简单一点的话来说，用户通过客户端（浏览器）的 URL 找到网站（如 www.baidu.com），同样此地址可以为 IP 的形式，通过浏览器发出 HTTP 请求，运行 Web 服务的服务器收到请求后返回此客户机 URL 中请求的 HTML 页面。

对于网络协议，Web 是基于 TCP/IP 协议的。TCP/IP 协议把计算机连接在一起，而 Web 在这个协议族之上进一步将计算机的信息资源连接在一起，形成现在社会中的万维网。每一个运行着的 Web 服务都相当于在万维网中提供的相关功能和资源。

我们开发的 Web 应用就是提供信息或者功能的 Web 资源，成为 Web 这个全球超大规模分布式系统中的一部分。

1991 年 8 月 6 日，Tim Berners Lee 在 alt.hypertext 新闻组贴出了一份关于 World Wide Web 的简单摘要，标志着 Web 页面在 Internet 上的首次登场。最早的 Web 主要被一批科学家们用来共享和传递信息。全世界的 Web 服务器也就几十台。第一个 Web 浏览器是 Berners Lee 在 NeXT 机器上实现的，其只能"跑"在 NeXT 机器上。苹果和乔布斯的粉丝对 NeXT 的历史肯定耳熟能详。真正使得 Web 开始流行起来的是 Mosaic 浏览器，这便是曾经大名鼎鼎的 Netscape Navigator 的前身。

Berners Lee 在 1993 年建立了万维网联盟（World Wide Web Consortium，W3C），负责 Web 相关标准的制定。浏览器的普及和 W3C 的推动，使得 Web 上可以访问的资源逐渐丰富起来。这个时候 Web 的主要功能就是浏览器向服务器请求静态 HTML 信息。1995 年，马云在美国看到了互联网，更准确地说他其实看到的是 Web。阿里早先做的黄页就是把企业信息通过 HTML 进行展示的 Web 应用。

1.1.1　传统网页开发

传统网页开发可称之为 Web 1.0 时代，非常适合创业型小项目，出产速度快。对于网页而言，不分前后端，1~5 人可完成所有开发工作。页面上由 JSP、PHP 等语言直接生成相关的数据和页面，在服务端生成后，直接通过浏览器展现，基本上是服务端给什么，浏览器就展现什么。这种页面简单而且交互能力弱，对数据的处理和呈现方式也比较单一。而网页的显示控制一般是在 Web 的服务层（Server）而不是交由独立的 View 层控制和管理。

这种模式的优点是：开发简单明快，只需要在服务器或者主机中启动一个 Tomcat 或 Apache 等类似的服务器就能开发相关的网页，甚至是生产环境。因为其逻辑和代码简单，所以对于开发和调试同样简单、便捷，对于业务不复杂的情况可以进行快速迭代和功能新增等，非常适合小型公司和个人创业等应用环境。

但是业务总会越变越复杂，这点是不可避免的，需求总是没有止境的。业务复杂度的变化会让控制页面的服务层（Service）越来越多，这造成了整个系统的复杂化和多元化。同样，开发团队的扩张也导致参与人员很可能从几个人快速扩展到几十人，在这种情况下会遇到一些典型问题，如图 1-1 所示。

- 提供的服务越来越多，调用关系变得复杂，前端搭建本地环境不再是一件简单的事。不同的个人提供的页面和

图 1-1　传统网页越来越复杂

其他人提供的页面可能会有细节上的差异，即使考虑团队协作，往往最后呈现的页面和想象中的也会有一些差距。

- 前端的样式更新操作变得复杂且造成系统的不稳定。因为所有的页面都是基于后端自动生成的，所以对于一些前端样式的更新和更改可能需要将整个代码逻辑重构，甚至重新上线一个崭新的系统。这样使得系统能提供的服务变得不稳定且难度增加，而单个页面的生成出错可能会导致所有的页面不可用。

- JSP 等代码的可维护性变差。随着一个项目的体量增大，其代码的维护一定会越来越难。单一代码负责前台和后端的数据处理，导致职责不清晰，而且由于开发人员的水平和书写习惯不同，以及各种紧急需求，揉杂大量业务代码和其他历史代码，甚至意义不明的无用代码和注释，积攒到一定阶段时，往往会带来大量的维护成本。

为了降低复杂度，以后端为出发点，就有了 Web Server 层的架构升级，对业务、显示页面、数据的处理进行了逻辑分层，并且为了减少相关的重复，出现了一些后端框架，如 Structs、Spring MVC 等，这就是后端出现的 MVC 时代。

注意：MVC 全名 Model View Controller，是模型（Model）、视图（View）和控制器（Controller）的缩写。它是一种软件设计典范，用一种业务逻辑、数据、界面显示分离的方法组织代码，将业务逻辑聚集到一个部件里，在改进和个性化定制界面及用户交互的同时，不需要重新编写业务逻辑。

这样的处理使得代码可维护性得到明显好转。MVC 是个非常好的协作模式，从架构层面让开发者懂得什么代码应该写在什么地方。为了让 View 层更简单、便捷，适合后端开发者的书写，还可以选择 Smarty、Velocity 和 Freemaker 等模板，限制在模板里使用 Java 代码，更符合工程化的思维。这样看起来虽然功能是变弱了，但正是这种限制使得前后端分工变得更清晰。这个阶段的典型问题是：

（1）前端开发重度依赖开发环境。在这种架构下，前后端协作有两种模式：

- 一种是前端写好静态页面（emo），等待页面完成后，让后端去套用该静态页面（模板），这样的写法也是现在传统的网页开发常用的方式。淘宝、京东等几乎所有的 Web 服务提供商在早期及现在依旧有大量业务线是这种模式。其优点是 Web 服务的测试版可以本地开发，并且可以在局域网中形成类似于自己的完整"开发环境"和"测试环境"，很高效。当然缺点依旧存在：还需要后端套模板，其实相当于并没有将所有的前后端逻辑分离。后端进行模板的套用后还需要前端确定，来回沟通、调整的成本比较大，而且并不适合仅通过文档就可以完成全部的开发工作。

- 另一种协作模式是前端负责浏览器端的所有开发和服务器端的 View 层模板开发。其优点是 UI 相关代码都是用前端去写，后端不用太关注。但其缺点依旧是前端开发重度绑定后端环境，致使环境成为影响前端开发效率的重要因素。

（2）简单而言，还是由于前后端职责依旧纠缠不清而导致的问题。对于之前的小型应用而言，追求极度的工程化思想是没必要且增加成本的，但是对于现阶段的大型应用或追求用户体验的应用而言，前后端的分离是必要的。

说明：AJAX 正式提出后，加上 CDN 开始大量用于静态资源存储，于是出现了 JavaScript 的火热及之后的 SPA（Single Page Application，单页面应用）时代。

伴随着 JavaScript 技术的发展和浏览器、网速带宽等版本的更新，为了追求更佳的用户体验和开发方式（类似 Spring MVC），则开始出现了浏览器端的分层架构。

- 首先是对于前后端接口的约定。如果后端的接口不够规范，且后端的业务模型不够稳定，那么前端开发会很痛苦。因此应通过规定的接口规则等方式来编写相关的代码，并严格遵守。经过实践和积累后的接口规则成熟后，还可以用来模拟数据，使得前后端可以在约定接口后实现高效、并行开发。
- 其次是对前端开发复杂度的控制。SPA 应用大多数以功能交互型为主，大量的 JavaScript 代码进行前台的显示和用户操作的反馈，以及一部分对于数据的处理和简单的运算等。但是对于大量 JavaScript 代码的组织及与 View 层的绑定等，都不是容易的事情。

1.1.2　新前端网页开发

为了降低前端开发的复杂度，相继涌现出了大量框架，如 EmberJS、KnockoutJS 和 AngularJS 等，这些框架总的原则是先按类型分层，比如 Templates、Controllers 和 Models，然后再在层内做切分，这种方式简称 SPA，如图 1-2 所示。

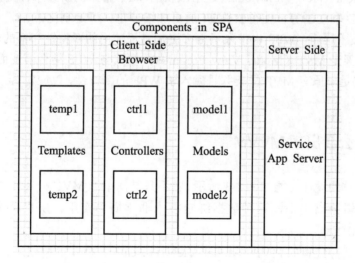

图 1-2　SPA 方式示意图

SPA 的好处很明显，例如：

- 前后端职责很清晰。前端工作在浏览器端，后端工作在服务端。清晰的分工可以让开发并行，测试数据的模拟不难，前端可以本地开发；后端则可以专注于业务逻辑的处理，以及输出 RESTful 等接口。

- 前端开发的复杂度可控。前端代码很重，但合理的分层能让前端代码各司其职。如简单的模板特性的选择就有很多讲究，如限制什么，留下哪些，代码应该如何组织等。
- 部署相对独立，只要通过前后端接口的形式，无论是调试，或者是开发新功能都非常方便。

但依旧有如下一些不可避免的缺点。

- 大量代码不能复用。比如后端依旧需要对数据做各种校验，校验逻辑无法复用浏览器端的代码；如果可以复用，那么后端的数据校验可以相对简单化。
- 全异步，对 SEO 不利，无法获得相关的内容，往往还需要服务端做同步渲染的降级方案。
- 性能并非最佳。大量的 JavaScript 方式会影响用户体验，特别是在移动互联网环境下。
- SPA 不能满足所有需求，依旧存在大量多页面应用。URL Design 需要后端配合，前端无法完全掌控。

1.2　MVVM 风格开发框架

MVVM（Model View ViewModel）是由微软的 WPF 带来的新技术体验，如 Silverlight、音频、视频、3D 和动画等，使得软件 UI 层更加细节化、可定制化。

同时，在技术层面，WPF 也带来了更多更加易于使用的新特性和新的软件设计模式。MVVM 框架是 MVP（Model View Presenter）模式与 WPF 结合演变而来的一种新型架构框架，它立足于原有 MVP 框架并且融入了 WPF 的新特性，以应对客户日益复杂的需求变化。

1.2.1　为什么会出现 MVVM

MVVM 具体的设计功能如图 1-3 所示。它不只是简单的 MVC 分层模式，而是将 View 端的显示和逻辑分离出来，这种数据绑定技术非常简单实用，所以称为 Model View ViewModel（MVVM）。

MVVM 模式跟经典的 MVP（Model View Presenter）模式很相似，需要一个为 View 量身定制的 Model，这个 Model 就是 ViewModel。ViewModel 中包含了一个项目文件使用的 UI 组件的接口和相关属性，可以通过一个相关的视图绑定其属性，并可获得二者之间的相同部分和不同部分。

所以这个时候需要在 ViewModel 中直接对显示的视图进行代码更新，但不仅仅是对显示视图的更新。数据绑定系统还提供了标准化的方式对视图中显示的内容进行验证。

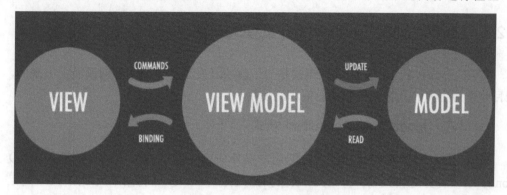

图 1-3　MVVM 的设计功能

视图（View）通常就是一个页面。在以前设计模式中由于没有清晰的职责划分，UI 层经常成为逻辑层的全能代理，而后者实际上属于应用程序的其他层。MVP 里的 M 其实和 MVC 里的 M 都是指封装了核心数据和逻辑功能的模型；V 表示视图；P 表示封装了视图中的所有操作和响应用户的输入、输出和事件等。P 与 MVC 里的 C 代表的意义差不多，区别是 MVC 是系统级架构的，而 MVP 是用在某个特定页面上。也就是说，MVP 的灵活性要远远大于 MVC，实现起来也极为简单。

相信 MVC 模式读者已经非常熟悉了，这里就不再赘述，这些模式也是依次进化而形成 MVC→MVP→MVVM 的。

1.2.2　MVVM 架构的最佳实践

MVVM 模式和 MVC 模式一样，主要目的是分离视图（View）和模型（Model），有下面几大优点。

- 视图层低耦合。视图（View）可以独立于 Model 变化和修改，一个 ViewModel 可以绑定到不同的 View 上，当 View 变化的时候 Model 可以不变，当 Model 变化的时候 View 也可以不变。
- 各种代码写成控件之后可重用。可以把一些视图逻辑放在一个 ViewModel 里面成为多重可以组合的控件，在具体的页面中进行整合和使用，让更多 View 重用这段视图逻辑。
- 可以交由前端工程师独立开发。开发人员可以专注于业务逻辑和数据的开发（ViewModel），设计人员可以专注于页面设计，通过相应的接口规范可以简单地进行整合。

- 便于测试和部署。界面向来是比较难于测试的，而现在测试可以针对具体的页面控件来写，也可以在不依赖于后端的基础上，直接通过工具或者假数据进行测试。

1.2.3　MVC、MVP 和 MVVM 开发模式对比

MVC、MVP 和 MVVM 这些模式是为了解决开发过程中的实际问题而提出来的，它们目前作为主流的几种架构模式而被广泛使用。

1．MVC（Model View Controller）模式

MVC 是比较直观的架构模式，即用户操作→View（负责接收用户的输入操作）→Controller（业务逻辑处理）→Model（数据持久化）→View（将结果反馈给 View）。

MVC 使用非常广泛，比如 JavaEE 中的 SSH 框架（Struts+Spring+Hibernate）、ASP.NET 中的 ASP.NET MVC 框架。如图 1-4 所示为代表经典的 MVC 模式。

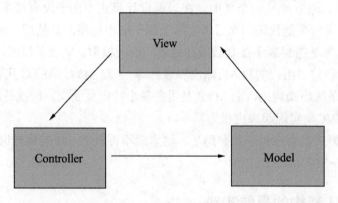

图 1-4　经典的 MVC 模式

2．MVP（Model View Presenter）模式

MVP 是把 MVC 中的 Controller 换成了 Presenter（呈现），目的就是为了完全切断 View 跟 Model 之间的联系，由 Presenter 充当桥梁，做到 View-Model 之间通信的完全隔离。

例如，.NET 程序员熟知的 ASP.NET 中的 Web Forms（WF）技术即支持 MVP 模式，因为事件驱动的开发技术使用的就是 MVP 模式。控件组成的页面充当 View，实体数据库操作充当 Model，而 View 和 Model 之间的控件数据绑定操作则属于 Presenter。控件事件的处理可以通过自定义的 iView 接口实现，而 View 和 iView 都将对 Presenter 负责。如图 1-5 所示为经典的 MVP 模式。

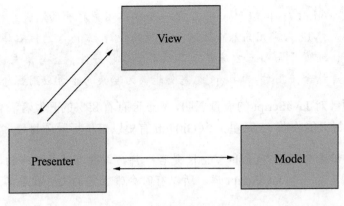

图 1-5 经典的 MVP 模式

3．MVVM（Model View ViewModel）模式

如果说 MVP 是对 MVC 的进一步改进，那么 MVVM 则是思想的完全变革。MVVM 是将"数据模型数据双向绑定"的思想作为核心，因此在 View 和 Model 之间没有联系，而是通过 ViewModel 进行交互，而且 Model 和 ViewModel 之间的交互是双向的，因此视图数据的变化会同时修改数据源，而数据源数据的变化也会立即反应到 View 上。

这方面典型的应用有.NET 的 WPF，以及 JavaScript 框架 Knockout 和 AngularJS，还有本书介绍的 Vue.js 等。如图 1-6 所示为经典的 MVVM 模式。

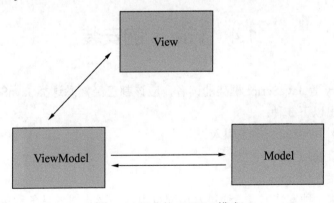

图 1-6 经典的 MVVM 模式

1.3 Vue.js 来了

那么多的 JavaScript 框架，我们为什么选择 Vue.js？它又是如何发展起来的呢？为了更准确地描述 Vue.js，这里引用一段官方文字：

Vue.js（读音 /vju：/，类似于 view）是一套构建用户界面的渐进式框架。与其他重量级框架不同的是，Vue.js 采用自底向上增量开发的设计。Vue.js 的核心库只关注视图层，它不仅易于上手，还便于与第三方库或既有项目整合。另外，当与单文件组件和 Vue.js 生态系统支持的库结合使用时，Vue.js 也完全能够为复杂的单页应用程序提供驱动。

2016 年一项针对 JavaScript 的调查表明，Vue.js 有着 89%的开发者满意度。在 GitHub 上，该项目平均每天能收获 95 颗星，为 GitHub 有史以来星标数项目最多的第十个。

说明：可能有读者会疑惑 Vue 和 Vue.js 是否一样。二者其实是一样的，Vue 是它的名称，因其是一个 JavaScript 库，所以有时会带上它的文件扩展名.js。

Vue.js 是由尤雨溪开发出的。他的思路是提取 Angular 中自己喜欢的部分，构建出一款相当轻量的框架。Vue.js 最早发布于 2014 年 2 月，尤雨溪在 Hacker News、Echo JS 与 Reddit 的/R/JavaScript 版块上均发布了最早的版本，发布后的一天之内，Vue.js 就登上了这 3 个网站的首页。之后 Vue.js 成为 GitHub 上最受欢迎的开源项目之一。

同时，在 JavaScript 框架/函数库中，Vue.js 所获得的星标数仅次于 React，高于 Backbone.js、Angular 2 和 jQuery 等项目。

2016 年 9 月 3 日，在南京的 JSConf China 大会上，Vue.js 作者尤雨溪正式宣布加盟阿里巴巴 Weex 团队，并称他将以技术顾问的身份来做 Vue.js 和 Weex 的 JavaScript Runtime 整合，目标是让开发者能用 Vue.js 的语法跨三端（桌面、Web 和手机）进行开发。

1.4　Vue.js 的安装

使用过 jQuery 等 JavaScript 框架的读者，应该都已经熟悉这类 JavaScript 框架的安装方式了，基本不出以下 3 种：

- 下载.js 文件用<script>标签引入；
- 不下载直接使用 CDN；
- 不下载直接使用 npm。

Vue.js 也是这 3 种安装方式，通过普通网页引入的形式或者是各种包管理的形式均可以安装并使用 Vue.js。但是对于不同的安装方法会存在不同的使用方式和项目的编写方式。下面详细介绍每一种方式。

注意：本书并不涉及太多的网页开发基础知识，包括但不仅限于 HTML、CSS 及基本的 JavaScript，如果读者完全不了解网页基础开发，可以通过阅读相关的书籍或资料，进行深度的学习和练习。

1.4.1　使用独立版本

使用 Vue.js 可以通过引入<script></script>标签的方式进行引入,因为 Vue.js 同样也相当于 JavaScript 中的一个库,其使用的方式和 jQuery 一样简单。

Vue.js 本身是不支持 IE 8 及其以下版本,因为其使用了不能被 IE 8 支持的 ECMAScript 5 特性。但是不用担心 Vue.js 的兼容性,如图 1-7 所示,现在所使用的大部分浏览器都已支持 ES 5 并且支持 ES 6 的标准,绿色部分(即图 1-7 中颜色较深的部分)为完全支持,可以看出,所有的流行浏览器均已完全支持 ES 5 语法。

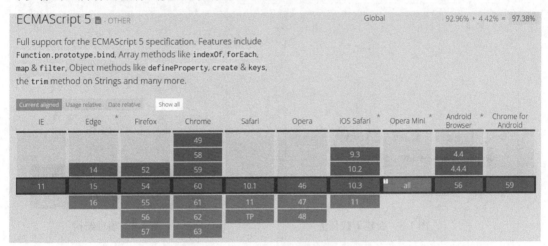

图 1-7　浏览器对于 ES 5 的支持程度

🔔**注意**:关于浏览器是否支持某种技术,可以通过 http://caniuse.com/ 来查询。

下面开始搭建 Vue.js 的开发环境。当以标签形式引入 Vue.js 时,官方提供了两种不同的版本供用户和开发者选择:

- 用于开发和测试环境的开发版;
- 用于生产环境的最小压缩版,也就是 Mini 版。

和其他 JavaScript 插件的形式一致,使用.min.js 的版本为最小压缩版,直接使用.js 的环境为正式版。

🔔**注意**:开发环境不要用最小压缩版,因为对于此版本的压缩版而言,去除了所有的错误提示和警告部分,可以使用开发版进行调试和开发。

(1)Vue.js 开发版本地址为 https://vuejs.org/js/vue.js,可以通过该地址将其下载至本地,再在页面中通过<script></script>标签进行引入。

(2)打开此地址可以看到 Vue.js 中的所有代码,复制所有的代码,然后在本地新建 JS

文件，再将代码粘贴进去。或者直接打开相关下载软件，新建任务下载，如图 1-8 所示。

（3）下载后的开发版本即为开发所需要的 JS 库。新建一个.html 文件，这里命令为 index.html，具体的目录结构如图 1-9 所示。

图 1-8　新建下载任务　　　　　　　　图 1-9　项目结构

（4）在 index.html 中通过<script></script>标签来引入 Vue.js。Vue.js 的核心是允许采用简洁的模板语法声明将数据渲染进 DOM，所以这里的示例通过数据来展示。

【示例 1-1】引入本地 Vue.js。

这里声明一个节点 id 为 app，并且使用 Vue.js 将其绑定一个 message 变量，在 JavaScript 代码中将其赋值为 Hello Vue.js。完整的代码如下，具体语法解析会随着本书的深入再逐步讲解。

```
<!DOCTYPE html>
<html lang="en">
<head>
    <meta charset="UTF-8">
<script src="vue.js"></script>
<!--HTML 头部份-->
    <title>Title</title>
</head>
<body>
<div id="app">
    <p>{{ message }}</p>
</div>
<script>
    // 逻辑部分代码, 建立 Vue 实例
```

```
        var app=new Vue({
            el: '#app',
             // 逻辑部分代码，建立 Vue 实例
            data: {
                message: 'Hello Vue.js!'
            }
        })
</script>
</body>
</html>
```

本例网页打开后的显示效果如图 1-10 所示。

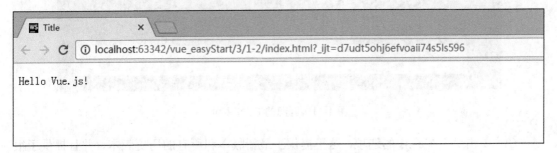

图 1-10　显示效果

🔔注意：Vue.js 的核心功能仅仅是提供一个数据绑定的显示效果，所以可直接双击打开
index.html 页面，而非在服务器的条件下，其数据绑定功能依旧可以使用。

1.4.2　使用 CDN 安装

　　CDN（Content Delivery Network，内容分发网络）其基本思路是尽可能避开互联网
上有可能影响数据传输速度和稳定性的瓶颈和环节，使内容传输得更快、更稳定，通过
在网络各处放置节点服务器，构成在现有的互联网基础之上的一层智能虚拟网络。

　　CDN 系统能够实时地根据网络流量和各节点的连接、负载状况，以及到用户的距离
和响应时间等综合信息，将用户的请求重新导向离用户最近的服务节点上。其目的是使
用户可以就近取得所需内容，解决 Internet 网络拥挤的状况，提高用户访问网站的响应
速度。

　　一般的网站利用 CDN 加速静态文件和资源，可能甚至引用的更多，这样将资源文件
与业务代码一锅炖的方式适用于小型的、应用服务器压力并不大的系统（如并发、带宽、
存储空间、资源等）。

　　CDN 方式的优点是开发省力、发布省力、对服务器要求小、省钱、没有具体公网接
入需求。许多小型、内部使用型的网站系统往往采取这种形式放置资源文件。

　　（1）有很多的网络服务或者是网站云主机商提供这类的服务，从收费到免费有各种不

同形式，这里推荐一个国内常用的、免费的、前端开源的 CDN 加速服务，是由 BootStrap
中文网运作的，其地址为 http://www.bootcdn.cn/，主页如图 1-11 所示。

（2）在搜索框中搜索 Vue.js 后，这里会提供 Vue.js 及与 Vue.js 有关的开源 JavaScript
组件供开发者选择。

图 1-11　开源的 CDN 主页

（3）单击进入 Vue.js 的选项，这里提供了最新版本和所有的历史版本，并且提供了很
多相关的文件，如图 1-12 所示。

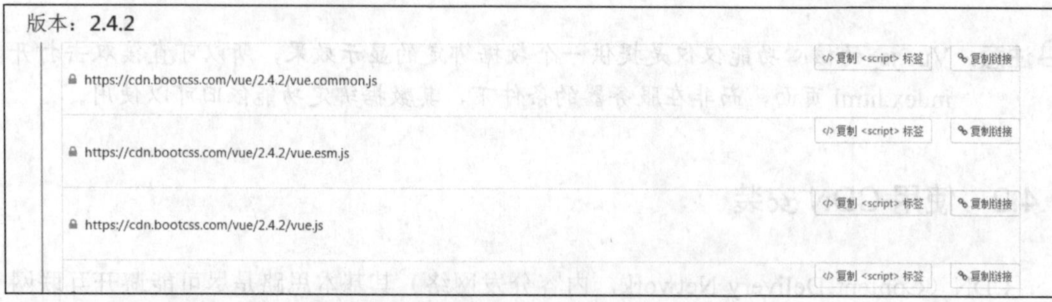

图 1-12　最新版本的 Vue.js

（4）本例暂时只需要 Vue.js 这个文件。为了方便用户的使用，BootCDN 提供了两种
复制方式：一种是复制链接地址，另一种是直接复制<script>标签。

【示例 1-2】引入 CDN 中的 Vue.js。

找到需要的 https://cdn.bootcss.com/vue/2.4.2/vue.js 标签，单击"复制<script>标签"按钮，
在新页面 index2.html 中粘贴标签，替代本地 Vue.js 引入标签的位置。完整的代码如下：

```
<!DOCTYPE html>
<html lang="en">
<!--HTML 页面代码部分-->
<head>
    <meta charset="UTF-8">
<title>Title</title>
<!--引入需要的 Vue.js 等相关的内容-->
```

```
        <script src="https://cdn.bootcss.com/vue/2.4.2/vue.js"></script>
    </head>
    <body>
    <!-- 定义显示的节点 -->
    <div id="app">
        <p>{{ message }}</p>
    </div>
    <script>
    // 逻辑部分代码，建立 Vue 实例
        var app=new Vue({
            el: '#app',
            data: {
    // 定义相关的变量
                message: 'Hello Vue.js!'
            }
        })
    </script>
    </body>
    </html>
```

运行该 HTML 文件，浏览器中的显示效果如图 1-13 所示，其效果和示例 1-1 中引入本地的 Vue.js 效果一致。

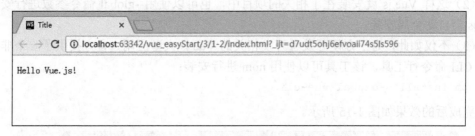

图 1-13　实现效果

🔔说明：可能读者会有疑问，仅仅是为了在网页中显示一行简单的 Hello Vue.js，却需要如此烦琐的代码？Vue.js 不是为了显示一个静态信息而出现的库，它提供了一个数据的双向绑定功能。也就是说，当动态更新 message 中的值时，并不需要刷新网页或更新节点，此节点的值会随着 JavaScript 中代码值的变动而改变，这就是 Vue.js 的强大之处。我们会在 1.4.4 节中介绍使用 Chrome 浏览器测试 Vue.js 的双向绑定，以此验证这个强大的功能。

1.4.3　"npm 大法"安装

npm 是一个非常有用的 JavaScript 包管理工具，通过 npm 可以非常迅速地进行 Vue.js 的安装、使用和升级，而不用担心由此所造成的混乱。在用 Vue.js 构建大型应用时推荐使用 npm 安装，它能很好地和 Webpack 或 Browserify 等模块打包器配合使用。

🔔说明：第2章会详细介绍 npm 的安装和基本用法，读者如果不熟悉而且还没有安装 npm，
可以跳过本节，不影响读者继续阅读本节内容。

（1）Vue.js 也提供了配套工具来开发单文件组件，在 Windows 中可以通过 Win+R 组合键运行 CMD，Mac OS 系统或者 Linux 系统中需先打开终端，然后在打开的 CMD 中输入以下命令安装相应的 Vue.js。

```
npm install vue
```

安装效果如图 1-14 所示。

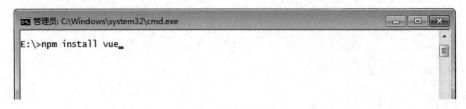

图 1-14　CMD 安装

（2）这样 Vue.js 就安装在了相关的项目中，也可以使用--global 命令参数进行安装，Vue.js 会自动全局安装。

（3）不仅如此，为了方便开发者开发相关的 Vue.js 大型应用，官方提供了一个非常方便的 CLI 命令行工具，该工具可以使用 npm 进行安装：

```
npm install --global vue-cli
```

安装完成后的效果如图 1-15 所示。

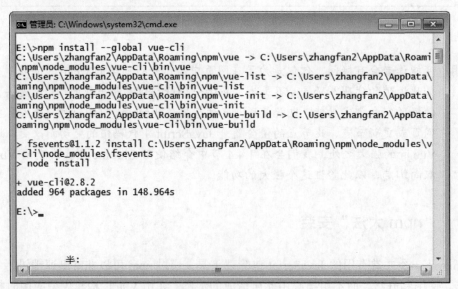

图 1-15　安装 CLI

注意：这里一定要进行全局安装，安装完成后，可以直接在
　　　命令行中使用，如果不能使用，提示无效的命令，请将
　　　其路径配置为全局路径。

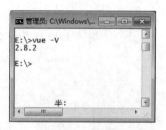

（4）安装完毕后，使用以下命令进行测试：

```
vue -V
```

显示效果如图 1-16 所示，证明安装成功。

图 1-16　安装成功

1.4.4　使用 Chrome 浏览器测试 Vue.js 的双向绑定

读者可以通过 Chrome 浏览器提供的调试功能来测试 Vue.js 提供的这个双向绑定功能。

（1）在 Chrome 浏览器中按 F12 键（苹果计算机需要在右键快捷菜单中选择"检查"命令），可以打开 Chrome 浏览器的控制台，选择 Console 选项卡，如图 1-17 所示。

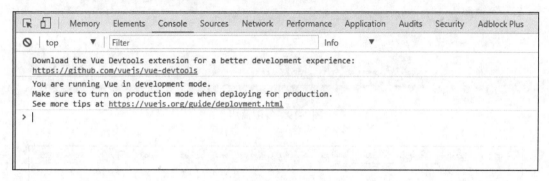

图 1-17　Chrome 控制台

（2）控制台中提示需要安装 vue-devtools 调试工具，并且已经给了相关的下载 GitHub 地址，可以单击此地址进行下载。进入此地址后，可以看到其中提供的开源代码和不同版本的安装文件，拉至页面下方的 readme 部分，单击 Get the Chrome Extension 链接，即为 Chrome 版本的调试工具安装包，如图 1-18 所示。

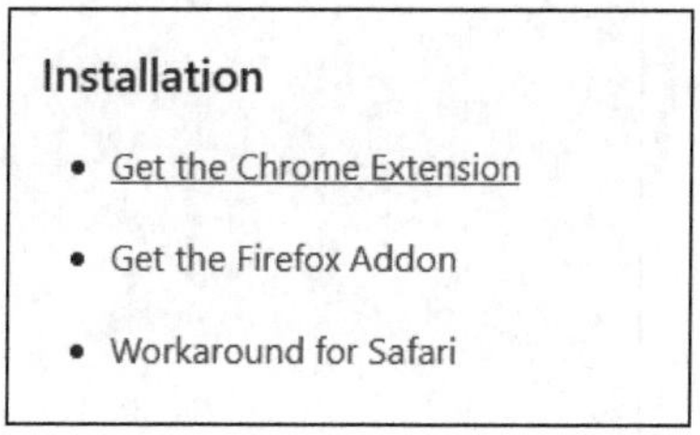

Installation

- Get the Chrome Extension
- Get the Firefox Addon
- Workaround for Safari

图 1-18　vue-devtools 安装包

（3）进入 Google 商店后，单击"添加至 CHROME"按钮，同意其安装，直到安装成功即可，如图 1-19 所示。

（4）安装完成后，会在 Chrome 的插件页面出现 Vue.js 标志，并且在打开之前 Vue.js 页面的 Chrome 控制台调试时，会显示如图 1-20 所示的界面。

注意：此安装会自动跳转至谷歌商店进行安装，如果网络环境不能访问的话，可以选择
　　　其他方式进行安装，参见本书 2.1.2 节。

图 1-19　谷歌商店

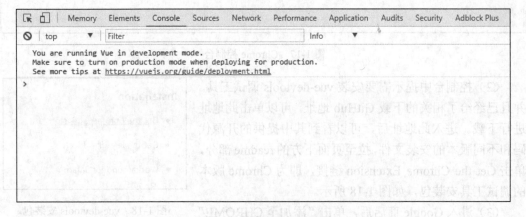

图 1-20　安装 devtools 成功

（5）此时，可以进行 Vue.js 双向绑定的测试。通过改变 message 的值，界面显示的值也会更改。在 Console 中输入以下代码后按 Enter 键。

```
app.message="Hello World"
```

此时浏览器中的显示效果如图 1-21 所示。

图 1-21　更改后的效果

就是这样，更新 JavaScript 中的对象，就会自动更新页面中的值和代码，这就是 Vue.js 的强大之处。

1.5　Vue.js 的主要特性

Vue.js 作为一个流行的 JavaScript 前端框架，旨在更好地组织与简化 Web 开发。Vue.js 所关注的核心是 MVC 模式中的视图层，同时，它也能方便地获取数据更新，并通过组件内部特定的方法实现视图与模型的交互。本节将介绍 Vue.js 的 5 大特性。

1.5.1　组件

组件是 Vue.js 最强大的特性之一。为了更好地管理一个大型的应用程序，往往需要将应用切割为小而独立、具有复用性的组件。在 Vue.js 中，组件是基础 HTML 元素的拓展，可方便地自定义其数据与行为。

【示例 1-3】下面是 Vue.js 组件的一个示例。

```
<div id="app">
<!--定义显示的节点-->
```

```
  {{ message }}
</div>
<script>
//逻辑部分代码，建立 Vue 实例
var app = new Vue({
  el: '#app',
  data: {
//定义相关的变量
    message: 'Hello Vue!'
  }
})
</script>
```

注意：读者不用太在意是否能看懂此处的代码，此处的目的是让读者先适应这种写法，之后本书会对技术进行逐章讲解。

代码的显示效果如图 1-22 所示。

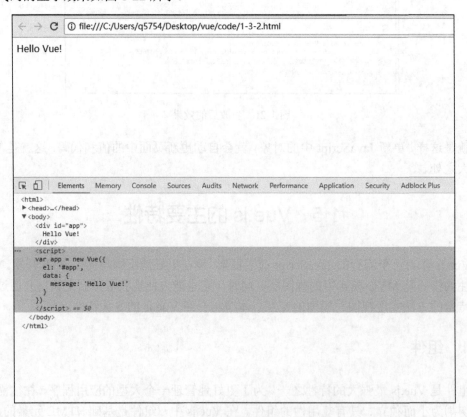

图 1-22　显示效果

上述是一个简单的 Hello Vue 示例，只是通过一个简单的 bind 操作将 JavaScript 中的内容绑定在<div></div>标签内部。

【示例 1-4】如果开发者想要在所有的项目页面中都显示一条 Hello Vue 的提示，那么需要将此处代码注册成一个全局组件。具体的代码如下：

```
<!--引入需要的 Vue.js 等相关的内容-->
<script src="https://unpkg.com/vue"></script>
<div id="app">
<!-- 定义显示的节点 -->
 <my-component></my-component>
</div>
<script>
//注册
Vue.component('my-component', {
  template: '<div>Hello Vue!</div>'
})
//创建根实例
new Vue({
  el: '#app'
})
</script>
```

显示效果如图 1-23 所示。

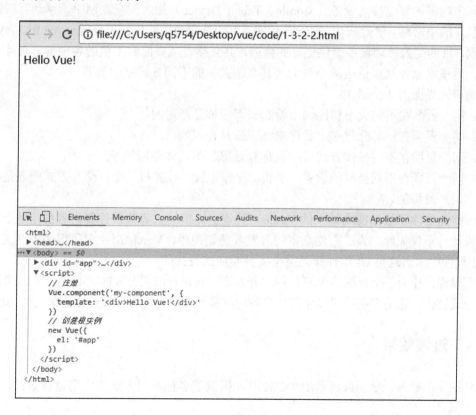

图 1-23　以组件方式显示

1.5.2　模板

Vue.js 使用基于 HTML 的模板语法，允许开发者将 DOM 元素与底层 Vue.js 实例中的数据相绑定。所有 Vue.js 的模板都是合法的 HTML，所以能被遵循规范的浏览器和 HTML 解析器解析。

在底层的实现上，Vue.js 将模板编译成虚拟 DOM 渲染函数。结合响应式系统，在应用状态改变时，Vue.js 能够智能地计算出重新渲染组件的最小代价并应用到 DOM 操作上。

🔔注意：如果读者熟悉虚拟 DOM 并且偏爱 JavaScript 的原始力量，也可以不用模板，直接编写渲染（render）函数，使用可选的 JSX 语法即可。

1.5.3　响应式设计

越来越多的智能移动设备（Mobile、Tablet Device）加入到互联网中，移动互联网不再是独立的小网络，俨然成为了 Internet 的重要组成部分。响应式网络设计（RWD/AWD）的出现，目的是为移动设备提供更好的体验，并且整合从桌面到手机的各种屏幕尺寸和分辨率，用技术来使网页适应从小到大（甚至超大）的不同分辨率的屏幕。

响应式界面的 4 个层次：
- 同一页面在不同大小和比例上看起来都应该是舒适的；
- 同一页面在不同分辨率上看起来都应该是合理的；
- 同一页面在不同操作方式（如鼠标和触屏）下，体验应该是统一的；
- 同一页面在不同类型的设备（手机、平板电脑、计算机）上，交互方式应该是符合用户习惯的。

而作为专注于显示前端效果的 Vue.js，其本身提供的大多数控件和内容都是基于响应式的设计。不仅如此，为了方便众多的开发者便捷使用，Vue.js 衍生出了很多美观又简洁的 UI 组件库，而这类 UI 组件库是完全支持响应式设计的。

所以说，作为一个合格的 Vue.js 程序开发者，在进行应用开发时，必须要考虑到其 UI 的响应式设计，让用户在不同尺寸和分辨率的屏幕及设备上能够拥有一致而优良的体验。

1.5.4　过渡效果

Vue.js 在插入、更新或者移除 DOM 时，提供了多种不同方式的应用过渡效果，包括以下工具：
- 在 CSS 过渡和动画中自动应用 class；
- 可以配合使用第三方 CSS 动画库，如 Animate.css；

- 在过渡钩子函数中使用 JavaScript 直接操作 DOM；
- 可以配合使用第三方 JavaScript 动画库，如 Velocity.js。

Vue.js 提供了 transition 的封装组件，在下列情形中，可以给任何元素和组件添加 entering/leaving 过渡。

- 条件渲染（使用 v-if）；
- 条件展示（使用 v-show）；
- 动态组件；
- 组件根节点。

简单来说，可以在用户进行操作或者和页面元素进行交互时，提供良好且适当的用户体验效果。

【示例 1-5】页面交互举例。

```
<!--引入需要的 Vue.js 等相关的内容-->
<script src="https://unpkg.com/vue"></script>
<!-- 样式规定 -->
<style>
.fade-enter-active, .fade-leave-active {
  transition: opacity .5s
}
.fade-enter, .fade-leave-to /*.fade-leave-active in below version 2.1.8 */ {
  opacity: 0
}
</style>
<!-- 定义显示的节点 -->
<div id="app">
<!--在节点中定义 click 方法-->
  <button v-on:click="show = !show">
    click
  </button>
<!-- 效果显示部分 -->
  <transition name="fade">
    <p v-if="show">hello Vue</p>
  </transition>
</div>
<script>
// 创建根实例
new Vue({
  el: '#app',
// 定义绑定在标签中的变量
  data: {
    show: true
  }
})
</script>
```

其显示效果如图 1-24 所示。单击 click 按钮之后，Hello Vue 会渐变地消失，其实是因为样式的更改，当再次单击之后，样式的 fade 会随着添加或者删除而产生渐变效果，以便所有的用户操作或内容的显示不再是突兀地出现或者消失。

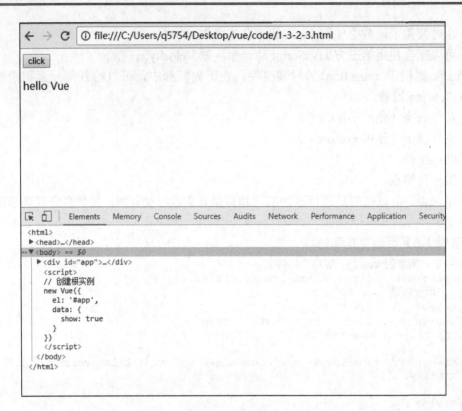

图 1-24　过渡效果

1.5.5　单文件组件

为了更好地适应复杂的项目，Vue.js 支持以 .vue 为扩展名的文件来定义一个完整组件，用以替代使用 Vue.component 注册组件的方式。开发者可以使用 Webpack 或 Browserify 等构建工具来打包单文件组件。该特性带来的好处主要是将来对于上线的引用，在通过压缩工具和基本的封装工具之后，可能只有一个文件，这极大的减少了对于网络请求多个文件带来的文件缓存或延时问题。

1.6　小结与练习

1.6.1　小结

本章的学习其实并不需要读者理解或者写出任何 Vue.js 程序，其只是相当于全书的引言。通过对一些流行框架和设计模式的介绍和探索，让读者理解 Vue.js 本身只是对 View

视图层的操作。

　　本章通过对 Vue.js 的一些基本介绍，希望能让读者提高对 Vue.js 的兴趣。相比 React 或者其他 JavaScript 框架而言，Vue.js 本身可以说是非常接近传统的 HTML 化的 Web 开发技术，开发人员可以快速上手。

1.6.2　练习

　　1．详细学习并理解 MVC、MVP 和 MVVM 这 3 种设计模式。

　　2．查阅不同设计模式的优点和缺陷，并对其作出相应的分析。如果读者之前使用过某种设计模式或者是以此设计模式为基础的框架，可以结合实践进行探索。

　　3．了解 Vue.js 的发展历史和其几个简单的特性。

第 2 篇
项目设计

第 2 章 开启 Vue.js 之旅的准备工作

从本章开始，就要进行真正的 Vue.js 学习了。本章重点是学习 Vue.js 的一些基本应用和开发环境，希望读者能够了解一些常用的 Web 开发工具、基本的调试和运行环境，以及 JavaScript 的最新进展和开发方式。

ECMAScript 6 语法的学习是本章的重点内容，如果读者已经有所了解，则可以跳过本章内容，直接进入第 3 章的学习。

2.1 JavaScript 运行与开发环境

本节将学习适合 JavaScript 开发的各种 IDE（Integrated Development Environment，集成开发环境），以及调试用的浏览器、基本的安装环境等知识。

2.1.1 神奇的包管理器——npm

npm（Node Package Manager，Node 包管理器）是 Node.js 默认的用 JavaScript 编写的软件包管理系统，其 Logo 如图 2-1 所示。

图 2-1 npm 标志

npm 完全用 JavaScript 写成，最初由艾萨克·施吕特（Isaac Z. Schlueter）开发。艾萨克表示自己已意识到"模块管理很糟糕"的问题，并看到了 PHP 的 Pear 与 Perl 的 CPAN 等软件的缺点，于是编写了 npm。npm 可以管理本地项目所需要的模块并自动维护依赖情况，也可以管理全局安装的 JavaScript 工具。

如果一个项目中存在 package.json 文件，那么用户可以直接使用 npm install 命令自动安装和维护当前项目所需的所有模块。在 package.json 文件中，开发者可以指定每个依赖项的版本范围，这样既可以保证模块自动更新，又不会因为所需模块功能大幅变化而导致项目出现问题。开发者也可以选择将模块固定在某个版本之上。

接下来讲解 npm 的安装。

（1）若安装 npm 则先需要安装 Node.js，它是一个 JavaScript 运行环境（Runtime），发布于 2009 年 5 月，由 Ryan Dahl 开发，实质是对 Chrome V8 引擎进行了封装。Node.js 对一些特殊用例进行了优化，提供替代 API，使得 V8 在非浏览器环境下运行得更好。其官网下载地址为 https://nodejs.org/en/，进入官网后如图 2-2 所示。

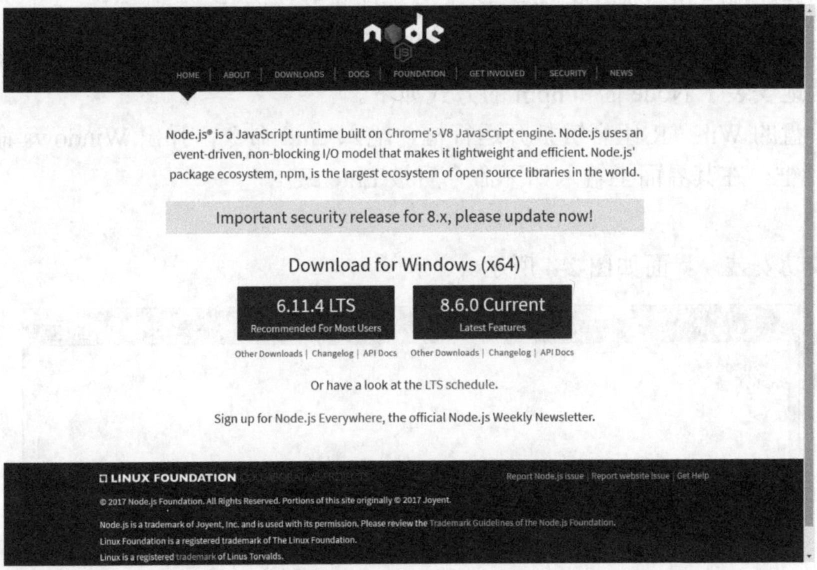

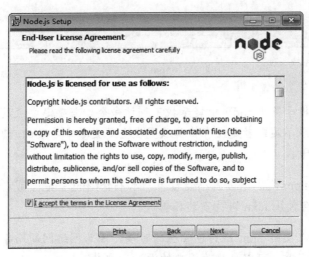

图 2-2　Node.js 官网

（2）系统会自动选择访问者适合的版本，有两种版本可以选择：一种是 LTS 版本，另一种是 Current 版本。LTS 版本适用于长期稳定的更新，而 Current 版本可能会出现一些意料之外的问题，但同时会有更多的支持和更新的功能。

选择合适的版本下载后，双击下载的文件开始安装，如果是 Windows 7 以上的操作系统，需要右击文件，在弹出的快捷菜单中选择"以管理员方式"打开。开始安装界面图如图 2-3 所示。

图 2-3　安装 Node.js 界面

（3）勾选 I accept the terms in the License Agreement 复选框，单击 Next 按钮进入下一步，选择安装的地点和组件，再次单击 Next 按钮，开始安装。

（4）安装完毕之后，可以在 Windows 的命令提示符（cmd）中测试安装是否成功。查看是否成功地安装了 Node.js 和 npm 的方式如下。

使用键盘的 Win +R 组合键打开运行框，输入 cmd 命令，弹出 Windows 命令提示符（cmd）对话框，在其界面上输入如下命令后按 Enter 键。

```
node -v
```

如果成功安装，界面如图 2-4 所示。

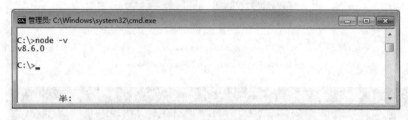

图 2-4　Node.js 成功安装

（5）然后测试 npm 是否安装成功，输入如下命令后按 Enter 键。

```
npm -v
```

如果成功安装，界面如图 2-5 所示。

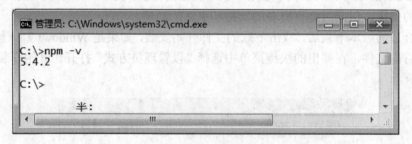

图 2-5　npm 成功安装

注意：如果命令提示符（cmd）中提示找不到该命令，若确定安装没有问题的话，可能是由于权限不足或者是没有将其放置在全局变量中导致的，读者可以尝试手动配置全局变量。

那么怎样使用 npm 呢？请读者不要着急，本书介绍的 Vue.js 或者读者后面将要学习的其他技术，都将会使用 npm 进行安装和管理。

注意：如果读者在使用 npm 进行包管理的时候，因为网络问题而导致出现的一些安装失败的情况时，可以切换为国内的源进行安装。

本书推荐淘宝提供的 npm 源，其官方地址为 http://npm.taobao.org/。该网站中包含了完整的 npmjs.org 镜像，开发者可以用其代替官方版本（只读），同步频率目前为 10 分钟一次，以保证尽量与官方服务同步。

为了方便开发者的使用，淘宝提供了定制的 cnpm 命令行工具代替默认的 npm 进行操作，其参数和使用方法与 npm 相同。

其安装方式等同于一个普通 npm 包的安装方法，使用命令代码进行安装。

```
npm install -g cnpm --registry=https://registry.npm.taobao.org
```

🔔注意：本书中截图一般使用 cnpm 工具，但是为了使本书内容具有通用性，所以代码部分和说明部分均使用 npm，后面不再赘述。

当然，也可以不使用 npm 进行安装，对于一些因为网络问题无法安装的包，可以通过添加 alias 参数直接指定。

```
# 阿里 cnpm 的配置
alias cnpm="npm --registry=https://registry.npm.taobao.org \
--cache=$HOME/.npm/.cache/cnpm \
--disturl=https://npm.taobao.org/dist \
--userconfig=$HOME/.cnpmrc"


# zshrc 中指定别名
$ echo '\n#alias for cnpm\nalias cnpm="npm --registry=https://registry.
npm.taobao.org \
  --cache=$HOME/.npm/.cache/cnpm \
--disturl=https://npm.taobao.org/dist \
--userconfig=$HOME/.cnpmrc"' >> ~/.zshrc && source ~/.zshrc
```

2.1.2　好用的浏览器——Chrome

Google Chrome 是由 Google 开发的免费网页浏览器。Chrome 是化学元素"铬"的英文名称，过去也用 Chrome 称呼浏览器的外框。Chrome 相应的开放源代码计划名为 Chromium，因此 Google Chrome 本身是非自由软件，未开放源代码。

Chrome 浏览器的展示效果图如图 2-6 所示。

Chrome 代码是基于其他开放源代码软件所编写的，包括 Apple WebKit 和 Mozilla Firefox，并开发出称为 V8 的高性能 JavaScript 引擎。Google Chrome 的整体发展目标是提升稳定性、速度和安全性，并创造出简单且有效率的用户界面。

据 StatCounter 统计，截至 2016 年 6 月，Google Chrome 在全球桌面浏览器的网页浏览器中的使用分布为 62%。

为什么推荐大家选择 Chrome 而不是 IE 或 Firefox 等浏览器呢？主要原因是 Chrome 使用的内核技术。

这里首先需要介绍一下 WebKit 技术。

图 2-6　Chrome 浏览器

　　WebKit 是一种用来让网页浏览器绘制网页的排版引擎，它被用于 Apple Safari，其分支被用于基于 Chromium 的网页浏览器，如 Opera 与 Google Chrome。

　　众所周知，Chrome 本身是闭源的，也就是说其内部的代码是绝对的商业代码，但是其本身是建立在 Google 另一个开源的浏览器 Chromium 之上的，所以它是一个稳定或者说是商业的版本。

　　闭源："除非法律明确允许或要求，或经谷歌明确书面授权，否则，您不得（而且不得允许其他任何人员）复制、修改软件或软件的任何部分；对软件或软件的任何部分创作衍生作品；进行反向工程、反编译；或者试图从软件或软件的任何部分提取源代码。"。

　　当然开发者也可以选择不贴牌的 Chromium，其采用的是 BSD 开源协议（Chromium 首页、文档和下载）。

　　而对于 Chromium 内核本身，现在在所有的浏览器中被广泛使用，其实，对于国内的一些免费浏览器软件，除了傲游浏览器是直接基于 WebKit 开发的，其他的浏览器都是基于 Chromium 开发的。部分 Chromium 内核浏览器如图 2-7 所示。

　　而 WebKit 也是 Apple iOS、Android、BlackBerry Tablet OS、Tizen 及 Amazon Kindle 的默认浏览器。WebKit 的 C++应用程序接口提供了一系列的 Class 以在视窗上显示网页内容，并且实现了一些浏览器的特色，如用户链接点击、管理前后页面列表及近期历史页面等。

　　Chrome 作为 WebKit 的佼佼者，为了方便开发和使用，优化了更多的细节和开发工具，所以非常适合 Web 应用的开发。当然如果读者喜欢国产浏览器的话，请在极速模式下运行，一般而言也是可以的。

　　通过在浏览器界面上按 F12 键，则会打开 Chrome 特有的调试页面，该页面在将来的开发和调试中极为重要，如图 2-8 所示。

图 2-7　部分浏览器

图 2-8　调试界面

2.1.3　Vue.js 的调试神器——vue-devtools

所有的代码都无法一蹴而就，都是在不断调错过程中逐步完善的。因为 Vue.js 本身是打包到生产环境的 JavaScript 代码，对于调试工作而言并不是非常友善和方便，所以它提供了 vue-devtools 插件，就是为了解决调试的问题。

前面在介绍 Vue.js 双向绑定测试的时候已经安装过该插件，读者可以通过谷歌商店添加，也可以访问以下的 GitHub 地址来获得最新的开发者工具：

https://github.com/vuejs/vue-devtools#vue-devtools。

🔊注意：GitHub 是一个面向开源及私有软件项目的托管平台，因为只支持 Git 作为唯一的版本库格式进行托管，故名为 GitHub。GitHub 于 2008 年 4 月 10 日正式上线，除了 Git 代码仓库托管及基本的 Web 管理界面以外，还提供了订阅、讨论组、文本渲染、在线文件编辑器、协作图谱（报表）、代码片段分享（Gist）等功能。目前，其注册用户已经超过 350 万，托管版本数量也非常多，其中不乏知名开源项目 Ruby on Rails、jQuery、Python 等。

本节将介绍下载源代码自行编译打包安装的方法，主要经过几个主要步骤：下载源代码，安装源代码所需要的依赖，生成插件，添加插件到 Chrome，下面是详细步骤。

（1）在上述 GitHub 页面的 Readme 中，单击下载链接，如图 2-9 所示。

（2）下载的是 GitHub 中提供的 Vue.js 的源代码压缩包，需要用户使用系统中安装的解压缩软件进行解压，解压后的文件结构如图 2-10 所示。

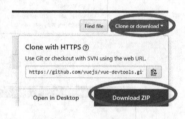

图 2-9　下载链接

.circleci	2018/3/11 11:35	文件夹	
.github	2018/3/11 11:35	文件夹	
dist	2018/3/11 11:35	文件夹	
docs	2018/3/11 11:35	文件夹	
media	2018/3/11 11:35	文件夹	
shells	2018/3/11 11:35	文件夹	
src	2018/3/11 11:35	文件夹	
test	2018/3/11 11:35	文件夹	
.eslintrc	2018/3/11 11:35	ESLINTRC 文件	1 KB
.gitignore	2018/3/11 11:35	GITIGNORE 文件	1 KB
LICENSE	2018/3/11 11:35	文件	2 KB
package.json	2018/3/11 11:35	JSON 文件	3 KB
README.md	2018/3/11 11:35	MD 文件	3 KB
release.js	2018/3/11 11:35	JavaScript 文件	2 KB
vue1-test.html	2018/3/11 11:35	Liebao HTML D...	2 KB
yarn.lock	2018/3/11 11:35	LOCK 文件	199 KB

图 2-10　Vue.js 安装文件

（3）上述目录结构与 Vue.js 的工程文件结构有些相似之处，其根目录包含 package.json 文件。也就是说，源码本身也是一个 JavaScript 工程。接下来，就需要使用 npm 命令安装依赖了。

（4）使用 CMD 或者 Shell 工具进入该解压目录下，使用 npm 命令安装依赖（安装过程稍长，可能需要几分钟）：

```
npm install
```

注意：由于网络因素，如果使用淘宝提供的 npm 源请使用 cnpm 命令进行安装，与 npm 命令安装方式无任何区别，本书默认以 npm 命令安装为例。

（5）安装所有的依赖项成功后，使用以下命令即可成功运行该工程，其效果如图 2-11 所示。

```
npm run build
```

```
C:\Users\q5754\Desktop\vue-devtools-master\vue-devtools-master>npm run build

> vue-devtools@4.1.4 build C:\Users\q5754\Desktop\vue-devtools-master\vue-devtools-master
> cd shells/chrome && cross-env NODE_ENV=production webpack --progress --hide-modules

Hash: 8c4ef82d9abcdf716409
Version: webpack
Time:       ms

      devtools.js    632 kB          [emitted]          devtools
       backend.js   30.4 kB          [emitted]          backend
          hook.js   1.54 kB          [emitted]          hook
      detector.js   2.62 kB          [emitted]          detector
         proxy.js  878 bytes         [emitted]          proxy
devtools-background.js  1.78 kB      [emitted]          devtools-background
    background.js   2.13 kB          [emitted]          background
```

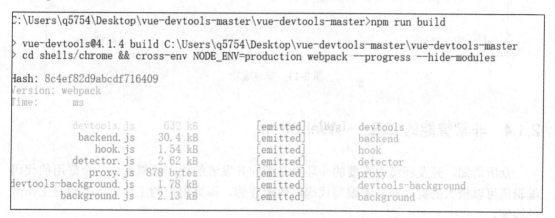

图 2-11 打包 build

注意：此时已经将该源代码打包成为了可以被 Chrome 使用的插件格式，其生成的文件位于当前目录的 shells/chrome 下。

（6）打开 Chrome 浏览器，输入地址 chrome://extensions/或者选择“更多工具”|“扩展程序”命令进入插件管理页面，此时需要勾选“开发者模式”，如图 2-12 所示。

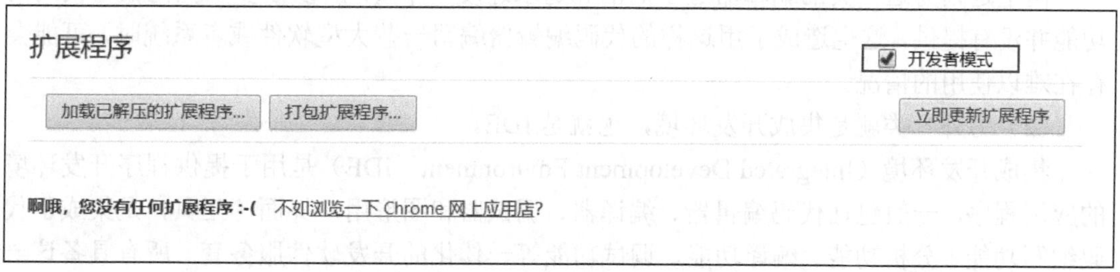

图 2-12 开启开发者模式

（7）选中开发者模式中的"加载已解压的扩展程序"选项，选择项目中的 shells/chrome 文件夹，单击"确定"按钮，即成功地安装了 Vue.js 插件，其安装效果如图 2-13 所示。

图 2-13　安装成功

2.1.4　非常智能的 IDE——WebStorm

众所周知，开发环境中重要的一环就是面向开发者的代码编辑器，一个好用的代码编辑器可以极大的提高开发者编写代码时的流程感，提高用户的工作效率甚至是工作时的心情。

一般而言，编辑器可分为以下两类：

（1）一类是提供基本的文字输入和显示，或者只是简单的代码高亮等基本功能的笔记本式的代码编辑器，这类编辑器的代表就是 Vim、Notepad 等系列。其优点如下：

- 编辑器的软件较小，启动迅速，占用内存小；
- 并非针对某一种语言或特定使用环境；
- 像 Vim、Vi 等软件可以直接通过终端等修改远程服务器中的代码。

但正是因为这一类的编辑器过于简洁和追求速度、体量，所以很多工程化编写代码的功能并没有提供，这也造成了用这样的代码编辑器编写一些大型软件或者系统时，可能会存在难以使用的情况。

（2）另外一类就是集成开发环境，也就是 IDE。

集成开发环境（Integrated Development Environment，IDE）是用于提供程序开发环境的应用程序，一般包括代码编辑器、编译器、调试器和图形用户界面等工具，是集成了代码编写功能、分析功能、编译功能、调试功能等一体化的开发软件服务套。所有具备这一特性的软件或者软件套（组）都可以叫集成开发环境，如微软的 Visual Studio 系列，Borland

的 C++ Builder、Delphi 系列等。IDE 可以独立运行，也可以和其他程序并用，多被用于开发 HTML 应用软件。例如，许多人在设计网站时使用 IDE（如 HomeSite、Dreamweaver 等），因为很多项任务会自动生成。

作为一个开发者，选择一个合适而且好用的 IDE 是非常重要的一环，虽然在庞大的开发者团队中，每个人的爱好和使用习惯有所不同，但总会有一些常用的 IDE 是受到大众认同的。

📢注意：这里并非说 IDE 是完美无缺的，其实对于 IDE 而言，大量的内存及处理器占用，很可能对于一个老旧的主机而言根本无法使用。

对于 Vue.js 开发，也存在一个众所周知的集成开发环境，那就是出自 JetBrains 的 WebStorm，其下载地址为 http://www.jetbrains.com/WebStorm/，主页如图 2-14 所示。

图 2-14　WebStorm 主页

（1）单击 DOWNLOAD 按钮，浏览器会自动调用下载的状态，如图 2-15 所示。

（2）下载完毕后，双击下载的软件，弹出安装界面对话框，如图 2-16 所示。

图 2-15　下载

图 2-16　安装

（3）单击 Next 按钮，选择下一步，如图 2-17 所示，用户可以选择合适的安装位置，这需要有足够的硬盘空间。

（4）再次单击 Next 按钮，选择建立快捷方式的类型和打开的默认代码文件，如图 2-18 所示。

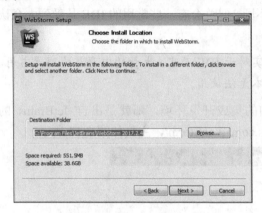

图 2-17　选择合适的安装位置

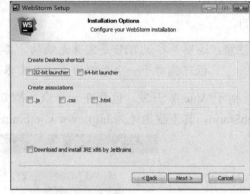

图 2-18　选择快捷方式

（5）安装完毕后，如果勾选了快捷方式，系统会自动在桌面上建立 WebStorm 的快捷方式，如图 2-19 所示。

🔔注意：这里的快捷方式，32 位和 64 位均可选择，具体的版本可以参照用户系统及内存大小，其功能上并无区别。

图 2-19　Webstorm 快捷方式

安装完毕后即可以使用 WebStorm 这样强大的 IDE 作为 JavaScript 的开发环境继续学习了，如图 2-20 所示为开发环境界面。

图 2-20　开发环境界面

2.2　认识 ECMAScript 6（ES 6）

1995 年 12 月，升阳公司与网景公司一起引入了 JavaScript。1996 年 3 月，网景公司发表了支持 JavaScript 的网景导航者 2.0 说明。由于 JavaScript 作为网页的客户端脚本语言非常成功，微软于 1996 年 8 月引入了 Internet Explorer 3.0，该软件支持一个"约"与 JavaScript 兼容的 JScript。1996 年 11 月，网景公司将 JavaScript 提交给欧洲计算机制造商协会进行标准化。ECMA-262 的第一个版本于 1997 年 6 月被 Ecma 组织采纳，这也是 ECMAScript（简称 ES）的由来。

2.2.1　ES 6 的前世今生

ECMAScript 是一种由 Ecma 国际（前身为欧洲计算机制造商协会）通过 ECMA-262 标准化的脚本程序设计语言，该语言在万维网上应用广泛，往往被称为 JavaScript 或 JScript，但实际上后两者是 ECMA-262 标准的实现和扩展。

至今为止有 7 个 ECMA-262 版本发布，代表着一次次的 JavaScript 更新，具体的版本和详细更新内容参如表 2-1 所示。

表 2-1　ECMAScript版本更新

版　　本	发表日期	与前版本的差异
1	1997年6月	首版
2	1998年6月	格式修正，以使得其形式与ISO/IEC16262国际标准一致
3	1999年12月	强大的正则表达式，更好的词法作用域链处理，新的控制指令，异常处理，错误定义更加明确，数据输出的格式化及其他改变
4	放弃	由于关于语言的复杂性出现分歧，第4版本被放弃，其中的部分成为了第5版及Harmony的基础
5	2009年12月	新增"严格模式（strict mode）"，在该版本中提供更彻底的错误检查，以避免因语法不规范而导致的结构出错。澄清了许多第3版本中的模糊规范，and accommodates behaviour of real-world implementations that differed consistently from that specification。增加了部分新功能，如getters及setters，支持JSON以及在对象属性上更完整的反射
6	2015年6月	多个新的概念和语言特性。ECMAScript Harmony将会以ECMAScript 6发布
6.1	2016年6月	多个新的概念和语言特性

ECMAScript 第 6 个版本（简称 ES 6）是对语言的重大更新，是自 2009 年 ES 5 标准化以来语言的首次更新，有关 ES 6 语言的完整规范，请参阅 ES 6 标准。

🔔**注意**：*这里不使用 ES 7 的原因主要是还存在大量的浏览器仅支持 ES 6 或者 ES 5 版本，所以对于很多新的特性如果存在向下兼容的情况下，一定要使用 ES 5 语法或者相关的库将 ES 6 以上的语法转化为向下兼容的语法。*

2.2.2　为什么要使用 ES 6

ES 6 是一次重大的版本升级，与此同时，由于 ES 6 秉承着最大化兼容已有代码的设计理念，过去编写的 JS 代码还能正常运行。事实上，许多浏览器已经支持部分 ES 6 特性，并在继续努力实现其余特性。这意味着，在一些已经实现部分特性的浏览器中，开发者符合标准的 JavaScript 代码已经可以正常运行，可以更加方便的实现很多复杂的操作，提高开发人员的效率。

以下是 ES 6 排名前十位的最佳特性列表（排名不分先后）：

- Default Parameters（默认参数）in ES 6；
- Template Literals（模板文本）in ES 6；
- Multi-line Strings（多行字符串）in ES 6；
- Destructuring Assignment（解构赋值）in ES 6；
- Enhanced Object Literals（增强的对象文本）in ES 6；
- Arrow Functions（箭头函数）in ES 6；
- Promises in ES 6；
- Block-Scoped Constructs Let and Const（块作用域构造 Let and Const）；
- Classes（类）in ES 6；
- Modules（模块）in ES 6。

2.3　ES 6 的一些常用语法

本节将会介绍一部分简单的 ES 6 语法，仅供原来使用过老版本 JavaScript 的开发者参考。如果读者对 ES 6 并不了解或者之前没有接触过 JavaScript，完全可以跳过本节进行后面内容的学习，本节对全书的学习或 Vue.js 的入门并没有任何影响，仅仅作为 ES 6 的介绍。

🔔**注意**：*本书并不是一本专门用于讲解 ES 6 或 JavaScript 的书，仅供读者参考和简单了解。*

2.3.1　Default Parameters（默认参数）

JavaScript 定义默认参数的方式如下：

```
//以前的JavaScript原先定义方式
var link = function (height, color, url) {
    var height = height || 50;
    var color = color || 'red';
    var url = url || 'http:// baidu.com';
    ...
}
```

但在 ES 6 中，可以直接把默认值放在函数声明里：

```
// 新的JavaScript定义方式
var link = function(height = 50, color = 'red', url = 'http://baidu.com ')
{
  ...
}
```

2.3.2　Template Literals（模板文本）

在其他语言中，使用模板和插入值是在字符串里输出变量的一种方式。因此在 ES 5 中，开发者可以这样组合一个字符串：

```
// ES6之前方式只能使用组合字符串方式
var name = 'Your name is ' + first + ' ' + last + '.';
var url = 'http://localhost:3000/api/messages/' + id;
```

在 ES 6 中，可以使用新的语法$ {NAME}，并将其放在反引号里：

```
// 支持模板文本
var name = `Your name is ${first} ${last}. `;
var url = `http://localhost:3000/api/messages/${id}`;
```

2.3.3　Multi-line Strings（多行字符串）

ES 6 的多行字符串是一个非常实用的功能。在 ES 5 中，我们不得不使用以下方法来表示多行字符串：

```
// 多行字符串
var roadPoem = '江南好，风景旧曾谙。'
    + '日出江花红胜火，'
    + '春来江水绿如蓝。'
    + '能不忆江南？'
    + '忆江南·江南好';
```

然而在 ES 6 中，仅仅用反引号就可以解决了：

```
// 支持多行文本的字符串
var roadPoem = `江南好，风景旧曾谙。
    日出江花红胜火，
    春来江水绿如蓝。
    能不忆江南？
```

忆江南·江南好`;

2.3.4　Destructuring Assignment（解构赋值）

解构可能是一个比较难以掌握的概念。我们先从一个简单的赋值讲起，其中 house 和 mouse 是 key，同时 house 和 mouse 也是一个变量，在 ES 5 中是这样的：

```
var data = $('body').data();        // data 拥有两个属性 house 和 mouse
house = data.house;
mouse = data.mouse;
```

在 Node.js 中用 ES 5 是这样的：

```
var jsonMiddleware = require('body-parser').jsonMiddleware ;
var body = req.body;                 // body 两个属性 username 和 password
username = body.username;
password = body.password;
```

在 ES 6 中，可以使用以下语句来代替上面的 ES 5 代码：

```
var { house, mouse} = $('body').data();
var {jsonMiddleware} = require('body-parser');
var {username, password} = req.body;
```

这个同样也适用于数组，是非常赞的用法：

```
var [col1, col2] = $('.column'),
[line1, line2, line3, , line5] = file.split('n');
```

2.3.5　Enhanced Object Literals（增强的对象文本）

使用对象文本可以做许多让人意想不到的事情！通过 ES 6，我们可以把 ES 5 中的 JSON 变得更加接近于一个类。

下面是一个典型的 ES 5 对象文本，里面有一些方法和属性：

```
// 文本对象
var serviceBase = {port: 3000, url: 'baidu.com'},
   getAccounts = function(){return [1,2,3]};
var accountServiceES 5 = {
 port: serviceBase.port,
 url: serviceBase.url,
 getAccounts: getAccounts,
  toString: function() {
    return JSON.stringify(this.valueOf());
  },
 getUrl: function()
{return "http://" + this.url + ':' + this.port},
  valueOf_1_2_3: getAccounts()
}
```

如果开发者想让它更有意思，可以用 Object.create 从 ServiceBase 继承原型的方法：

```
var accountServiceES 5ObjectCreate = Object.create(serviceBase)
var accountServiceES 5ObjectCreate = {
```

```
getAccounts: getAccounts,
toString: function() {
  return JSON.stringify(this.valueOf());
},
getUrl: function() {return "http://" + this.url + ':' + this.port},
valueOf_1_2_3: getAccounts()
}
```

其实对于以上两种 accountServiceES 5ObjectCreate 和 accountServiceES 5 并不是完全一致的。Object.Create()方法创建一个新对象，其是使用现有的对象来继承创建一个新的对象，而 accountSerivce ES 5 并且继承现有对象。

为了方便举例，我们只考虑它们的相似处。所以在 ES 6 的对象文本中，既可以直接分配 getAccounts: getAccounts，也可以只需用一个 getAccounts。此外，可以通过__proto__（并不是通过 proto）设置属性：

```
var serviceBase = {port: 3000, url: 'baidu.com'},
getAccounts = function(){return [1,2,3]};
var accountService = {
    __proto__: serviceBase,
    getAccounts,
```

另外，可以调用 super 防范，以及使用动态 key 值（valueOf_1_2_3）：

```
toString() {
    return JSON.stringify((super.valueOf()));
  },
  getUrl() {return "http://" + this.url + ':' + this.port},
  [ 'valueOf_' + getAccounts().join('_') ]: getAccounts()
};
console.log(accountService)
```

对于旧版的对象来说，ES 6 的对象文本是一个很大的进步。

2.3.6　Arrow Functions（箭头函数）

CoffeeScript 就是因为有丰富的箭头函数所以让很多开发者所喜爱。在 ES 6 中，也有丰富的箭头函数。比如，以前我们使用闭包，this 总是预期之外地产生改变，而箭头函数的好处在于，现在 this 可以按照你的预期使用了，身处箭头函数里面，this 还是原来的 this。

有了箭头函数，我们就不必用 that = this 或 self = this、_this = this、.bind(this)那么麻烦了。例如，下面的代码用 ES 5 就不是很优雅：

```
var _this = this;
$('.btn').click(function(event){
  _this.sendData();
})
```

在 ES 6 中则不需要用_this = this：

```
$('.btn').click((event) =>{
```

```
    this.sendData();
  })
```

但并不是完全否定之前的方案，ES 6 委员会决定，以前的 function 的传递方式也是一个很好的方案，所以它们仍然保留了以前的功能。

下面是另一个例子，通过 call 传递文本给 logUpperCase()函数，在 ES 5 中：

```
var logUpperCase = function() {
  var _this = this;

  this.string = this.string.toUpperCase();
  return function () {
    return console.log(_this.string);
  }
}

logUpperCase.call({ string: 'ES 6 rocks' })();
```

而在 ES 6 中并不需要用_this 浪费时间：

```
var logUpperCase = function() {
  this.string = this.string.toUpperCase();
  return () => console.log(this.string);
}
logUpperCase.call({ string: 'ES 6 rocks' })();
```

注意：在 ES 6 中，"=>" 可以混合和匹配老的函数一起使用。当在一行代码中用了箭头函数后，它就变成了一个表达式，其将暗中返回单个语句的结果。如果结果超过一行，将需要明确使用 return。

在箭头函数中，对于单个参数，括号()是可省略的，但当参数超过一个时就需要括号()了。在 ES 5 代码中有明确的返回功能：

```
var ids = ['5632953c4e345e145fdf2df8', '563295464e345e145fdf2df9'];
var messages = ids.map(function (value, index, list) {
  return 'ID of ' + index + ' element is ' + value + ' ';
});
```

在 ES 6 中有更加严谨的版本，参数需要被包含在括号里并且是隐式地返回：

```
var ids = ['5632953c4e345e145fdf2df8','563295464e345e145fdf2df9'];
var messages = ids.map((value, index, list) => `ID of ${index} element
is ${value} `);                              // 隐式返回
```

2.3.7　Promise 实现

Promise 是一个有争议的话题，有人说我们不需要 Promise，仅仅使用异步、生成器、回调等就够了，但是许多人尝试在写多个嵌套的回调函数时基本上会在超过三层之后产生"回调地狱"。令人高兴的是，在 ES 6 中有标准的 Promise 实现。

下面是一个简单地用 setTimeout()函数实现的异步延迟加载函数：

```
setTimeout(function(){
  console.log('Yay!');
}, 1000);
```

在 ES 6 中，可以用 Promise 重写，虽然在此实例中并不能减少大量的代码，甚至多写了数行，但是逻辑却清晰了不少：

```
var wait1000 = new Promise((resolve, reject)=> {
  setTimeout(resolve, 1000);
}).then(()=> {
  console.log('Yay!');
});
```

2.3.8　块作用域构造 let

在 ES 6 里，let 并不是一个"花哨"的特性，是更复杂的。let 是一种新的变量声明方式，允许我们把变量作用域控制在块级里面，用大括号定义代码块，在 ES 5 中，块级作用域起不了任何作用：

```
function calculateTotalAmount (vip) {
//只能使用 var 方式定义变量
 var amount = 0;
  if (vip) {
    //在此定义会覆盖
    var amount = 1;
  }
  {
    //在此定义会覆盖
    var amount = 100;
  {
    //在此定义会覆盖
      var amount = 1000;
    }
  }
  return amount;
}
//打印输出内容
console.log(calculateTotalAmount(true));
```

以上代码结果将返回 1000，这真是一个 bug。在 ES 6 中，用 let 限制块级作用域，而 var 限制函数作用域。

```
function calculateTotalAmount (vip) {
  // 使用 var 方式定义变量
var amount = 0;
  if (vip) {
    // 使用 let 定义的局部变量
    let amount = 1;                    //第 1 个 let
  }
  {
    let amount = 100;                  //第 2 个 let
```

```
  {
    let amount = 1000;                          //第 3 个 let
  }
}
return amount;
}

console.log(calculateTotalAmount(true));
```

程序结果将会是 0，因为块作用域中有了 let，如果(amount=1)，那么这个表达式将返回 1。本例是一个演示，这里有一堆常量，它们互不影响，因为它们属于不同的块级作用域。

2.3.9　Classes（类）

如果读者了解面向对象编程（OOP），将会更喜爱这个特性，以后写一个类和继承将变得在微博上写一个评论那么容易。

在之前的 JavaScript 版本中，对于类的创建和使用是令人非常头疼的一件事。不同于直接使用 class 命名一个类的语言（在 JavaScript 中 class 关键字被保留，但是没有任何作用），因为没有官方的类功能，加上大量继承模型的出现（pseudo classical、classical、functional 等），造成了 JavaScript 类使用的困难和不规范。

用 ES 5 写一个类有很多种方法，这里就先不说了，现在就来看看如何用 ES 6 写一个类吧。ES 6 没有用函数，而是使用原型实现类，我们创建一个类 baseModel ，并且在这个类里定义一个 constructor()和一个 getName()方法：

```
class baseModel {
  constructor(options, data) { // class constructor, Node.js 5.6暂时不支持
  options = {}, data = []这样传参
    this.name = 'Base';
    this.url = 'http://baidu.com/api';
    this.data = data;
    this.options = options;
  }

  getName() {                                   //类的方法
    console.log(`Class name: ${this.name}`);
  }
}
```

注意：这里对 options 和 data 使用了默认参数值，方法名也不需要加 function 关键字，而且冒号 "："也不需要了；另一个大的区别就是不需要分配属性 this。现在设置一个属性的值，只需简单地在构造函数中分配即可。

2.3.10　Modules（模块）

众所周知，在 ES 6 以前 JavaScript 并不支持本地的模块，于是人们想出了 AMD、

RequireJS、CommonJS 及其他解决方法。现在 ES 6 中可以用模块 import 和 export 操作了。

在 ES 5 中，可以在<script>中直接写可以运行的代码（简称 IIFE），或一些库，如 AMD。然而在 ES 6 中，可以用 export 导入类。下面举个例子，在 ES 5 中，module.js 有 port 变量和 getAccounts()方法：

```
module.exports = {
  port: 3000,
  getAccounts: function() {
    ...
  }
}
```

在 ES 5 中，main.js 需要依赖 require('module')导入 module.js：

```
var service = require('module.js');
console.log(service.port);              // 3000
```

但在 ES 6 中，将用 export and import 进行一个模块的引入和抛出。例如，以下是用 ES 6 写的 module.js 文件库：

```
export var port = 3000;
export function getAccounts(url) {
  ...
}
```

如果用 ES 6 将上述的 module.js 导入到文件 main.js 中，就变得非常简单了，只需用 import {name} from 'my-module'语法，例如：

```
import {port, getAccounts} from 'module';
console.log(port);                      // 3000
```

或者可以在 main.js 中导入整个模块，并命名为 service：

```
import * as service from 'module';
console.log(service.port);              // 3000
```

2.4 使用 Babel 进行 ES 6 的转化

因为大多数的浏览器对 JavaScript 的版本支持并不是到最新的版本，为了向下兼容，需要将 ES 6 以上的代码进行转换。Babel 是一个广泛使用的转码器，可以将 ES 6 代码转为 ES 5 代码，从而在现有浏览器环境下执行。这意味着，我们可以现在就用 ES 6 编写程序，而不用担心现有环境是否支持。下面是一个例子。

```
//转码前
input.map(item => item + 1);

//转码后
input.map(function (item) {
  return item + 1;
});
```

上面的原始代码用了箭头函数，这个特性还没有得到广泛支持，Babel 将其转为普通函数，就能在现有的 JavaScript 环境下执行了。

本节内容是针对 Babel 的教程，同时还用到了 npm 包管理工具安装 Babel。

2.4.1   安装 Babel

首先需要确保 npm 在使用者的计算机上，然后在 cmd 中输入如下命令：

```
npm install -g babel-cli
```

安装步骤的具体命令如图 2-21 所示。

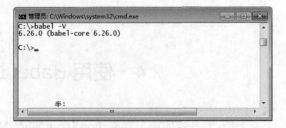

```
C:\>npm install -g babel-cli
C:\Users\zhangfan2\AppData\Roaming\npm\babel-doctor -> C:\Users\zhangfan2\AppDat
a\Roaming\npm\node_modules\babel-cli\bin\babel-doctor.js
C:\Users\zhangfan2\AppData\Roaming\npm\babel-external-helpers -> C:\Users\zhangf
an2\AppData\Roaming\npm\node_modules\babel-cli\bin\babel-external-helpers.js
C:\Users\zhangfan2\AppData\Roaming\npm\babel-node -> C:\Users\zhangfan2\AppData\
Roaming\npm\node_modules\babel-cli\bin\babel-node.js
C:\Users\zhangfan2\AppData\Roaming\npm\babel -> C:\Users\zhangfan2\AppData\Roami
ng\npm\node_modules\babel-cli\bin\babel.js
npm WARN optional SKIPPING OPTIONAL DEPENDENCY: fsevents@1.1.2 (node_modules\bab
el-cli\node_modules\fsevents):
npm WARN notsup SKIPPING OPTIONAL DEPENDENCY: Unsupported platform for fsevents@
1.1.2: wanted {"os":"darwin","arch":"any"} (current: {"os":"win32","arch":"x64"}
)

+ babel-cli@6.26.0
added 233 packages in 31.442s

C:\>
```

图 2-21   安装 Babel

这样 Babel 就成功地安装在了本机上，使用如下命令验证是否成功安装，效果如图 2-22 所示。

```
babel -v
```

🔔 **注意**：此处使用了 -g 参数进行全局安装。

```
C:\>babel -V
6.26.0 (babel-core 6.26.0)

C:\>
```

图 2-22   安装成功

2.4.2   使用 Babel

Babel 的配置文件是 .babelrc，使用 Babel 的第一步，就是配置这个文件，该文件用来设置转码规则和插件，基本格式如下：

```
{
    "presets": [
      "es2015",
    ],
    "plugins": []
}
```

将该文件放置在自己项目的根目录下。

🔔说明：*此处使用的是 ES 2015 作为转码规则，其是使用了 ES 2015 包，而 ES2015 其实就是 ES 6。*

当然要使用某类转码器，需要在系统或项目程序中安装相应的包，比如此处用到的是 ES 2015，则需要使用如下命令安装需要的包。

```
npm install --save-dev babel-preset-es2015
```

安装效果如图 2-23 所示。

🔔注意：*Babel 默认只转换新的 JavaScript 句法（syntax），而不转换新的 API，比如 Iterator、Generator、Set、Maps、Proxy、Reflect、Symbol、Promise 等全局对象，以及一些定义在全局对象上的方法（如 Object.assign）都不会被转码。*

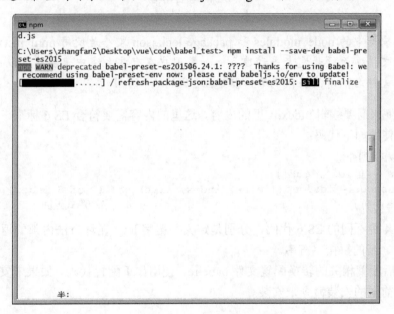

图 2-23　安装解码包

如果使用了 react 转码规则，就需要安装 react 转码包，安装命令如下：

```
# react 转码规则
$ npm install --save-dev babel-preset-react
```

如果开发者使用了 ES 7 中的代码，请在 ES 7 不同阶段语法提案的转码规则（共有 4 个阶段）中选择一个：

```
$ npm install --save-dev babel-preset-stage-0
$ npm install --save-dev babel-preset-stage-1
$ npm install --save-dev babel-preset-stage-2
$ npm install --save-dev babel-preset-stage-3
```

【**示例 2-1**】对于此处的转换示例，需要完成的是建立一个以 ES 6 为基础的代码，通过 babel 命令行工具，将其更新为符合 ES 5 版本可以正确运行的代码。

（1）新建项目目录 babel_test，并在此文件夹中建立 3 个相关的文件，分别是配置文件.babelrc、ES 6 标准的 index.js 以及目标输出的符合 ES 5 的文件 compiled.js，其项目结构如图 2-24 所示。

名称 ^	修改日期	类型	大小
node_modules	2017/10/11 8:02	文件夹	
.babelrc	2017/10/11 7:28	BABELRC 文件	1 KB
compiled.js	2017/10/11 7:28	JetBrains WebSt...	1 KB
index.js	2017/10/11 7:28	JetBrains WebSt...	1 KB
package-lock.json	2017/10/11 7:28	JSON 文件	25 KB

图 2-24　项目结构

🔔**注意**：此项目中的 node_modules 和 package-lock.json 文件是使用 npm install 自动建立的文件，无须开发者手动建立。如果用户在有些系统中无法建立以 "." 为开头的文件名，请使用代码编辑器建立。

（2）接下来需要编辑 index.js 里的内容，这里的内容需要符合 ES 6 标准，最好还有显著的特征，使用如下代码：

```
// 定义相关的变量
let ids = ['id1','id2'];
let messages = ids.map((value, index, list) => `ID of ${index} element is
${value} `);                              // 隐式返回
```

这里使用了 4 种不同的 ES 6 代码，分别是定义关键字 let、循环方法内部的返回值、箭头函数 "=>"、新的拼接字符串。

（3）然后配置相关的转换配置文件.babelrc，使用如下配置代码。如果未安装 ES2015，请读者参照前面的安装命令来安装。

```
{
    "presets": [
      "es2015",
    ],
    "plugins": []
}
```

🔔**注意**：如果没有在本项目中安装 ES 2015，系统会报错 Couldn't find preset "es2015"。

（4）接下来就需要使用相关的命令进行转码，这里使用了如下代码，其意义为将转化结果输出至一个文件中。

```
babel index.js --out-file compiled.js
```

转化过程如图 2-25 所示，如果转换的过程中没有任何错误提示，当命令提示行自动结束后会跳转新行，此时表示转换成功。

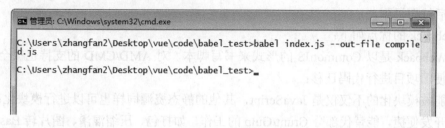

图 2-25　转换过程

当然，babel 命令不一定需要将转化的代码放在文件中，转码结果同样支持输出到标准输出，即在屏幕中打印。

```
babel index.js
```

（5）当转化完毕后，打开 compiled.js 文件，可以看到转化后的代码，已经没有了 ES 6 的相关特性：

```
var ids = ['id1', 'id2'];
// 定义相关的变量
var messages = ids.map(function (value, index, list) {
  return 'ID of ' + index + ' element is ' + value + ' ';
}); // 隐式返回
```

2.5　精简压缩生产环境的 Webpack

网页功能越来越复杂，JavaScript 代码也随之越复杂，随着各种框架的使用，依赖的包也越来越多，这些复杂的内容要想让浏览器都能识别，就需要一些烦琐的操作，而 Webpack 的使用，就是将这些烦琐操作简单化。

2.5.1　Webpack 是什么

Webpack 是一个开源的前端打包工具。当 Webpack 处理应用程序时，它会构建一个依赖关系图，其中包含应用程序所需要的各个模块，然后将所有这些模块打包成一个或多个模组。Webpack 可以通过终端或更改 Webpack.config.js 文件来设定各项功能。

使用 Webpack 前需要先安装 Node.js。Webpack 其中的一个特性是使用载入器将资源转化成模组，开发者可以自定义载入器的顺序、格式来适应需求。

简单来说，一款模块加载器兼打包工具，它能把各种资源，例如 JS（含 JSX）、Coffee、样式（含 Less/Sass）、图片等都作为模块使用和处理。可以直接使用 require(XXX) 的形式

• 51 •

来引入各模块，即使它们可能需要经过编译（比如 JSX 和 Sass），但开发者无须在上面花费太多心思，因为 Webpack 有着各种健全的加载器（loader）在默默处理这些事情，这一点本书后续会提到。

Webpack 的优点如下：

- Webpack 是以 CommonJS 的形式来书写脚本，对 AMD/CMD 的支持也很全面，方便旧项目进行代码迁移；
- 能被模块化的不仅仅是 JavaScript，其他的静态资源同样也可以进行模块化；
- 开发便捷，能替代部分 Grunt/Gulp 的工作，如打包、压缩混淆、图片转 Base64 等；
- 扩展性强，插件机制完善，特别是支持 React 热插拔（react-hot-loader）的功能让人眼前一亮。

Webpack 完整的工作流程如图 2-26 所示。

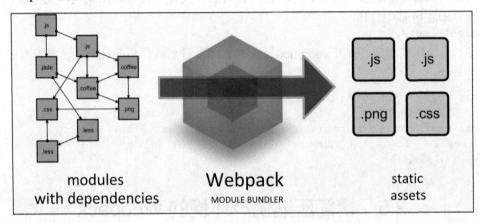

图 2-26　Webpack 工作流程

2.5.2　配置一个完整项目的 Webpack

【示例 2-2】新建项目文件夹 webpack_test，这里需要 4 个相关的文件，分别作为 JavaScript 的入口文件 app.js，存放需要调用方法的 bar.js 文件，引入导出生成的 JavaScript 文件 index.html，用于 Webpack 打包文件配置的 webpack.config.js 文件。

在开始之前，请确保安装了 Node.js 的最新版本。使用 Node.js 最新的长期支持版本（Long Term Support，LTS）是理想的起步；使用旧版本，可能会遇到各种问题，因为可能会缺少 Webpack 功能，或者缺少相关 package 包。

（1）在本地安装 Webpack，本书使用的 Webpack 版本为 Webpack 3.6.0。

要安装最新版本或特定版本，请运行以下命令之一。如果读者是初学者，建议使用第 2 条命令安装和笔者相同的版本，方便学习。

```
npm install --save-dev webpack
npm install --save-dev webpack@<version>
```

注意：对于大多数项目，Webpack 官方建议本地安装，这样可以使开发者在引入破坏式变更（breaking change）的依赖时，更容易分别升级项目。

通常，Webpack 通过运行一个或多个 npm scripts，会在本地 node_modules 目录中查找安装的 Webpack：

```
"scripts": {
    "start": "webpack --config webpack.config.js"
}
```

注意：使用 npm 安装时也可以采用全局安装方式，使 Webpack 在全局环境下可用。但是不推荐全局安装 Webpack，因为会将我们项目中的 Webpack 锁定到指定版本，并且在使用不同的 Webpack 版本的项目中，可能会导致构建失败。

安装效果如图 2-27 所示。

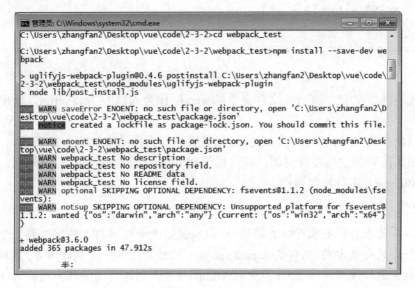

图 2-27 安装 Webpack

（2）在项目中新建文件夹 app，作为 JavaScript 的代码存放处，新建 public 文件夹作为 index.html 的文件夹。

（3）编写 app 文件夹中的两个 JavaScript 文件，为了测试 JavaScript 的 import 方式，这里需要编写两个 JavaScript 文件，分别是 app.js 和 bar.js。

首先编写 bar.js 文件，让其完成在页面上弹出一个提示框，代码如下：

```
export default function bar() {
    //弹出提示
    alert("This is Bar's Function")
}
```

在 app.js 文件中需要引入上述 JS 文件，其代码如下：

```
import bar from './bar';
bar();
```

（4）在 public 文件夹中新建一个 index.html 文件，需要在该文件夹中引入 Webpack 生成的 bundle.js 文件（后期生成，非自己创建），其代码如下：

```
<html>
  <head>
  ...
  </head>
  <body>
    这里会调用 bar 中的方法，弹出弹窗
    <script src="../bundle.js"></script>
  </body>
</html>
```

（5）接下来需要编辑 Webpack 的配置文件即 webpack.config.js 文件，代码如下：

```
module.exports = {
  entry: './app/app.js',
  output: {
    filename: 'bundle.js'
  }
}
```

上述代码的意义为，以 app 文件夹下的 app.js 作为入口的 JavaScript，输出的文件为 'bundle.js'。

（6）自动安装完毕，并且写好相应的代码后，其文件结构如图 2-28 所示。

（7）如果配置和安装没有问题，即可以使用 Webpack 命令进行打包输出，以下命令用于运行 Webpack 进行打包操作。

```
webpack
```

注意：如果使用全局安装可以直接使用 webpack 命令作为打包构建工具；如果使用非全局的安装方式，则需要在 package.json 文件中增加一个构建脚本，然后使用 npm 命令进行构建，如 2.5.3 节中的 Webpack 4 示例即用的是非全局安装方式。

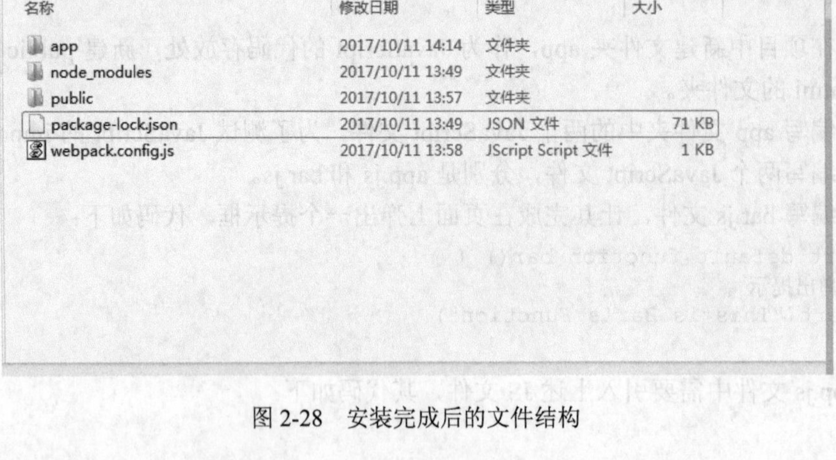

图 2-28　安装完成后的文件结构

运行成功的效果如图 2-29 所示。

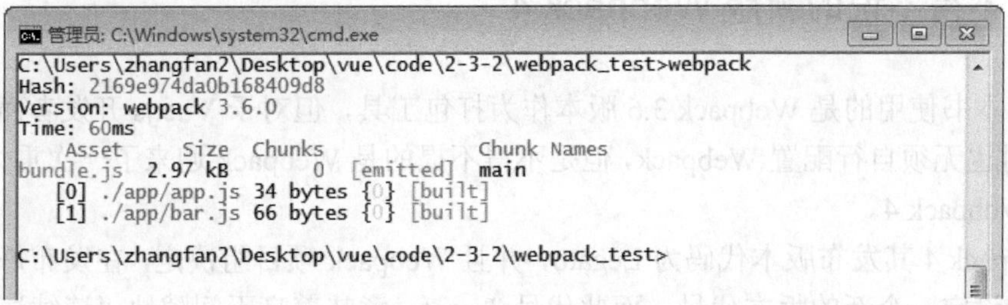

图 2-29　webpack 命令

同时，使用 webpack 命令之后，在文件目录中也会出现一个名为 bundle.js 的文件，打开此文件，可以看到其封装代码如下：

```
/******/ (function(modules) { // webpackBootstrap
/******/     // The module cache
/******/     var installedModules = {};
/******/
/******/     // The require function
/******/     function __webpack_require__(moduleId) {
/******/
……//省略部分代码
"use strict";
/* harmony export (immutable) */ __webpack_exports__["a"] = bar;
function bar() {
  //弹出提示
  alert("This is Bar's Function")
}

/***/ })
/******/ ]);
```

同时，打开 public 文件夹中的 index.html 文件进行测试，其显示效果如图 2-30 所示，已正确弹出提示框。

图 2-30　正确的页面

2.5.3　不得不说的新版 Webpack 4

虽然本书使用的是 Webpack 3.6 版本作为打包工具，但对于 Vue.js 开发者而言，使用 Vue-cli 时也无须自行配置 Webpack，但是不得不提的是 Webpack 迎来了一次重大的更新，那就是 Webpack 4。

Webpack 4 其发布版本代码为 Legato，并且 Webpack 项目组决定，在发布每一个大版本时都会设定一个新的版本代号，而此代号 Legato 意味着毫无间隙地"连续演奏每个节奏"，这点和 Webpack 本身的作用很像，Webpack 将前端资源（JS、CSS 甚至更多）无间隙地打包在一起。

为什么不得不提 Webpack 4 这个版本呢？主要是因为 Webpack 在 4 这个版本上实现了极大的性能提高，并且在社区的测试中，Webpack 4 的效率构建时间甚至降低了 60%～98%，如图 2-31 所示，虽然在实际项目使用中可能无法达到这个效率，但是无疑极大提高了 Webpack 构建的效率。

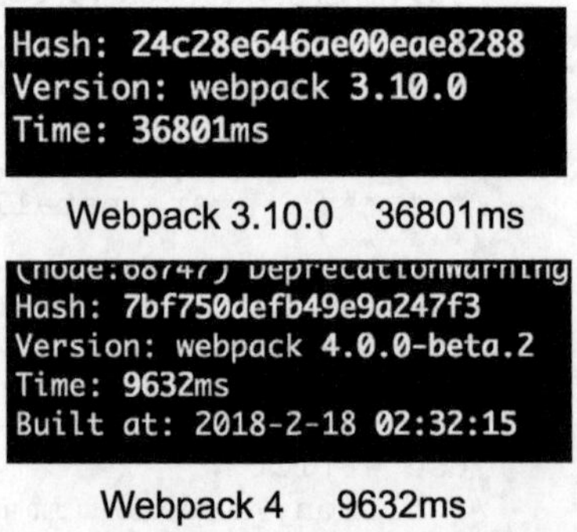

```
Hash: 24c28e646ae00eae8288
Version: webpack 3.10.0
Time: 36801ms
```

Webpack 3.10.0　36801ms

```
(node:68747) DeprecationWarning
Hash: 7bf750defb49e9a247f3
Version: webpack 4.0.0-beta.2
Time: 9632ms
Built at: 2018-2-18 02:32:15
```

Webpack 4　9632ms

图 2-31　性能差距

除了性能方面的提升，Webpack 4 最大的改变是在于配置设计上实现了 Mode 配置，开发团队为 Webpack 新增了一个 Mode 配置项。Mode 有两个值：development 或 production，默认值是 production。另外，entry、output 这些配置项也都有默认值了，开发者在没有特别的需要时不必要每次都进行配置了。这意味着从现在开始，开发者的配置工作会变得非常简单甚至于不需要自行配置。

下面就让我们来一起体验一下新版本的 Webpack 吧。

（1）首先新建一个文件夹，用来体验 Webpack 4，需要使用 npm init –y 命令初始化该 JavaScript 工程，该命令会在文件夹中初始化一个 JavaScript 工程，其显示效果如图 2-32 所示。

```
F:\JavaScript\vue_easyStart\2-5-3>npm init -y
Wrote to F:\JavaScript\vue_easyStart\2-5-3\package.json:

{
  "name": "2-5-3",
  "version": "1.0.0",
  "description": "",
  "main": "index.js",
  "scripts": {
    "test": "echo \"Error: no test specified\" && exit 1"
  },
  "keywords": [],
  "author": "",
  "license": "ISC"
}
```

图 2-32　初始化 JavaScript 工程

（2）运行以下 npm 命令来安装 Webpack：

```
npm install --save webpack
```

等待其安装成功后，node_modules 会自动安装相关的依赖包，并且在 package.json 中会自动增加 Webpack 的最新版本（当前版本为 4.2.0）。

（3）除了 Webpack 包，还需要安装一个 webpack-cli 包，其是用于命令行的工具，这也是 Webpack 4 与 Webpack 3 的不同之处，在 Webpack 3 中，Webpack 本身和它的 CLI 都是在同一个包中，但在 Webpack 第 4 版中已经将两者分开，以达到更好地管理 Webpack 包的目的。

需要使用以下命令来安装 webpack-cli：

```
npm install -save webpack-cli
```

安装完成后，需要在 package.json 中添加一个构建脚本。

（4）打开 package.json，修改 script 中的代码后，新增一个 bulid 命令，其修改后完整的代码如下：

```
{
  "name": "2-5-3",
  "version": "1.0.0",
  "description": "",
  "main": "index.js",
  "scripts": {
    "bulid":"webpack"
  },
  "keywords": [],
  "author": "",
  "license": "ISC",
  "dependencies": {
    "webpack": "^4.2.0",
    "webpack-cli": "^2.0.13"
  }
}
```

（5）还记得在前面使用 Webpack 3 时，需要新建一个 webpack.config.js 才可以使用的 Webpack 命令吗？

但是在 Webpack 4 中，不再需要定义入口点，它会将./src/index.js 作为默认值。也就是说，只需要在其目录上创建一个./src/index.js 即可以成功运行 webpack 打包命令。

可以尝试在当前项目目录中进行测试。在当前项目目录下新建一个 src 文件夹，在其中新建一个 index.js 文件，并增加如下代码：

```
console.log("HelloWorld");
```

接着在 cmd 中运行 npm run build 命令，可以成功运行时如图 2-33 所示。成功运行后会在当前目录下建立 dist 文件夹，并且成功的生成了 main.js 文件。

这就是 Webpack 4 的强大之处，不需要开发者自己配置就可以完成对一个 Web 项目的打包构建工作。不仅如此，Webpack 4 还为开发者提供了不同的构建模式，用来完成原本由 Webpack 3 用户分离开发和运行等不同情况的构建任务。

```
F:\JavaScript\vue_easyStart\2-5-3>npm run build

> 2-5-3@1.0.0 build F:\JavaScript\vue_easyStart\2-5-3
> webpack

Hash: 6f04fbb851b95aab085f
Version: webpack 4.2.0
Time: 404ms
Built at: 2018-3-25 15:49:48
  Asset      Size  Chunks             Chunk Names
main.js  570 bytes       0  [emitted]  main
Entrypoint main = main.js
   [0] ./src/index.js 26 bytes {0} [built]

WARNING in configuration
The 'mode' option has not been set. Set 'mode' option to 'development' or 'production' to enable defaults for this envir
onment.
```

图 2-33　运行成功

（6）同样也可以尝试运行 Webpack 4 提供的两种模式，一种是用于加速开发、减少构建时间而不考虑生成大小的开发模式，另一种是完全用于生产环境的生产模式。

可以在 package.json 文件里的 script 字段新增两个命令：

```
"dev":"webpack --mode development",
"production":"webpack --mode production"
```

然后在 cmd 命令行分别使用以下命令进行打包构建工作。

```
npm run dev
npm run production
```

当用户使用 dev 模式后，会打包出包含注释和格式等未压缩状态的代码，如图 2-34 所示，大小为 3KB。而当用户运行 production 模式后，会打包出最小的压缩生产环境代码，大小为 1KB，如图 2-35 所示。

```
/******/ (function(modules) { // webpackBootstrap
/******/   // The module cache
/******/   var installedModules = {};
/******/
/******/   // The require function
/******/   function __webpack_require__(moduleId) {
/******/
/******/     // Check if module is in cache
/******/     if(installedModules[moduleId]) {
/******/       return installedModules[moduleId].exports;
/******/     }
/******/     // Create a new module (and put it into the cache)
/******/     var module = installedModules[moduleId] = {
/******/       i: moduleId,
/******/       l: false,
/******/       exports: {}
/******/     };
/******/
/******/     // Execute the module function
/******/     modules[moduleId].call(module.exports, module, module.exports, __webpack_require__);
/******/
/******/     // Flag the module as loaded
/******/     module.l = true;
/******/
/******/     // Return the exports of the module
/******/     return module.exports;
/******/   }
```

图 2-34　未压缩状态

```
!function(e){var n={};function r(t){if(n[t])return n[t].exports;var o
=n[t]={i:t,l:!l,exports:{}};return e[t].call(o.exports,o,o.exports,r
),o.l=!0,o.exports}r.m=e,r.c=n,r.d=function(e,n,t){r.o(e,n)||Object.
defineProperty(e,n,{configurable:!l,enumerable:!0,get:t})},r.r=
function(e){Object.defineProperty(e,"__esModule",{value:!0})},r.n=
function(e){var n=e&&e.__esModule?function(){return e.default}:
function(){return e};return r.d(n,"a",n),n},r.o=function(e,n){return
Object.prototype.hasOwnProperty.call(e,n)},r.p="",r(r.s=0)}([function
(e,n){console.log("HelloWorld")}]);
```

图 2-35 压缩状态

这样，当用户使用 Webpack 4 时，完全可以不需要任何一个配置文件，就可以完成一个项目的构建工作。

🔔 注意：正是因为 Webpack 4 的更新，可能各框架 CLI 工具支持并不理想，所以本书依旧使用 vue-cli 中默认使用的 Webpack 3 作为实例。但是 Webpack 开发组为每个使用 Webpack 作为打包工具的框架进行了相应的优化和兼容，使这些框架可以支持 Webpack 4。例如，AngularCLI 团队已经在最近发布的大版本中直接使用了 Webpack 4，相信不久之后 vue-cli 也会更新为 Webpack 4。

2.6 小结与练习

2.6.1 小结

本章主要介绍了一些简单的 ES 6 基础知识，以及 JavaScript 的包管理系统，为后面的学习和开发打好基础。通过对一些前端构建工具和包管理的系统学习，不仅可以让读者了解现在的开发技术与前几年的差别，也可以认识前端技术日新月异的发展。

读者可能会觉得本章内容有些突兀，因为单纯介绍 Vue.js，并不需要介绍这么多其他开发工具或技术。但技术本身都是相通的，笔者希望读者可以通过本书的学习建立起一个关于开发者框架的学习理念，而不是单一地去学习和深究某一项技术。

当然，术业有专攻，希望读者可以在扩充广度的同时一定要对某一技术深究和探索，这样才能成为真正的业内的"大牛"。

2.6.2 练习

1. 请自行安装 npm 及 Node.js 等软件。
2. 请熟练使用 npm 的相关命令。
3. 请自行尝试和练习 Webpack 和 Babel 的命令，了解 ES 6 及其余的 JavaScript 版本。

第 3 章　从一个电影网站项目学习 Vue.js

对于学习新技术的初学者来说，"填鸭"式的教育手法是不行的。所以本书使用一个贯穿于全书的实战案例，来实现 Vue.js 技术的学习。这种通过实例的学习方式，可以避免"小白"读者在阅读大量的知识点后对实际项目仍然无从下手的困境。通过一个实际项目的学习，对于初学者或者有经验的开发者来说都是学习新技术的最佳实践手段。

本章通过一个完整的电影介绍和电影资源发布网站的项目，从零开始介绍 Vue.js，在讲解过程中不仅会局限于技术知识的介绍，更会培养读者的发散性思维和产品组建能力。

3.1　快速构建第一个 Vue.js 程序

使用 CLI 工具之前需要用户对 Node.js 和相关构建工具有一定程度的了解。如果读者是新手，强烈建议先在不构建工具的情况下通读官网上提供的指南说明，熟悉 Vue.js 之后再研究 CLI。

CLI 是构建一个快速而规范的 Vue.js 项目的重要工具。为了让读者能够快速地学会使用 CLI 工具，下面直接使用 CLI 进行项目的创建。

3.1.1　通过 CLI 构建应用

【示例 3-1】使用 CLI 官方命令行工具进行应用创建，只需要使用一个命令即可。本书将带领读者从一个空项目开始，编写一个网站前端使用 Vue.js 的项目。

（1）使用以下命令进行项目的建立，通过 CLI 工具初始化一个以 Webpack 为模板、项目名称为 movie_view 的项目。

```
Vue init webpack movie_view
```

此时会要求用户输入并配置相关的选项，输入每一项后按 Enter 键等待命令行工具建立完毕，效果如图 3-1 所示。

（2）在 WebStorm 中可以看到生成的项目结构，如图 3-2 所示。此项目是一个未经 npm 安装的项目，所以需要先通过 cd 命令进入该项目的根目录，然后使用 npm install 命令安装项目需要的插件，如图 3-3 所示。

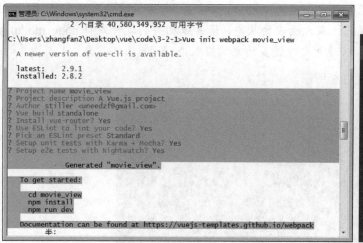

图 3-1　初始化项目

图 3-2　项目结构

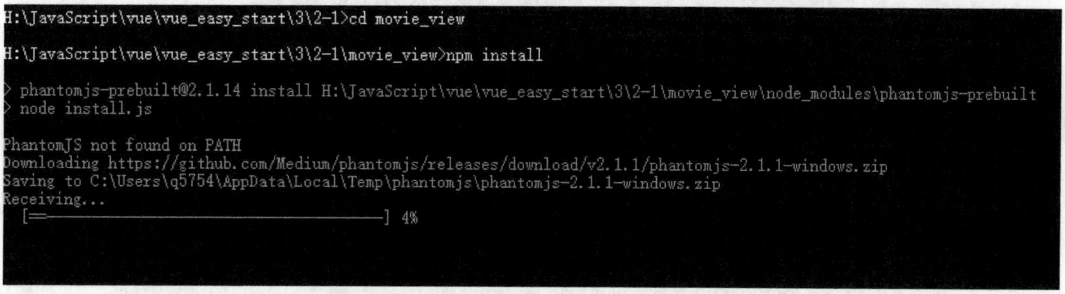

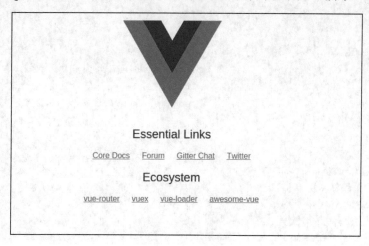

图 3-3　通过 npm 安装项目需要的插件

（3）使用 npm run dev 命令运行项目，浏览器显示效果如图 3-4 所示。

Essential Links

Core Docs   Forum   Gitter Chat   Twitter

Ecosystem

vue-router   vuex   vue-loader   awesome-vue

图 3-4　运行效果

注意：这里的运行效果可能和笔者使用的 WebStorm 有关。如果读者使用的是 WebStorm
老版本，可能会出现死机或无响应的状态，请升级相关的软件或将 node_modules
设为忽略选项，即可以避免文件过多的无响应状态。

（4）具体的设置方法如图 3-5 所示。

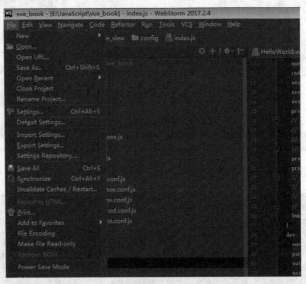

图 3-5　设置方法

（5）在图 3-5 中选择 Setting 命令，打开 WebStorm 设置页面，如图 3-6 所示。

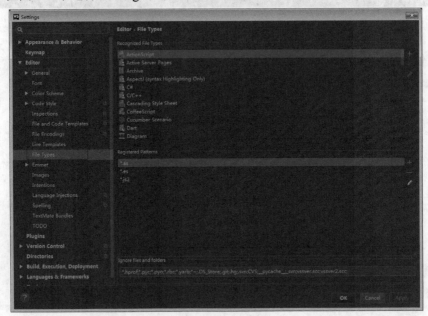

图 3-6　设置为忽略选项

（6）在 Ignore files and folders 文本框的后面输入 node_modules 文件夹的名称，单击 Apply 应用按钮，再单击 OK 按钮，即可以忽略该文件夹。

3.1.2　输出 Hello world！

从本节开始我们就一起进入编程之旅了，还是从最经典、最简单的输出 Hello World 示例程序开始。

【示例 3-2】Hello World Vue.js 项目举例。

（1）首先使用初始化项目，并使用 npm install 命令，依旧与 3.1.1 节中一样，先通过命令初始化项目文件，输入 npm run dev 命令打开测试页面。此时文件列表如图 3-7 所示。

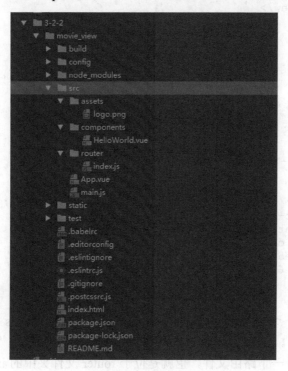

图 3-7　文件列表

下面对每个文件夹说明如下：

- build 文件夹：针对打包命令 npm run build 或者其他命令中的打包配置和工具等。
- config 文件夹：项目的基本配置、相关测试、生产环境的启动端口，不同的配置有自己不同的配置文件。
- node_modules 文件夹：由命令 npm install 自动生成的 node 使用插件的所在地，这个文件夹在不同的系统中是不同的，一般打包或者通过版本控制会将其忽略。
- src 文件夹：为开发者编写的代码。

（2）接下来开始编写代码。看一下 src 文件夹中的文件结构，其中有 3 个文件夹。

- assets 文件夹：主要用于放置静态页面中的图片或其他静态资源。
- components 文件夹：一般的编写组件代码是在该文件夹中的，现在该文件中是自动生成的 HelloWorld.vue 文件。
- router 文件夹：其中放置着项目中的路由。

在 src 文件夹中还有两个文件，一个是作为入口页面的 App.vue 文件，另一个是 main.js 文件。App.vue 文件的代码如下：

```
<template>
<!-- 定义显示的节点 -->
  <div id="app">
    <img src="./assets/logo.png">
    <router-view/>
  </div>
</template>

<script>

// 逻辑部分代码，建立 Vue 实例
export default {
  name: 'app'
}
</script>
<!-- 样式规定 -->
<style>
#app {
  font-family: 'Avenir', Helvetica, Arial, sans-serif;
  -webkit-font-smoothing: antialiased;
  -moz-osx-font-smoothing: grayscale;
  text-align: center;
  color: #2c3e50;
  margin-top: 60px;
}
</style>
```

这里使用了一个<template></template>标签，引入了一个 Vue.js 的 LOGO，其位置位于 assets 静态文件下。在 LOGO 的下方调用了路由的页面，默认是 "/" 路由。

（3）接着可以看一下路由文件，也就是位于 router 文件夹中的 index.js 文件，其代码如下：

```
import Vue from 'vue'
import Router from 'vue-router'
import HelloWorld from '@/components/HelloWorld'
//引入相关的代码包
Vue.use(Router)
// 定义路由
export default new Router({
  routes: [
    {
      path: '/',
```

```
      name: 'Hello',
      component: HelloWorld
    }
  ]
})
```

上述代码引入了 Vue.js 和 vue-router，通过 export 的方式定义了路由路径，这里不用在意具体的配置内容，在本书后续章节中会对 vue-router 进行更加详细的讲解和学习，这里读者只需要仿照根路径的写法即可。

（4）仿照后的 index.js 文件中的代码如下：

```
import Vue from 'vue'
import Router from 'vue-router'
import HelloWorld from '@/components/HelloWorld'
import NewHello from '@/components/NewHello'
//引入相关的代码包
Vue.use(Router)
// 使用引入的包
export default new Router({
// 定义路由
  routes: [
    {
      path: '/',
      name: 'Hello',
      component: HelloWorld
    },
    {
      path: '/HelloWorld',
      name: 'HelloWorld',
      component: NewHello
    }
  ]
})
```

注意：这里定义新的路由后，如果使用了插件要记得使用 import 方式引入使用过的组件。

（5）接着需要在 components 中建立一个名为 NewHello.vue 的新组件，作为 router 中引入的文件，在此文件中编写代码如下：

```
<!--HTML 页面代码部分-->
<template>
  <div>
    <h1>{{ msg }}</h1>
  </div>
</template>
<script>
// 逻辑部分代码，建立页面实例
export default {
  name: 'NewHello',
  data () {
    return {
      msg: 'Hello World'
    }
```

```
    }
  }
</script>
```

这里绑定了 msg 的值为 Hello World，在<script></script>中使用的 return 返回一个 data，其中的 msg 赋值为 Hello World。

（6）使用如下命令运行代码：

```
npm run dev
```

网页会自动打开 http://localhost:8080/#/ ，显示原来的 HelloWorld.vue 组件中的内容。在地址栏中输入新的页面地址 http://localhost:8080/#/HelloWorld ，进入编写的 NewHello 页面，显示效果如图 3-8 所示。

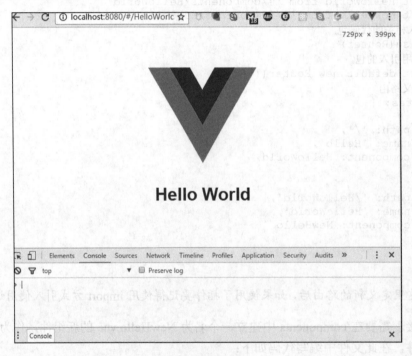

图 3-8　显示效果

3.1.3　开发环境与生产环境

对于 Vue.js 而言，第 2 章完成的代码是由 vue-cli 自动生成的项目形式，可以打开位于项目下方的 package.json 文件，也就是开发者使用 npm install 命令安装的所有包名和版本，其完整的代码如下：

```
{
  "name": "movie_view",
  "version": "1.0.0",
```

```
    "description": "A Vue.js project",
    "author": "stiller <uneedzf@gmail.com>",
    "private": true,
    "scripts": {
      "dev": "node build/dev-server.js",
      "start": "npm run dev",
      "build": "node build/build.js",
      "unit": "cross-env BABEL_ENV=test karma start test/unit/karma.conf.js
--single-run",
      "e2e": "node test/e2e/runner.js",
      "test": "npm run unit && npm run e2e",
      "lint": "eslint --ext .js,.vue src test/unit/specs test/e2e/specs"
    },
    "dependencies": {
      "vue": "^2.4.2",
      "vue-router": "^2.7.0"
    },
    "devDependencies": {
      "autoprefixer": "^7.1.2",
      "babel-core": "^6.22.1",
      "babel-eslint": "^7.1.1",
      "babel-loader": "^7.1.1",
      "babel-plugin-transform-runtime": "^6.22.0",
      "babel-preset-env": "^1.3.2",
      "babel-preset-stage-2": "^6.22.0",
      "babel-register": "^6.22.0",
      "chalk": "^2.0.1",
      "connect-history-api-fallback": "^1.3.0",
      "copy-webpack-plugin": "^4.0.1",
      "css-loader": "^0.28.0",
      "eslint": "^3.19.0",
      "eslint-friendly-formatter": "^3.0.0",
//省略部分代码
...
      "url-loader": "^0.5.8",
      "vue-loader": "^13.0.4",
      "vue-style-loader": "^3.0.1",
      "vue-template-compiler": "^2.4.2",
      "portfinder": "^1.0.13",
      "webpack": "^3.6.0",
      "webpack-dev-middleware": "^1.12.0",
      "webpack-hot-middleware": "^2.18.2",
      "webpack-merge": "^4.1.0"
    },
    "engines": {
      "node": ">= 4.0.0",
      "npm": ">= 3.0.0"
    },
    "browserslist": [
      "> 1%",
      "last 2 versions",
      "not ie <= 8"
    ]
}
```

可以看到，package.json 是一个 JSON 类型的数据文件，该文件的内容首先是该 App 的一些配置项和版本号及作者信息等，之后是主要依赖项，也就是 Vue.js 的主要引入包，devDependencies 即为开发时使用的其他 JavaScript 包。

在 devDependencies 中，可以看到里面已经引用了第 2 章中用于转换 ES 6 的 Babel 等一系列的包，同时也引用了 Webpack 等构件压缩生产环境所用到的相关包。也就是说，对于 vue-cli 自动构建生成的项目中，直接使用了 Webpack 等工具作为打包构建工具的存在。

还记得是怎样启动该测试项目的吗？使用了如下命令：

```
npm run dev
```

那么这条语句的意义是什么呢？这里使用了 npm 命令，启动了一个已经在项目中定义的脚本代码，名为 dev，这个命令的详细内容可以在 package.json 中的 script 中找到。

同样，这里也存放着其他的脚本代码，包括 dev、start 等命令作为命令行操作的别名。可以看到别名为 dev 的命令的详细内容为：

```
node build/dev-server.js
```

还可以尝试在命令提示符（cmd）中直接使用上述命令运行该项目，成功运行后显示效果如图 3-9 所示。

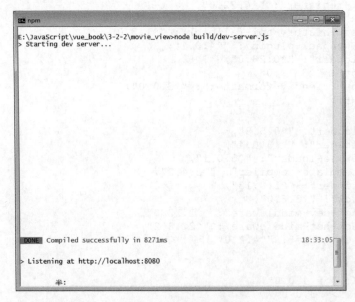

图 3-9　成功运行的效果

由此可见，其运行效果和 npm run dev 命令的运行效果一致。具体如何运行相关的模式，读者可以查看 build/dev-server.js 中的代码。

使用 npm run dev 命令运行时启动了开发模式，同时启动了一个本地的测试服务器，所以程序会默认打开 http://localhost:8080/#/ 方便开发者调试。

同样，如果使用命令 npm run build 启动时，即启动了生产模式，相当于调用了 node build/build.js 文件，其运行效果如图 3-10 所示。

同时会在项目文件夹中新生成一个 dist 文件夹，其中只有 index.html 及一个静态资源文件夹，如图 3-11 所示。

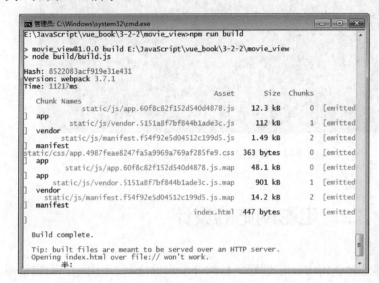

图 3-10　打包完成　　　　　　　　　图 3-11　dist 文件夹

要使用一个简单的服务器 Server 进行测试，可以使用 Apache 或者 Nginx 等，只需支持 HTML 和 JavaScript 等静态资源的服务器即可，这里不再赘述。这里使用了 PHP 自带的测试服务器，使用如下命令启动服务器：

```
php -S 127.0.0.1:999
```

在浏览器中输入 http://127.0.0.1:999/#/，打开页面，显示效果和测试服务器的效果一致，如图 3-12 所示。

图 3-12　运行结果

同时，命令提示行也显示此时的访问资源内容，如图 3-13 所示。

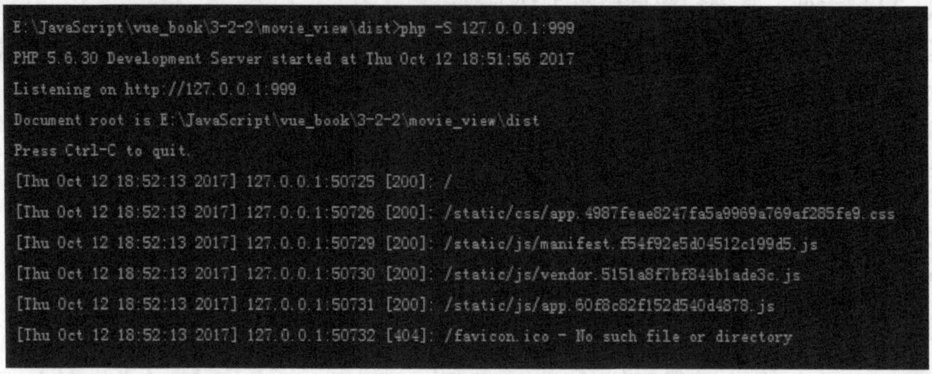

图 3-13　访问记录

3.2　电影网站的设计

本书为了使读者能够熟练地使用 Vue.js 进行项目的开发和设计，采用构建一个完整项目网站的方式，包含了其前端和后端的所有逻辑和基本的代码，以及对于网站的逻辑设计和部署，使读者可以在学习技术的同时，能掌握一些基本的产品设计思路和提高自身的逻辑设计能力。

本节首先将介绍电影网站的页面和功能及路由的设计。

3.2.1　网站的功能设计

网站（Website）是指在互联网上根据一定的规则，使用 HTML（标准通用标记语言）等工具制作的用于展示特定内容的相关网页集合。简单地说，网站是一种沟通工具，人们可以通过网站发布自己想要公开的资讯，或者利用网站提供相关的网络服务。人们可以通过网页浏览器访问网站，获取自己需要的资讯或者享受网络服务。

本书需要开发的电影网站项目主要有电影的下载和添加功能，还可以再加上一些简单的视频播放，或者是链接的图片和文字说明等附属功能，也可以在其基础上继续加入评论点赞及控制评论的用户权限等用户系统的功能。

下面简单列举电影网站的功能设计。

主要部分包括：

- 网站的电影显示下载地址；
- 网站的电影添加、修改、删除等后台管理；

- 网站的前端预览。

用户系统部分包括：

- 用户的注册功能；
- 用户的登录功能；
- 用户资料的显示功能；
- 用户对于每个资源的评论功能；
- 用户对于资源的点赞功能；
- 用户对于资源的下载功能；
- 用户的基本权限控制功能；
- 用户的密码找回功能；
- 用户对 bug 或者需求发送站内信给管理员的功能；
- 后台对于用户的审核功能；
- 后台对于用户评论的删除功能；
- 后台对于用户的管理（封停、重置密码等）功能；
- 后台对用户的权限控制功能。

其他显示部分：

- 主页的推荐及更新排行榜功能；
- 主页的文章功能；
- 后台对主页的推荐及大图的编辑功能；
- 后台对主页的文章查看功能。

3.2.2　网站的路由设计

对于一个网站，其路由设计是非常重要的一个部分，其决定了访问的 URL 地址和相应的参数传递方式等。

一个合理而常见的路由可以给用户带来更好的用户体验，同时也更加方便网站管理员管理和使用。

在本系统中，具体的路由设计会在之后的页面中具体给出，但是需要在此处规定一些常见的路由模式。

本系统分为两个部分，一部分是用于用户体验的前端用户状态，另一部分是用于后台管理的管理员状态，在这两种不同的方式下，所有的用户使用界面的路由命名方式为：

`http://url.com/`访问的路由具体名称

而对于管理的页面路由为：

`http://url.com/admin/`访问的路由具体名称

3.2.3 网站的页面设计

首先要设计一个网站的主页，主页是一个网站的灵魂和门户，通过简明扼要的主页内容，可以最快地吸引用户。主页结构和原型设计如图 3-14 所示。

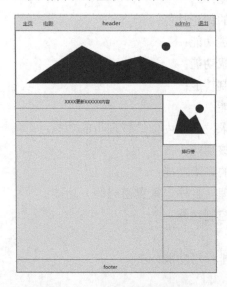

图 3-14 主页结构和原型设计

单击"电影"链接后会跳转到所有的电影列表，内容如图 3-15 所示。个人和查看用户相关的信息页如图 3-16 所示。

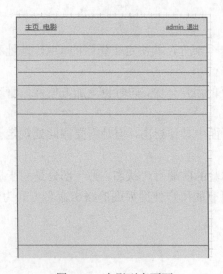
图 3-15 电影列表页面

图 3-16 用户相关的信息

3.3　电影网站的技术选择

一个网站开发技术的选择，是非常重要的一个环节，该环节直接决定了一个网站的可用性、稳定性、开发难度等方面。所以要选择合适的技术，需要在开发中考虑实际情况，对成本及开发系统进行多元化分析后找到最适合的技术。

3.3.1　服务的坚实后盾——数据库

数据库，简单来说是可视为电子化的文件柜——存储电子文件的处所，用户可以对文件中的数据进行新增、截取、更新、删除等操作。其本质是指以一定方式储存在一起，能为多个用户共享，具有尽可能小的冗余度，与应用程序彼此独立的数据集合。

数据库是"按照数据结构来组织、存储和管理数据的仓库"。在经济管理的日常工作中，常常需要把某些相关的数据放入这种"仓库"，并根据管理的需要进行相应的处理。例如，企业或事业单位的人事部门常常要把本单位职工的基本情况（如职工号、姓名、年龄、性别、籍贯、工资、简历等）存放在表中，这张表就可以看成是一个数据库。有了这个"数据仓库"就可以根据需要随时查询某职工的基本情况，也可以查询工资在某个范围内的职工人数等。这些工作如果都能在计算机上自动进行，那么人事管理就可以达到极高的水平。此外，在财务管理、仓库管理、生产管理中也需要建立众多这种"数据库"，使其可以利用计算机实现财务、仓库、生产的自动化管理。

所以对于一个电影网站，数据库的重要性是不言而喻的，所有的电影数据和用户资料都应该存储在一个稳定的数据库中，并且对于这个数据库要保证相当的性能和稳定性，以及不错的可用性。

一个真正需要实现高并发和稳定性的数据库并不是本书关注的重点，为了保证数据不会出错，关于数据库的问题以及时间解决方案本书会忽略，因为这些内容可能是本书的百倍，而本书并不是一本讲解数据库的书，所以本书服务器端的数据库不准备采用 MySQL 等传统数据库，而是采用了比较流行的 MongoDB。

MongoDB 是一个介于关系数据库和非关系数据库之间的产品，是非关系数据库中功能最丰富、最像关系数据库的产品。它支持的数据结构非常松散，是类似 JSON 的 BSON 格式，因此可以存储比较复杂的数据类型。MongoDB 最大的特点是它支持的查询语言功能非常强大，其语法类似于面向对象的查询语言，几乎可以实现类似关系数据库单表查询的绝大部分功能，而且还支持对数据建立索引。

MongoDB 服务端可运行在 Linux、Windows 或 Mac OS X 平台，支持 32 位和 64 位应用，默认端口为 27017。推荐运行在 64 位平台，因为 MongoDB 在 32 位模式运行时支持的最大文件尺寸为 2GB。

3.3.2 数据的搬运和加工——服务器端

服务器端，从广义上讲是指网络中能对其他机器提供某些服务的计算机系统（如果一个 PC 对服务器端外提供 FTP 服务，它也可以叫做服务器）。

🔔注意：本书中的服务器端开发即是指服务器硬件+软件服务的结合品，而非特指硬件部分。

一般而言，服务器端最好的状态是给用户提供 7×24 的不间断服务，即保持一个稳定运行的功能。如果服务器端出现问题，只要发生服务停止或者长时间的延迟，影响都是巨大的。

服务器端的开发经过了将近二十年的发展，而客户端的开发才刚刚兴起。2009 年 iPhone 3GS 推出之后，国内才有人开始做 iOS App 的开发，Android 开发的兴起也基本在同一时期，因此客户端的开发才经历了十年左右的时间而已。而服务器端的开发呢？仅 Spring 就出现了十多年了。

服务器端技术长久发展的结果就是，基本上每个业务需求都已经有现成的框架和方法了。所以做服务器端开发很多时候就是学习各种开源组件的用法，并且熟悉这些组件的一些性能特点和"坑"。

本书并不想使用新的后端开发语言和框架，因为对于读者而言，学习一门新语言和技术的成本是非常大的，而 JavaScript 恰好是非常强大的一门语言，所以本书的服务端开发也将由 JavaScript 完成，且使用非常流行的 Node.js 框架 Express。

Node 采用一系列"非阻塞"库来支持事件循环的方式，本质上就是为文件系统、数据库之类的资源提供接口。当向文件系统发送一个请求时，无须等待硬盘（寻址并检索文件），硬盘准备好的时候非阻塞接口会通知 Node。这种方式极大简化了对慢资源的访问，直观、易懂并且可扩展，尤其是对于熟悉 onmouseover、onclick 等 DOM 事件的用户，更有一种似曾相识的感觉。

Express 是一个简洁而灵活的 Node.js Web 应用框架，提供一系列强大特性帮助开发人员创建各种 Web 应用。Express 不对 Node.js 已有的特性进行二次抽象，只是在它之上扩展了 Web 应用所需的功能。它提供了丰富的 HTTP 工具，来自 Connect 框架的中间件可以随取随用，让创建强健、友好的 API 变得快速又简单。

3.4　小结与练习

3.4.1　小结

本章带领读者了解了一个网站开发的准备工作，并且熟悉了 CLI 工具的基本使用方法。

简单来说，掌握本章内容能为开发者打下扎实的基础。本章虽然页数不多，但是涉及的内容是非常广而复杂的。当然，本书很难为读者解决所有问题，只能在一些容易出错的地方提示读者注意。

其实开发人员就是在不断地制造问题和解决问题的过程中成长起来的。从一开始看到黑底白色英文感觉到的满满"恶意"，到后来习惯性地看日志和错误提示，这都是一种成长。

这里为了方便每一个读者能够顺利解决自己遇到的问题，笔者给大家提供几个开发者经常光顾的网站。

- GitHub：网址是 https://github.com，它除了具有 Git 代码仓库托管及基本的 Web 管理界面功能外，还提供了订阅、讨论组、文本渲染、在线文件编辑器、协作图谱（报表）和代码片段分享（Gist）等功能。
- Stack Overflow：网址是 https://stackoverflow.com/，它是一个与程序相关的 IT 技术问答网站。用户可以在该网站上免费提交问题、浏览问题或索引相关内容，在创建主页的时候使用简单的 HTML，在问题页面不会弹出任何广告、销售信息和 JavaScript 窗口等。

3.4.2　练习

1. 请在自己的计算机上安装 npm 运行的 vue-cli 工具，并创建属于自己的第一个工程。
2. 通过第 1 题中建立的工程，完成自己的 Hello World 程序。

第 4 章　电影网站数据库的搭建

数据库（Database）是按照数据结构来组织、存储和管理数据的仓库。它产生于六十多年前。随着信息技术和市场的发展，特别是 20 世纪 90 年代以后，数据管理不再仅仅是存储和管理数据，而转变成用户需要的各种数据的管理方式。数据库有很多种类型，从最简单的存储各种数据的表格，到能够进行海量数据存储的大型数据库系统，都在各个领域得到了广泛应用。

本章不仅介绍数据库技术，还将带领大家通过所学的 MongoDB 创建电影网站所需要的数据库，让读者对如何存储网页上的数据有一个简单的认识。

4.1　什么是数据库

在信息化社会，充分有效地管理和利用各类信息资源，是进行科学研究和决策管理的前提条件。数据库技术是管理信息系统、办公自动化系统、决策支持系统等各类信息系统的核心部分，是进行科学研究和决策管理的重要技术手段。

严格来说，数据库是长期储存在计算机内，有组织，可共享的数据集合。数据库中的数据指的是以一定的数据模型组织、描述和储存在一起，具有尽可能小的冗余度、较高的数据独立性和易扩展性的特点，并可在一定范围内为多个用户所共享的信息。

这种数据集合具有如下特点：尽可能不重复；以最优方式为某个特定组织的多种应用服务；其数据结构独立于使用它的应用程序；对数据的增、删、改、查由统一软件进行管理和控制。从发展的历史看，数据库是数据管理的高级阶段，它是由文件管理系统发展起来的。

4.1.1　什么是 SQL

结构化查询语言（Structured Query Language，SQL），是一种有特殊目的的编程语言，是一种数据库查询和程序设计语言，用于存取数据及查询、更新和管理关系数据库系统；同时它也是数据库脚本文件的扩展名。

结构化查询语言是高级的非过程化编程语言，允许用户在高层数据结构上工作。它不要求用户指定对数据的存放方法，也不需要用户了解具体的数据存放方式，所以具有完全不同底层结构的不同数据库系统，可以使用相同的结构化查询语言作为数据输入与管理的接口。结构化查询语言的语句可以嵌套，这使它具有极大的灵活性和强大的功能。

1986 年 10 月，美国国家标准协会对 SQL 进行规范后，以此作为关系式数据库管理系统的标准语言（ANSI X3. 135-1986），1987 年在国际标准组织的支持下成为国际标准。但是各种通行的数据库系统在其实践过程中都对 SQL 规范做了某些编改和扩充，所以，实际上不同数据库系统之间的 SQL 不能完全相互通用。

结构化查询语言 SQL 是最重要的关系数据库操作语言，并且它的影响已经超出数据库领域，得到其他领域的重视和采用，如人工智能领域的数据检索、第四代软件开发工具中嵌入 SQL 的语言等。

关系数据库是建立在关系数据库模型基础上的数据库，借助集合代数等概念和方法来处理数据库中的数据，同时也是一个被组织成一组拥有正式描述性的表格。该形式的表格其实质是装载着数据项的特殊收集体，这些表格中的数据能以许多不同的方式被存取或重新召集而不需要重新组织数据库表格。关系数据库的本质是对一组元数据或多组数据的一张表格或列、范围和约束的描述。每个表格（有时被称为一个关系）包含用列表示的一个或更多的数据种类；每行包含一个唯一的数据实体，这些数据是被列定义的种类。

当创造一个关系数据库的时候，我们能定义数据列的可能值的范围和可能应用于那个数据值的进一步约束。而 SQL 语言是标准用户和应用程序到关系数据库的接口，其优势是容易扩充，且在最初的数据库创建之后，一个新的数据种类能被添加而不需要修改所有的现有应用软件。主流的关系数据库有 Oracle、DB2、SQL Server、Sybase、MySQL 等。

简单来说，一个 SQL 类型的数据库对于使用者是便于理解和组织结构的，通过数据元与数据元之间的关系可以整理出对整套系统的数据处理逻辑，并且可以进行人为精简数据，达到最优或者较优解。

比如一个学生和一个学校的关系，如果需要存储相关的 SQL 数据库文件，首先需要对学生和学校的关系进行建模。

一个学生对应着一个学校，但是一个学校中不只有一个学生，那么对于这段关系而言，学生和学校的关系是 n 对 1 的。同时，学生本身和学校本身是不可分割的一个主体，学生有属于自己的姓名、性别和年龄等属性，而学校也包含自己的学校名、地址、等级和邮政编码等属性。

根据上述划分，可以绘制一个简单的 UML 图，如图 4-1 所示。

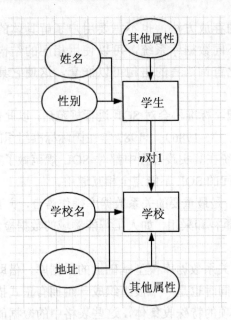

图 4-1　学校与学生关系

4.1.2　什么是 NoSQL

　　NoSQL 泛指非关系型数据库。随着 Web 2.0 的兴起，传统的关系数据库在应对 Web 2.0 网站，特别是超大规模和高并发的 SNS 类型的 Web 2.0 纯动态网站已经显得力不从心，暴露了很多难以克服的问题。而非关系型的数据库则由于其本身的特点得到了非常迅速的发展。NoSQL 数据库的产生就是为了解决大规模数据集合多重数据种类带来的挑战，尤其是大数据应用难题。

　　虽然 NoSQL 的流行仅短短一年的时间，但是不可否认，现在已经开始了第二代运动。尽管早期的堆栈代码只能算是一种实验，然而现在的系统已经更加成熟和稳定。但是其面临着一个严酷的事实：技术越来越成熟，以至于原来很好的 NoSQL 数据存储不得不进行重写，也有少数人认为这就是所谓的 2.0 版本。该工具可以为大数据建立快速、可扩展的存储库。

　　NoSQL（Not Only SQL），意即"不仅仅是 SQL"，而是一项全新的数据库革命性运动。NoSQL 的拥护者们提倡运用非关系型的数据存储，相对于铺天盖地的关系型数据库运用，这一概念无疑是一种全新思维的注入。常见的 NoSQL 数据库类型有 4 种，下面分别介绍。

1．键值（Key-Value）存储数据库

　　这一类数据库主要会使用到一个哈希表，这个表中有一个特定的键和一个指针指向特定的数据。Key/value 模型相对于 IT 系统的优势在于简单，易部署。但是如果 DBA 只对

部分值进行查询或更新时，Key/value 就显得效率低下了。该类型数据库有 Tokyo Cabinet/Tyrant、Redis、Voldemort 和 Oracle BDB。

2．列存储数据库

这部分数据库通常是用来应对分布式存储的海量数据。键仍然存在，但是它们的特点是指向了多个列，这些列是由列家族来安排的。该类型数据库有 Cassandra、HBase 和 Riak。

3．文档型数据库

文档型数据库的灵感来自于 Lotus Notes 办公软件，而且它同第一种键值存储相类似。该类型的数据模型是版本化的文档，半结构化的文档以特定的格式存储，比如 JSON。文档型数据库可以看作是键值数据库的升级版，允许之间嵌套键值。而且文档型数据库比键值数据库的查询效率更高，如 CouchDB 和 MongoDb。国内也有文档型数据库 SequoiaDB 已经开源。

4．图形（Graph）数据库

图形结构的数据库同其他行列及刚性结构的 SQL 数据库不同，它使用灵活的图形模型，并且能够扩展到多个服务器上。NoSQL 数据库没有标准的查询语言（SQL），因此进行数据库查询需要制定数据模型。许多 NoSQL 数据库都有 REST 式的数据接口或者查询 API。该类型数据库有 Neo4J、InfoGrid 和 Infinite Graph。

因此，我们总结出 NoSQL 数据库在以下几种情况下比较适用：

- 数据模型比较简单；
- 需要灵活性更强的 IT 系统；
- 对数据库性能要求较高；
- 不需要高度的数据一致性；
- 对于给定 key，比较容易映射复杂值的环境。

4.1.3　两种数据库的对比分析

下面通过不同方面对两种数据库进行对比。

（1）对于复杂的查询：SQL 数据库非常擅长，而 NoSQL 数据库则不擅长，因为 NoSQL 数据库并没有执行复杂查询的标准接口。相对于 SQL 数据库的强大查询能力，NoSQL 数据库的查询能力就显得有点捉襟见肘。

（2）对于所能存储的数据类型：SQL 数据库并不适合分层次的数据存储，而 NoSQL 数据库则可以很好地存储分层次的数据，因为它是以键值对的形式存储数据，类似于 JSON 数据。NoSQL 数据库更适用于大数据，如 Hbase 就是一个很好的例子。

（3）对于基于大量事务的应用程序：SQL 数据库非常适合，因为它更加稳定并且可以保证数据的原子性和一致性,而 NoSQL 数据库对事务的处理能力有限。

(4)在文档支持方面:所有 SQL 数据库的厂家对其数据库产品都有很好的支持,并且有许多专家可以帮我们部署大型的 SQL 数据库扩展。而 NoSQL 数据库现在仅有社区的支持,并且可以帮助你部署大型 NoSQL 数据库扩展的专家也很有限。

(5)在属性方面:SQL 数据库遵循 ACID(即原子性、一致性、隔离性和持久性)属性,而 NoSQL 数据库遵循的是 CAP 定理(即一致性、可用性和分区容忍性)。

(6)对于数据库的分类:SQL 数据库基于商业渠道可分为开源或闭源产品;NoSQL 数据库基于存储数据的基本方式可分为图形数据库、Key-Value 数据库、文档数据库、列式数据库和 XML 数据库等。

这里选择两种不同类型的数据库进行性能对比。SQL 关系型数据库以常用的 MySQL 为例,NoSQL 数据库选用 MongoDB,主要对比在其中存放的记录越来越多的时候,其插入效率将会受到怎样的影响。具体的测试结果如图 4-2 所示。单位为 s;纵坐标是查询的规模,分为 1W、5W、10W、20W 和 50W 这 5 个等级。

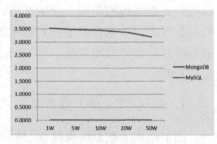

图 4-2　插入测试

如果 MySQL 数据库没有经过查询优化的话,其查询速度远远慢于 MongoDB。原因是 MongoDB 可以充分利用系统的内存资源,内存越大 MongoDB 的查询速度就越快。而读取磁盘的 MySQL 数据库,其硬盘与内存的 I/O 效率不是一个量级的。对正式的使用环境而言,MongoDB 数据库并不一定意味着一定是优于 MySQL 数据库的,二者都有不同的具体应用环境,甚至可以在一个项目中互补使用。

虽然不用考虑数据关系和格式的 NoSQL 系列的数据库非常方便开发者,但是对运维人员却提出了相当高的要求。业界并没有成熟的 MongoDB 数据库运维经验,MongoDB 数据库中数据的存放格式也很随意,这些都是对运维人员的考验。

4.2　MongoDB 基础入门

本节将介绍 MongoDB 数据库,让读者了解对于一个系统而言其数据层的重要性,通过 MongoDB 数据库的使用和学习,进而分析整个系统的数据逻辑,从而让读者了解整体的数据设计和系统设计部分。

4.2.1　为什么选择 MongoDB

MongoDB 是目前被应用最广泛的 NoSQL 数据库产品。

对开发者来说,如果因为业务需求或者项目初始阶段而导致数据的具体格式无法明确定义的话，MongoDB 的这一鲜明特性就脱颖而出了。相比传统的关系型数据库，它非常容易被扩展，这也为写代码带来了极大的方便。

以下是 MongoDB 的几个优点。

- 速度快：这一点毋庸置疑，作为 NoSQL 数据库中的一种，其使用大量内存和系统资源作为优化，远远超过使用硬盘的传统 SQL 数据库；
- 扩展性好：可以水平扩展；
- 易管理：可自动分片，对于开发者而言隐去了对于大量数据的存储问题，不需要使用者手动操作；
- 动态结构：可以灵活地修改数据结构，而不需要修改已有的数据，也没有必要建立已经既有的数据格式；
- 支持基本的查询及动态查询；
- 支持完全索引，包含内部对象；
- 支持复制和故障恢复；
- 使用高效的二进制数据存储，包括大型对象（如视频等）；
- 文件存储格式为 BSON（一种 JSON 格式的扩展）。

4.2.2　安装 MongoDB

MongoDB 作为一个数据库产品，其使用的文档和教程已经相当完善，为了使更多的开发者能够接触并使用 MongoDB，其官方也为之开发了一系列的插件以及方便的安装包。

（1）打开 MongoDB 官方网页，地址为 https://www.mongodb.com/，页面显示效果如图 4-3 所示。

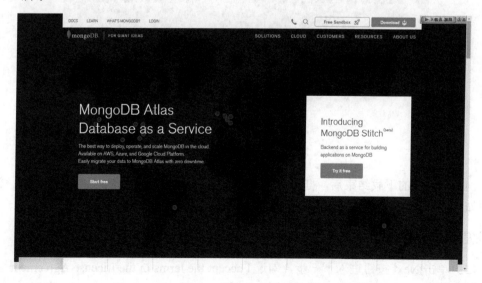

图 4-3　MongoDB 官网

（2）单击右上角的 Download 按钮，页面会自动跳转至 MongoDB 官方的资料填写页，如图 4-4 所示。

图 4-4　资料填写页

（3）选择页面中的 Community Server 选项卡，然后选择适合自己计算机的版本进行下载。下载成功页面如图 4-5 所示。

🔔注意：对于 Windows 系统作为服务器版本，官方并不支持低于 Windows 2008 R2 版本。

图 4-5　下载页面

（4）在漫长的下载结束后，打开下载文件的位置，双击打开.msi 文件进行安装。安装界面如图 4-6 所示。

🔔注意：这里可能需要使用管理员模式。

（5）单击 Next 按钮进入下一步，勾选 I accept the terms in the License Agreement 复选框，再次单击 Next 按钮，显示效果如图 4-7 所示。

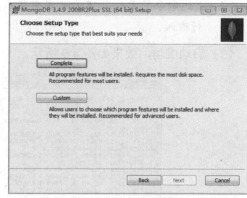

图 4-6　安装界面　　　　　　　　　　　　图 4-7　使用者选择

（6）一般而言，只需要单击 Complete 按钮，也就是在本机上安装完整的 MongoDB，笔者也推荐这种方式。对于 Custom 方式，需要安装者自己选择安装的包和组件及安装的位置硬盘等选项，此方式适合有经验的用户。

（7）这里选择 Complete 方式进行安装，单击 Complete 按钮跳转至新页面，然后再单击 Install 按钮进入安装页面，如图 4-8 所示。

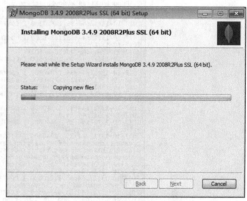

等待安装进度条结束，单击 Finish 按钮关闭安装，此时 MongoDB 安装完毕，接下来可以测试运行。

这里使用了 MongoDB 的 Customer 的安装形式，所以默认的安装路径为 C:\Program Files\MongoDB\Server\3.4。打开此文件夹，可以看到其中 MongoDB 的相关文件，其中 bin 文件夹中是 MongoDB 的程序文件。

图 4-8　安装过程

4.2.3　启动 MongoDB

本节开始启动 MongoDB，初始化一个数据库文件。

（1）选定一个存放数据库文件的文件夹，这个由安装者自行设定，具体的文件夹所在地和程序没有关系，也不需要放置在 MongoDB 的安装位置中。本书选择的存放位置为"E:\\db\MongoDB"。

（2）打开命令行，使用 cd 命令进入目录（MongoDB 的安装地址）"C:\Program Files\MongoDB\Server\3.4\bin"中，并且使用命令：

```
mongod.exe --dbpath E:\db\MongoDB
```

🔔**注意**：上述命令的参数其实为开发者的数据库准备保存的地址，可以根据设置的不同自行输入。

（3）启动成功，效果如图4-9所示。

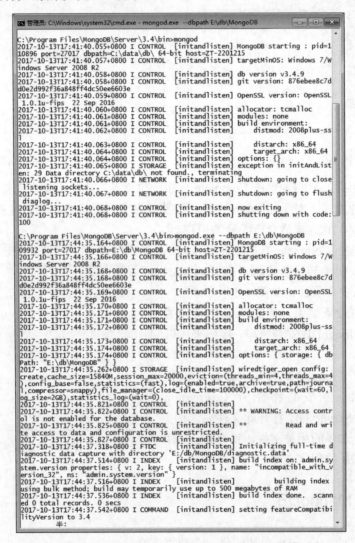

图4-9　启动成功

同时，在数据库文件的存放地址中会自动生成一些相关的文件配置和存储文件，如图4-10所示。

但是此时对用户而言每次启动命令行提示符 cd 至软件的安装目录后，再启动MongoDB 服务是一件非常烦琐的事情，所以对于 Windows 系统而言，推荐用户将此文件夹设置为全局变量。

名称	修改日期	类型	大小
diagnostic.data	2017/10/13 17:47	文件夹	
journal	2017/10/13 17:44	文件夹	
_mdb_catalog.wt	2017/10/13 17:45	WT 文件	16 KB
collection-0--6323090565192791549.wt	2017/10/13 17:45	WT 文件	16 KB
collection-2--6323090565192791549.wt	2017/10/13 17:45	WT 文件	16 KB
index-1--6323090565192791549.wt	2017/10/13 17:45	WT 文件	16 KB
index-3--6323090565192791549.wt	2017/10/13 17:45	WT 文件	16 KB
index-4--6323090565192791549.wt	2017/10/13 17:45	WT 文件	16 KB
mongod.lock	2017/10/13 17:44	LOCK 文件	1 KB
sizeStorer.wt	2017/10/13 17:45	WT 文件	16 KB
storage.bson	2017/10/13 17:44	BSON 文件	1 KB
WiredTiger	2017/10/13 17:44	文件	1 KB
WiredTiger.lock	2017/10/13 17:44	LOCK 文件	0 KB
WiredTiger.turtle	2017/10/13 17:46	TURTLE 文件	1 KB
WiredTiger.wt	2017/10/13 17:46	WT 文件	48 KB
WiredTigerLAS.wt	2017/10/13 17:44	WT 文件	4 KB

图 4-10　数据库文件

（4）这里以 Windows 7 的设置方法为例，右击"我的电脑"图标，在弹出的右键快捷菜单中选择"属性"命令，打开属性窗口，如图 4-11 所示。

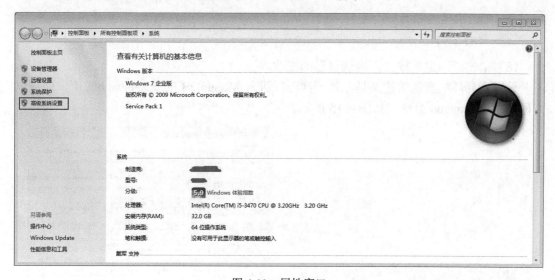

图 4-11　属性窗口

（5）选择"高级系统设置"选项，打开"系统属性"对话框，如图 4-12 所示。

（6）单击"环境变量"按钮，打开"环境变量"对话框，如图 4-13 所示。

可以在用户变量的 PATH 字段里双击设置，也可以在"系统变量"的 PATH 字段中双击设置，其区别是在用户变量中设置的 PATH 字段中的全局变量，只可以在该用户的登录状态中生效，而在全局的系统变量中设置的字段则是在整个系统中生效，无论是怎样的使用者。

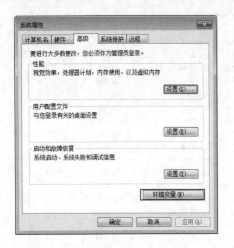

图 4-12　"系统属性"对话框　　　　　　　　图 4-13　"环境变量"对话框

（7）设置完后单击"编辑"按钮打开相应变量的编辑对话框，如图 4-14 所示。在"变量值"文本框中输入 MongoDB 安装路径中的 bin 文件夹的路径（此时为默认的 C:\Program Files\MongoDB\Server\3.4\bin;）。

注意：Path 变量的值为一个字符串的形式，对于每一个不同的地址，需要使用英文符";"进行分割。

（8）单击"确定"按钮，确认自己的修改。

设置全局环境变量的意义是，每一次无须进入 MongoDB 的安装目录 bin 下，即可以方便地使用 mongod 命令，如图 4-15 所示。

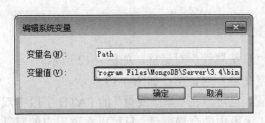

图 4-14　编辑对话框

图 4-15　全局调用

虽然现在直接启动命令提示符之后就可以运行 mongod 命令，但是每一次需要指定数据库的--dbpath 参数也是非常麻烦的一件事,那么有什么解决办法呢?其实,对于 Windows 可以简单地将命令写成一个批处理文件(.bat),每次启动的时候双击打开即可以完美地解决这个问题。

(9)新建一个文本文档文件,将其后缀名改为".bat",并按 Enter 键确认后在编辑器中打开。接着在其中编写以下代码:

```
echo "MongoDB starting........."
mongod --dbpath E:\db\MongoDB
pause
```

(10)保存成功之后再双击打开,其显示效果如图 4-16 所示,代表成功运行脚本和成功启动 MongoDB。

图 4-16　脚本启动 MongoDB

4.2.4　安装 MongoDB 的可视化界面

工欲善其事,必先利其器,我们在使用数据库时,通常需要各种工具的支持来提高效率。作为一个数据库软件,和 MySQL 数据库一样,其本身的使用包括查询和基本操作,都需要使用相关的命令,而在命令行中使用命令进行操作对于开发者而言是一件不方便的事情。

尤其是新手开发者在没有熟练使用命令行时,这样的操作不亚于新学一门技术,而本书并非是一本 MongoDB 数据库的书，所以这里不再赘述命令行的操作，而是直接使用 GUI 工具进行 MongoDB 的使用。

就像在 SQL Server 中的 SQL 查询一样，一个拥有界面和良好交互的 GUI 工具将极大地帮助 MongoDB 新用户，并为那些经常以多种语言查询的人节省了宝贵的时间，让他们将更多的精力放在代码开发上。

能支持 MongoDB 新版本的可视化工具争议不断，各有各的支持，笔者选用了 Studio 3T 作为使用工具。

（1）打开 Studio 3T 官网的下载地址 https://studio3t.com/download，如图 4-17 所示。

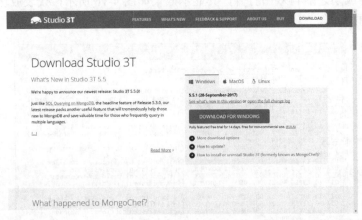

图 4-17　数据库 GUI 主页

（2）单击页面右侧的 DOWNLOAD FOR WINDOWS 按钮，当然，这里首先需要用户选择适合自己系统的版本。

（3）此时将跳转至新的网页，如图 4-18 所示，稍等之后，系统会自动下载。如果系统没有自动下载，请手动点击页面上的 direct link 链接。

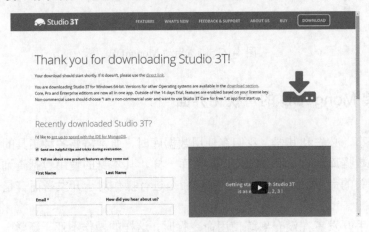

图 4-18　开始下载

（4）软件下载成功后是一个完整的压缩包文件，将其解压到需要的文件夹中获得安装文件。双击安装文件后如图 4-19 所示。

（5）单击 Next 按钮，进入安装 Studio 3T 的下一步，勾选用户须知的同意选项，然后再次单击 Next 按钮进入安装路径的选择界面，如图 4-20 所示。

图 4-19　安装 Studio 3T

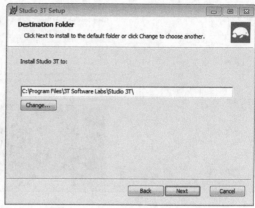

图 4-20　选择安装路径

（6）在其中选择需要安装的路径或者保持程序的默认路径，单击 Next 按钮进行安装前的确认，然后单击 Install 按钮开始安装，完成后效果如图 4-21 所示，单击 Finish 按钮完成安装。

（7）打开安装的文件夹位置，可以看到安装的 Studio 3T 文件，如图 4-22 所示，双击选中的文件就可以启动软件。启动界面如图 4-23 所示。

图 4-21　安装完成

图 4-22　安装目录

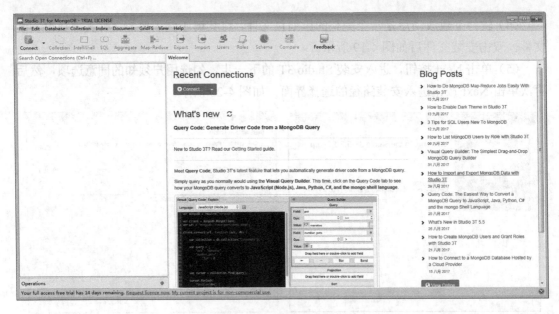

图 4-23　启动 Studio 3T

4.2.5　MongoDB 的基础操作

本节主要介绍如何使用 MongoDB 和 Studio 3T。

（1）启动 MongoDB，如果启动成功则不能关闭命令行，否则会自动停止相关的服务，如图 4-24 所示。

图 4-24　启动 MongoDB

（2）启动 Studio 3T，单击 Connect 按钮打开新的连接建立的页面，如图 4-25 所示。

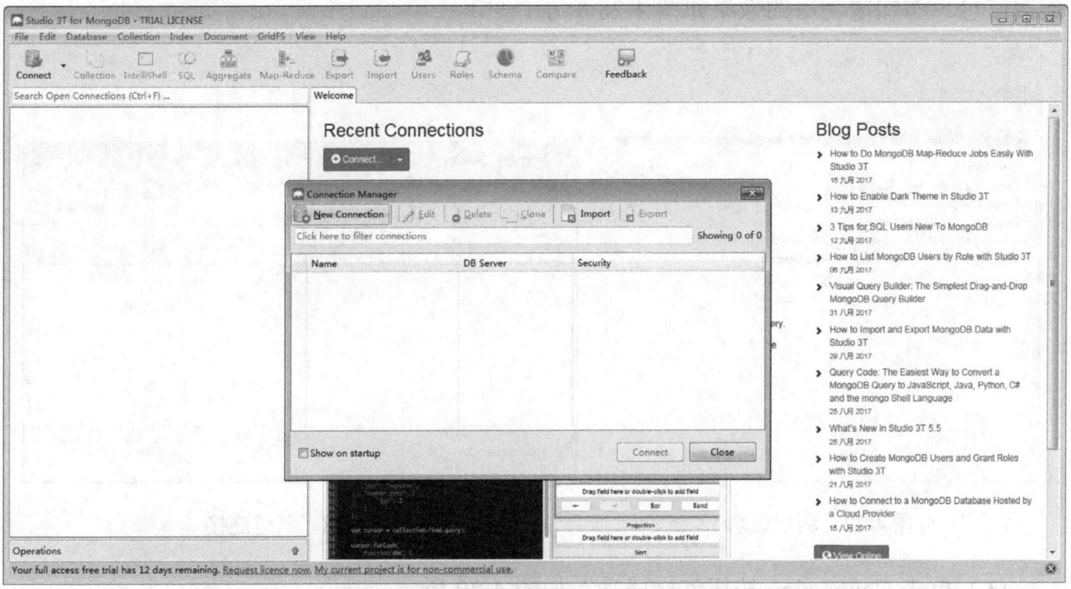

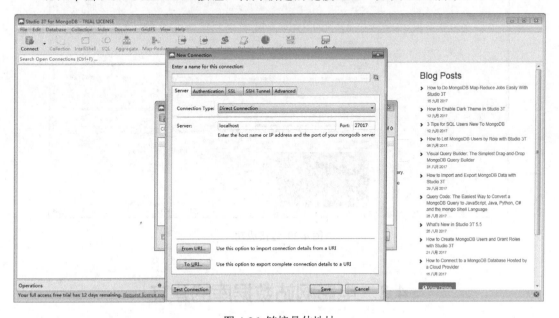

图 4-25　建立新连接

（3）单击 New Connection 按钮，打开新建的链接地址，如图 4-26 所示。

图 4-26　链接具体地址

（4）因为是在本机进行链接测试，所以内容已经是默认填好的，单击左下方的 Test Connection 按钮进行链接测试。测试成功后如图 4-27 所示。

（5）测试连接成功后，单击 OK 按钮建立新的数据库连接。再次单击 Save 按钮保存连接信息。添加成功后的效果如图 4-28 所示。

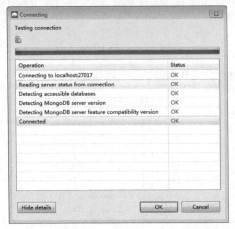

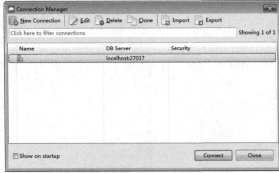

图 4-27　测试成功　　　　　　　　　　　　　　图 4-28　新建连接

（6）单击 Connection 按钮连接成功，如图 4-29 所示。

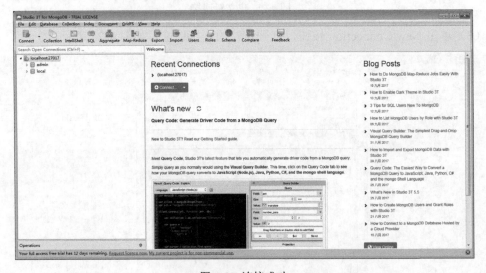

图 4-29　连接成功

4.3　电影网站数据库的建立

数据库对于一个网站的服务而言，相当于网页系统中的所有后台的基础，如果没有一个数据库用于数据的存储，那么这个系统将变得毫无拓展和可用性。

　　一个良好的数据库需要一个良好的数据库设计，虽然对于本系统所使用的 NoSQL 而言并不是必需要进行数据库设计，但是考虑到方便用户理解和系统设计，还是使用传统的先设计数据库的结构。

🔔**注意**：对于 NoSQL 而言，相当于设计 Collection。

4.3.1　数据库的分析与设计

　　根据第 3 章的电影网站功能设计，现在来分析数据库的设计。

　　首先是对于主要功能的设计，本网站主要是对于电影网站的设计，所以数据主题也是电影本身。

　　将所有的功能进行以项目内容的划分。首先是电影本身相关的功能，包括电影的自身属性及用户对其的评论内容、点赞等功能，具体如下：

- 网站的电影显示下载地址；
- 网站的电影添加、修改、删除等后台管理；
- 主页的推荐及更新排行榜功能；
- 用户对每个资源的评论功能；
- 用户对资源的点赞功能；
- 用户对资源的下载功能。

即需要一个电影的数据集合，其中包含基本的属性如下：

- 电影名称；
- 电影主页显示图片；
- 电影预告片；
- 电影下载地址；
- 电影更新时间；
- 电影点赞数；
- 电影下载数；
- 电影主页是否推荐；
- 电影评论人；
- 电影评论名称。

然后对用户本身的数据进行分析，其包含功能如下：

- 用户的注册功能；
- 用户的登录功能；
- 用户资料的显示功能；
- 用户的基本权限控制功能；
- 用户的密码找回功能；

- 后台对用户的审核功能；
- 后台对用户的评论删除功能；
- 后台对用户的管理（封停，重置密码等功能）；
- 后台对用户的权限控制功能。

即需要一个用户的数据集合，其中包含的属性如下：

- 用户名称；
- 用户密码；
- 用户邮箱；
- 用户手机号；
- 用户是否是后台管理用户；
- 用户权限；
- 用户是否被封停。

然后对其他的数据进行分析，其包含功能如下：

- 网站的前端主题预览；
- 后台对主页的推荐及大图的编辑功能。

即需要网页前端的推荐数据集合，其包含属性如下：

- 主页显示大图；
- 主页跳转链接；
- 主页大图标题。

然后对其他的数据进行分析，其包含功能如下：

- 用户对 bug 或者需求的发送站内信给管理员的功能。

即需要一个站内信的数据集合，其包含属性如下：

- 发送人；
- 标题；
- 内容；
- 接收人；
- 发送时间。

然后对其他的数据进行分析，其包含功能如下：

- 主页的文章功能。

即需要一个文章的数据集合，其包含属性如下：

- 文章名称；
- 文章内容；
- 文章时间。

4.3.2　数据集的建立

对于 NoSQL 系列的数据库而言，这里不需要使用类似于传统 SQL 类型数据库建立时首先需要建立相关的表结构，比如 MySQL。因为 NoSQL 中尤其是对 MongoDB 这样的数据库，其本身存储的是 JSON 类型的数据串，也就是无论是怎样的数据结构，只要是符合相关的格式都可以直接被数据库所接受。

但是对于一个系统而言，如果不是比较明确的数据库格式，可能会出现一些奇怪或者不可预料的错误，同时对于代码而言，开发者也喜欢新建一个相关的数据 Model 用来操作相关的数据，而不是直接存储数据库。

为了实现这个效果，需要使用 JavaScript 代码来表示一个确定的数据集，通过代码的验证，测试存储的数据是否合法。

根据 4.3.1 节对电影相关的所有功能描述，可以建立一个电影应该有的数据集合，这里以 JavaScript 代码为例：

```
//定义数据集
//包含名称和数据的类型
var Movie= new Schema({
    movieName    :  String,
    movieImg     : String,
    movieVideo   :String,
    movieDownload:String,
    movieTime:String,
    movieNumSuppose:int,
    movieNumDownload:int,
    movieMainPage:Boolean,
});
```

对每一个相关的 movie 都存在一个 comment 作为其数据集的电影评论，这里以 JavaScript 代码为例：

```
//定义数据集
//包含名称和数据的类型
var Comment= new Schema({
    movie_id:String,
    user_id: String,
context: String
check:Boolean
});
```

根据 4.3.1 节用户相关的所有功能描述，可以建立一个用户应该有的数据集合：

```
//定义数据集
//包含名称和数据的类型
var User=new Schema({
    username    :String,
    password:String,
    userMail:String,
    userPhone:String,
    userAdmin:Boolean,
    userPower:Int,
    userStop:Boolean
})
```

根据 4.3.1 节网站主页中的所有功能描述，可以建立一个主页应该有的数据集合：

```
//定义数据集
//包含名称和数据的类型
var Recommend=new Schema({
    recommendImg:String,
    recommendSrc:String,
    recommendTitle:String
})
```

根据 4.3.1 节网站中站内信的所有功能描述，可以建立一个站内信应该有的数据集合：

```
//定义数据集
//包含名称和数据的类型
var Mail=new Schema({
    mailToUser:String,
    mailFromUser:String,
    mailTitle:String,
    mailContext:String,
    mailSendTime:String
})
```

根据 4.3.1 节网站文章中的所有功能描述，可以建立一个网站文章应该有的数据集合：

```
//定义数据集
//包含名称和数据的类型
var Article=new Schema({
    articleTitle:String,
    articleContext:String,
    articleTime:String
})
```

注意：上述所有代码在 JavaScript 中是没有意义的，并非可运行的代码，是为了让用户理解其数据库意义而制造的伪代码，具体建立和使用并非在本节中进行，第 5 章会详细介绍 Express 框架和 MongoDB 数据库的具体链接和使用方法。

4.4　小结与练习

4.4.1　小结

本章首先对传统的 SQL 和 NoSQL 两种数据库进行了简单的介绍和对比，然后介绍了 NoSQL 数据库中的 MongoDB，包括 MongoDB 的安装和基本使用，目的是让读者能够理解和掌握数据库。

通过对本章内容的学习，读者可以了解现代数据库的一些基础知识。因为本书并非是专门讲解数据库的书籍，所以对于基础概念和数据理解等内容并没有进行深入讲解，只是从零开始引导读者如何安装和使用数据库。

　　说实话，单纯地使用数据库应该能满足很多业务需求。但是对于读者和任何一个开发者而言，单纯地使用他人或者已有的东西，并不能让自己的编码水平达到质的飞跃。如果想要真正地了解数据库，使用数据库，还需要更多的学习和实践，只有真正明白了其原理，才算掌握了这门技术。

　　这里提供一些经典的数据库书籍。

- 《数据库系统概念》：国际上许多著名大学，包括斯坦福大学、耶鲁大学、德克萨斯大学、康奈尔大学、伊利诺伊大学和印度理工学院等都采用《数据库系统概念》作为教科书。我国也有许多所大学采用《数据库系统概念》的中文版作为本科生和研究生的数据库课程的教材和主要教学参考书，并取得了良好的效果。《数据库系统概念》内容丰富，不仅介绍了数据库查询语言、模式设计、数据仓库、数据库应用开发、基于对象的数据库和 XML、数据存储和查询、事务管理、数据挖掘与信息检索及数据库系统体系结构等方面的内容，而且对性能评测标准、性能调整、标准化及空间与地理数据、事务处理监控等高级应用主题也进行了全面讲解。

- 《MongoDB 权威指南》：通过该书的权威解读，读者会了解面向文档数据库的诸多优点，会发现 MongoDB 如此稳定、性能优越甚至能够无限水平扩展背后的原因。该书的两位作者均来自于开发并支持开源数据库 MongoDB 的公司 10gen。数据库开发人员可将该书作为参考指南，系统管理员可以从本书中找到高级配置技巧，其他用户可以了解一些基本概念和用例。学完该书会发现，将数据组织成自包含 JSON 风格文档比组织成关系型数据库中的记录要容易得多。

- 《NoSQL Distilled》：NoSQL 系列的入门书籍。该书不是一个具体 NoSQL 参考手册，但是却可以从整体上帮助初学者理清 NoSQL 世界的分布现状及和 RDBMS 的关系。对于不熟悉 NoSQL 的人来说，这个远比一上来就钻进一个具体 NoSQLDB 开发重要得多。

4.4.2　练习

1. 了解什么是数据库，什么是 SQL，以及什么是 NoSQL。
2. 自己在开发机中搭建 NoSQL 的运行环境并且成功安装 MongoDB。
3. 写好相关的启动脚本和建立相关的数据库。
4. 下载可用的 Studio 3T 安装并成功连接 MongoDB。

第 3 篇
Vue.js 应用开发

第 5 章　电影网站服务器端的设计

　　服务器端的设计对于一个完整的系统而言是非常重要的一个环节，毕竟服务器上的应用需要 24 小时不间断地提供服务。同时，一个能提供高性能服务的 API 接口，更是一个服务器所要求的。

　　本章构建的服务器端基于 Express 框架。因为该框架基于 Node.js，所以 5.1 节的内容也会对其进行简单的介绍，这样读者就能融会贯通服务器端涉及的技术。

5.1　使用 JavaScript 开发后端服务

　　本书涉及的后端应用并不准备使用新的服务器语言或框架进行开发，而是使用 JavaScript 作为后端的服务器语言。当然，这一切也是依赖于 JavaScript 的强大性能。

5.1.1　神奇的 Node.js

　　Node.js 是一个基于 Chrome V8 引擎的 JavaScript 运行环境，用于方便地搭建响应速度快、易于扩展的网络应用。它使用了一个事件驱动、非阻塞式的 I/O 模型，这使得其开发既轻量又高效，而且非常适合在分布式设备上运行数据密集型的实时应用。Node.js 的 LOGO 图如图 5-1 所示。

图 5-1　Node.js 的 LOGO

Chrome V8 引擎本身使用了一些最新的编译技术，这使得用 JavaScript 这类脚本语言

编写出来的代码其运行速度获得了极大提升，又节省了开发成本。对性能的苛求是 Node
流行的一个关键因素。JavaScript 是一个事件驱动语言，Node 利用了这个优点，编写出了
可扩展性高的服务器应用。Node 采用了一个称为"事件循环（Event Loop）"的架构，使
得编写可扩展性高的服务器应用变得既容易又安全。提高服务器性能的技巧多种多样，
Node 选择了一种既能提高性能，又能降低开发复杂度的架构，这是一个非常重要的特性。
并发编程通常很复杂且布满"地雷"，Node 绕过了这些，但仍提供很好的性能。

　　Node 采用一系列"非阻塞"库来支持事件循环的方式，本质上就是为文件系统和数
据库之类的资源提供接口。当向文件系统发送一个请求时，无须等待硬盘寻址并检索文件，
硬盘准备好时非阻塞接口会通知 Node。该模型以可扩展的方式简化了对慢资源（请求获
取较慢的资源）的访问，直观、易懂。尤其是对于熟悉 onmouseover 和 onclick 等 DOM 事
件的用户，更有一种似曾相识的感觉。

　　虽然让 JavaScript 运行于服务器端不是 Node 的独特之处，但却是其最强大的功能体
显。不得不承认，如果 JavaScript 只能运行在浏览器的环境和浏览器的话，会极大地限制
JavaScript 的发展和使用范围。任何服务器与日益复杂的浏览器客户端应用程序间共享代
码的愿望只能通过 JavaScript 来实现。虽然还存在其他一些支持 JavaScript 在服务器端运
行的平台，但正是因为上述特性，使 Node 发展迅猛，成为了现在使用最广泛的平台之一。

　　Node.js 有以下优点：

- 采用事件驱动、异步编程，为网络服务而设计。其实 JavaScript 的匿名函数和闭包
  特性非常适合事件驱动、异步编程；而且 JavaScript 简单易学，很多前端设计人员
  可以很快上手做后端设计。
- Node.js 非阻塞模式的 I/O 处理给 Node.js 带来在相对低系统资源耗用下的高性能与
  出众的负载能力，非常适合用于依赖其他 I/O 资源的中间层服务。
- Node.js 轻量高效，可以认为是数据密集型分布式部署环境下的实时应用系统的完
  美解决方案。Node 非常适合这种情况：在响应客户端之前，预计可能有很高的流
  量，但所需的服务器端逻辑和处理不一定很多。

Node.js 的缺点如下：

- 可靠性低。
- 单进程，单线程，只支持单核 CPU，不能充分地利用多核 CPU 服务器。一旦这个
  进程崩溃，那么整个 Web 服务就崩溃了。

5.1.2　什么是 Express

　　Express 是一个基于 Node.js 平台的极简、灵活的 Web 应用开发框架，它提供了一系
列强大的特性，帮助开发人员创建各种 Web 和移动设备应用。

　　框架是什么呢？

- 框架的初心是抽象出那些重复度高的代码。言外之意就是如果开发者的项目足够简

单，没有什么重复代码，那么就不需要框架。简单来说，如同盖房子首先需要打地基一样，代码框架也是一个工程的结构基础，基于一个完整的框架，可以在此基础上建立一栋大厦。

- 一旦开发者使用了该框架，无论开发者的水平如何，至少在这个项目里面有相当一部分的代码质量是稳定和健壮的。而一个稳定开源的框架会随着使用者和开发者的维护让代码本身变得质量更高。
- 所有的框架需要有一个熟悉的过程，这就是所谓的学习曲线。使用框架，就是学习框架中的使用方法，建立整体工程的相关思路。在这个过程中，可以让开发者在不断的学习中提高自身能力。

使用 Express 可以快速地搭建一个完整功能的网站，其官网主页如图 5-2 所示。

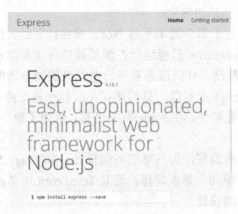

图 5-2　Express 主页

Express 框架的核心特性如下：
- 可以设置中间件来响应 HTTP 请求。
- 定义了路由表用于执行不同的 HTTP 请求动作。
- 可以通过向模板传递参数来动态渲染 HTML 页面。

5.2　使用 Express 进行 Web 开发

本节开始使用 Express 进行后台服务的开发。在第 3 章的页面和功能设计中，所有对于数据的来源都是由 Express 提供的。

5.2.1　安装 Express

Express.js 是作为 Node.js 中一个网站服务构建框架而存在的，所以其本身是基于

Node.js 的（Node.js 的安装请参考第 2 章的内容），这里假设已经安装了最新版本的 Node.js 和 npm 工具，并能正确运行。

【示例 5-1】开发 Express Hello World。

（1）首先使用如下命令初始化一个 npm 项目，或者直接使用右键快捷菜单中的"新建文件"，建立一个 package.json 文件。

```
npm init
```

如果使用命令方式创建，则该命令要求输入几个参数：项目名称、版本号、作者等相关信息，例如此应用的名称和版本。其中的 entry point 选项需要注意，这里使用了默认的 index.js 作为 main，可以将其改为开发者所期待的入口文件（比如 app.js，笔者为了开发方便，便于读者学习，采用默认的 index.js 文件名）。初始化过程如图 5-3 所示。

图 5-3　建立 package.json 文件

（2）这样就成功建立了一个 package.json 文件。如果选择手动建立相关的文件，则需要输入以下代码（信息部分不需要一致）：

```
{
  "name": "5-2-1",
  "version": "1.0.0",
  "description": "helloworld",
  "main": "index.js",
  "scripts": {
    "test": "echo \"Error: no test specified\" && exit 1"
  },
```

```
    "author": "",
    "license": "ISC"
}
```

（3）使用以下命令，安装 Express.js 并将其存入 package.json 文件中。

```
npm install express --save
```

🔔注意：如果只是临时安装 Express，不想将它添加到依赖列表中，只需省略--save 参数
　　　　即可，如果是全局安装，需要使用-g 参数。

安装成功后的效果如图 5-4 所示。

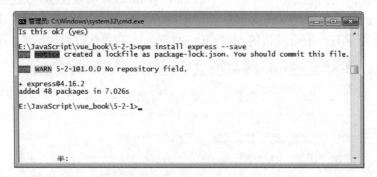

图 5-4　安装 Express

（4）编写一个简单的 Hello World 程序，来测试 Express 是否安装成功。首先需要编写
一个 index.js 文件。

🔔注意：这个 index.js 的名称是入口文件，如果在初始化 npm 项目中初始化为其他的名称，
　　　　则需要新建同名的文件名称。

在 index.js 中编写相关的代码如下：

```
//定义 Express 实例
var express = require('express');
var app = express();
//定义路由
app.get('/', function (req, res) {
    res.send('Hello World!');
});
//设置启动的地址端口信息
var server = app.listen(3000, function () {
    var host = server.address().address;
    var port = server.address().port;
//打印相关的内容提示
    console.log('Example app listening at http://%s:%s', host, port);
});
```

这里，首先需要引入 Express，设置默认路由'/'，在访问'/'路径之后，会返回 Hello
World。然后调用一个测试服务器，监控地址本机，接口为 3000，并且在控制台中打印启

动服务器。

（5）保存上述代码，在命令行提示符中使用如下命令运行程序。

```
node index.js
```

启动成功后的控制台效果如图 5-5 所示。

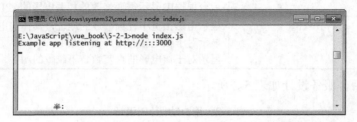

图 5-5 启动服务器

（6）在浏览器中访问 http://localhost:3000/，可以打开测试页面，结果如图 5-6 所示。

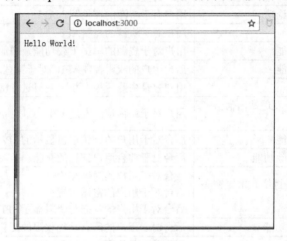

图 5-6 测试结果

5.2.2 设计后台服务 API

本书第 3 章中介绍的网站服务设计，均为系统需要提供的服务，而前端为了使用这些服务，需要后端提供相关的多个 API，下面将分别介绍。

主要功能的后台服务设计如表 5-1 所示。

表 5-1 主要功能API设计

功　　能	API设计
网站的电影显示及下载地址	显示电影列表API 通过电影ID显示具体下载地址的API

（续）

功　　能	API设计
网站的电影添加、修改、删除等后台管理	后台添加API 后台根据ID删除API 后台根据ID修改API 后台根据ID显示需要修改的相关电影的API
网站的前端预览	显示电影预览小视频播放的地址，具体的电影详情API 显示对于该电影的用户评论API 显示对于该电影的点赞数、下载数的API

用户功能后台服务设计如表 5-2 所示。

表 5-2　用户功能API设计

功　　能	API设计
用户的注册功能	用户的注册功能以及表单验证等API
用户的登录功能	用户的登录以及错误提示等API
用户对于每个资源的评论功能	用户对于资源的评论写入API
用户对于资源的点赞功能	用户对于资源的点赞API
用户对于资源的下载功能	用户对于资源的单击下载功能，增加下载数量API
用户的基本权限控制功能	后台用户的权限控制API，对于某些功能能不能使用的API
用户的密码找回功能	用户登录失败后根据相关资料进行密码找回的API
用户对于bug或者需求，发送站内信给管理员的功能	用户对于站内信的发送API
后台对于用户的审核功能	后台对于用户的评论审核显示的API
后台对于用户的评论删除功能	后台对于前台用户评论的删除功能API
后台对于用户的管理（封停、重置密码等功能）	后台对于用户的封停API 后台对于用户的密码重置API 后台对于用户的状态与资料显示API
后台对用户的权限控制功能	后台对于用户的所有功能权限的配置API
用户资料的显示功能	用户前台显示所有用户资料的API

其他功能的后台服务设计如表 5-3 所示。

表 5-3　其他功能API设计

功　　能	API设计
主页的推荐及更新排行榜功能	主页的推荐内容API 主页的排行榜显示内容API
主页的文章功能	主页的文章列表显示API 后台主页的文章编辑功能API
后台对于主页的推荐及大图的编辑功能	后台主页推荐编辑API 后台主页推荐删除API 后台主页大图推荐修改API 后台主页大图删除API
后台对于主页的文章查看功能	后台对于主页文章信息功能查看API

5.2.3　设计路由

根据 5.2.2 节中的功能 API，现在设计提供相关服务的具体地址。主要部分 API 路由设计如表 5-4 所示。

表 5-4　主要部分API路由设计

功　　能	API路由设计
显示电影列表API	/movie/list
通过电影ID显示具体下载地址的API	/movie/download
后台添加API	/admin/movieAdd
后台根据ID删除API	/admin/movieDel
后台根据ID修改API	/admin/movieUpdate
后台根据ID显示需要修改的电影相关的API	/admin/movie
显示电影预览小视频播放的地址，以及具体的电影详情API	/movie/detail
显示对于该电影的用户评论API	/movie/comment
显示对于该电影的点赞数、下载数的API	/movie/showNumber

用户功能 API 路由设计如表 5-5 所示。

表 5-5　用户功能API路由设计

功　　能	API路由设计
用户的注册功能及表单验证等API	/users/register
用户的登录及错误提示等API	/user/login
用户对于资源的评论写入API	/user/postConmment
用户对于资源的点赞API（不一定要登录）	/ movie/support
用户对于资源的单击下载功能，增加下载数量API（不一定要登录）	/ movie/download
后台用户的权限控制API，对于某项功能是否可以使用的API	/user/getPower
用户登录失败后根据相关资料进行密码找回的API	/user/findPassword
用户对于站内信的发送API	/user/sendEmail
后台对于用户的评论审核显示的API	/admin/checkComment
后台对于前台用户评论的删除功能API	/admin/delComment
后台对于用户的封停API	/admin/stopUser
后台对于用户的密码重置API	/admin/changeUser
后台对于用户的状态与资料显示API	/admin/showUser
后台对于用户的所有功能权限的配置API	/admin/powerUpdate
用户前台显示所有用户资料的API	/showUser
后台对于所有评论的列表展示API	/admin/commentsList

其他功能 API 路由设计如表 5-6 所示。

表 5-6　其他功能API路由设计

功　　能	API路由设计
主页的推荐内容API	/showIndex
主页的排行榜显示内容API	/showRanking
主页的文章列表显示API	/showArticle
后台主页文章的编辑功能API	/admin/addArticle
后台主页推荐编辑API	/admin/addRecommend
后台主页推荐删除API	/admin/delRecommend
后台主页大图推荐修改API	/admin/updateRecommend
后台文章删除API	/admin/delArticle
后台对于主页文章信息功能查看API	/articleDetail

5.3　服务器测试

本节将介绍的后端 API 服务，是提供给 Vue.js 写成的 View 层的服务 API，但是此时的服务端写成的 API 并没有相关的 Vue.js 显示效果进行测试，为了方便于开发者进行相关的测试和调试，这里介绍一个工具。

5.3.1　一个测试 HTTP 请求的 Postman 插件

用户在开发、调试网络程序或网页 B/S 模式的程序时，需要一些方法来跟踪网页请求，可以使用一些网络的监视工具，比如著名的 Firebug 等网页调试工具。下面将介绍的这款网页调试工具，不仅可以调试简单的 CSS、HTML、脚本等网页基本信息，还可以发送几乎所有类型的 HTTP 请求！Postman 在发送网络 HTTP 请求方面，可以说是 Chrome 插件类产品中的代表产品之一。

开发人员要调试一个网页是否运行正常，并不是简简单单地调试网页的 HTML、CSS、脚本等信息是否运行正常，更重要的是网页是否能够正确处理各种 HTTP 请求，毕竟网页的 HTTP 请求是网站与用户之间进行交互的重要方式。在动态网站中，用户的大部分数据都需要通过 HTTP 请求与服务器进行交互。

Postman 插件就充当着这种交互方式的"桥梁"，它可以利用 Chrome 插件的形式把各种模拟用户 HTTP 请求的数据发送到服务器上，以便开发人员能够及时地作出正确的响应，或者是对产品发布之前的错误信息提前处理，进而保证产品上线之后的稳定性和安全性。因为可以发送相关的数据，所以非常适合后端服务的 API 测试。

5.3.2　在 Chrome 中安装 Postman 插件

如果读者已经有安装 Chrome 插件的经验，可以忽略本节内容。
下面将给出在 Chrome 浏览器中安装 Postman 插件的详细步骤。

（1）打开 Chrome 浏览器，单击左侧的"应用"按钮，如图 5-7 所示。

（2）在弹出的对话框中单击"Chrome 网上应用商店"，如图 5-8 所示。

图 5-7　"应用"按钮

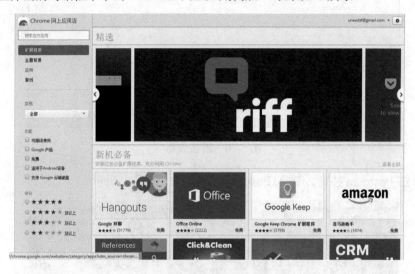

图 5-8　Chrome 商店

（3）在搜索框中输入 postman，如图 5-9 所示，单击"添加至 CHROME"按钮，就可以安装 Postman 插件了。

图 5-9　搜索 Postman

（4）添加成功后，再次单击图 5-7 中的“应用”按钮，若显示 Postman，如图 5-10 所示，表示已经添加成功。

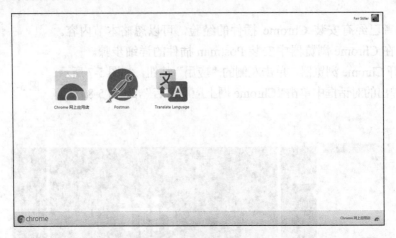

图 5-10　添加成功

（5）单击 Postman 按钮，进入 Postman 界面，如图 5-11 所示。

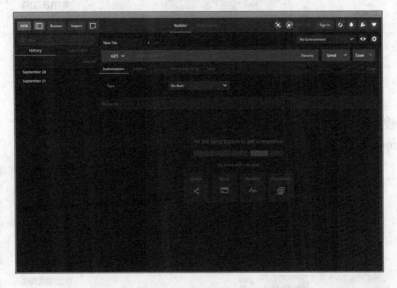

图 5-11　Postman 界面

5.3.3　使用 Postman 插件进行数据测试

可以用 5.3.2 节用 Express 编写的 Hello World 应用服务用来测试 API 是否正确，同时测试 Postman 的使用。

（1）首先使用如下命令来启动服务器：

```
node index.js
```

（2）确认启动服务成功之后，在 Postman 中的 URL 地址栏中输入地址 http://localhost:3000，单击 Send 按钮，效果如图 5-12 所示，可以看到，打印出了"Hello World！"。

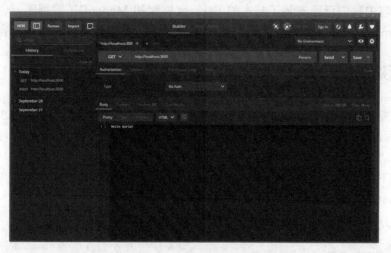

图 5-12　请求 Hello World

还记得在 index.js 代码中编写的内容吗？其请求地址为 get 请求，如下：

```
// 定义路由
app.get('/', function (req, res) {
    res.send('Hello World!');
});
```

（3）如果在 Postman 中使用 post 请求的话，Express 会阻止请求访问，如图 5-13 所示。

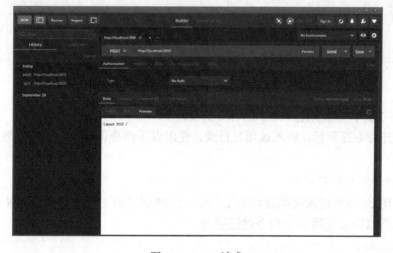

图 5-13　post 请求

5.4　Express 后台代码编写

前面内容中我们已经安装了基本的 Express 框架和 MongoDB 数据库，也学习了基本的测试 Postman。从本节开始，我们将正式进入电影网页的后端代码编写内容。

5.4.1　新建工程

这里需要重新安装 Express，作为一个完整的工程来说，笔者并不推荐 5.3 节中"Hello World"的写法。Express 提供了一个方便的工具——应用生成器 Express，可以快速创建一个应用的"骨架"。

通过如下命令安装应用生成器：

```
npm install express-generator -g
```

安装成功后的效果如图 5-14 所示，此时 Express 命令就可以使用了。

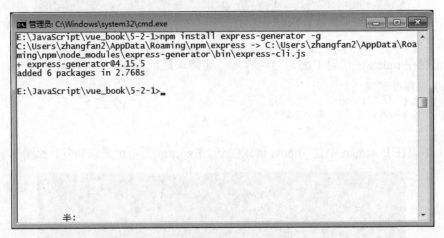

图 5-14　安装 Express 应用生成器

【示例 5-2】本书服务端 book_service 的实现。

（1）打开命令提示行，进入该项目目录，使用以下命令创建项目，执行效果如图 5-15 所示。

```
express book_service
```

（2）使用 cd 命令进入刚创建好的工程中，此时创建的工程文件并没有使用 npm 安装相关的包，所以应该使用如下命令进行安装：

```
npm install
```

图 5-15 创建项目

安装成功后的效果如图 5-16 所示。

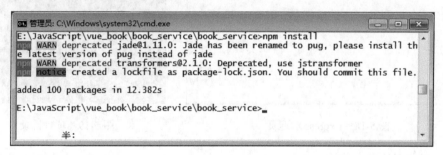

图 5-16 安装包

（3）所有的包安装成功之后，使用如下命令启动应用：

```
set DEBUG= book_service & npm start
```

注意：如果用户使用的是 Linux 或者 Mac OS 系统，应使用 $ DEBUG=myapp npm start
命令，启动应用。

启动后的显示效果如图 5-17 所示。

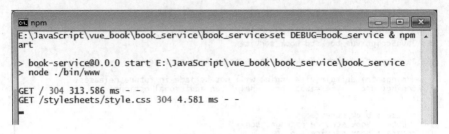

图 5-17　启动应用

（4）在浏览器中输入地址 http://localhost:3000/ ，可以打开测试页面，自动显示 Express 框架的欢迎页面，如图 5-18 所示。

（5）此时打开 WebStorm 可以看到 Express 自动生成的项目文件目录与路由控制，如图 5-19 所示。

图 5-18　Express 欢迎页

图 5-19　项目目录

这些文件夹的意义如下：

- bin 文件夹中的 www.js 包含着对启动项目的一些测试服务器的配置，包括启动服务器的端口监听及 bug 控制台输出等。
- node_modules 文件夹中是 npm 安装的依赖包和相关的资源。
- public 文件夹下是本系统相关的静态资源。
- routes 文件夹下即为项目的全部代码和路由内容。
- views 文件夹下的 .jade 文件为在 routes 文件夹下的逻辑代码调用的相关模板文件，但是在这里，因为 Express 只是提供相关的 API 接口，前台使用 Vue.js 进行显示，而不使用 Express 的前台模板进行输出。

5.4.2　连接数据库

使用 MongoDB 作为数据库的话，首先需要使用一个中间件作为连接方式，JavaScript 中提供了多个 npm 包作为中间连接的中间件。

一般，使用比较多的中间件是原生的 MongoDB，它提供了 MongoDB 的连接、基本的读取和写入查询等功能。但是在使用该中间件的情况下，虽然开发者可以连接和使用 MongoDB，但是完全原生的写法并不适合工程的开发，正如同 MySQL 的原生操作和 ORM 的关系一样。所以为了更好地使用 MongoDB，有开发者提供了其他的中间件，常用的包括 Mongoskin 和 Mongoose 等。

在第 4 章中，为了构建类似于 SQL 的数据表结构，我们构建了相应的数据集结构，这里需要使用一个支持对象模型驱动的程序，所以本书使用 Mongoose 作为连接 MongoDB 的中间件。

Mongoose 提供了一个直观的、基于模式的解决方案来建模应用程序数据，它包括内置的类型转换、验证、查询构建、业务逻辑挂钩等，开箱即用。

（1）连接的第一步，当然是安装中间件，使用以下命令进行安装：

```
npm install mongoose --save
```

安装效果如图 5-20 所示。

注意：需要在我们新建的项目中安装 Mongoose 中间件，所以读者要注意在安装时当前的目录路径。

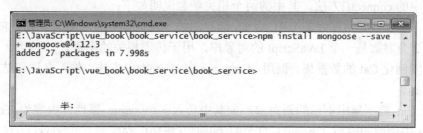

图 5-20　安装 Mongoose

（2）安装完成后，新建一个路由作为测试路由。

更改 index.js 中的代码，新增一个名为 mongooseTest 的路由，用于测试 MongoDB 是否成功启动并能正确使用。为了测试，创建一个名为 Cat 的数据集，其中包含一个 name 数据属性，值为 String（字符串）；连接一个叫做 pet 的库，并在 Cat 中新增一个新的数据，其 name 属性为 Tom 类型。

完整的 index.js 代码如下：

```
// express 示例
var express = require('express');
```

```
//路由引入
var router = express.Router();
//数据库引入
var mongoose = require('mongoose');
//定义路由
/* GET home page. */
router.get('/', function(req, res, next) {
  res.render('index', { title: 'Express' });
});
//定义路由
router.get('/mongooseTest', function (req, res, next) {
    mongoose.connect('mongodb://localhost/pets', { useMongoClient: true });
    mongoose.Promise = global.Promise;

    var Cat = mongoose.model('Cat', { name: String });

    var tom= new Cat({ name: 'Tom' });
    tom.save(function (err) {
        if (err) {
            console.log(err);
        } else {
            console.log('success insert');
        }
    });
    res.send('数据库连接测试');
});

module.exports = router;
```

对于上述代码，通过实例化一个"/mongooseTest'"路由，引入中间件 Mongoose，调用中间件中的 connect()方法，其中的两个相关参数说明如下：

- 第 1 个参数是数据库的 URL 地址，即启动的 MongoDB 的 IP 地址和访问的数据库；
- 第 2 个参数是一个 JavaScript 的对象串，用于传递相关的配置。

通过实例化 Cat 的数据集，调用 Mongoose 中的 model()方法，传入名称和结构来创建一个数据集。

对于 Cat 数据集中创建的新对象，向其中传入一个 name 属性，内容为 Tom，通过 Mongoose 中创建的模型（model）自带的 save()方法来保存内容。在 save()方法中传入一个回调，当发生错误时打印错误信息，成功时在控制台中打印 success 标志。

使用 res.send()方法来输入一个提示，在浏览器中打印"数据库连接测试"，如果浏览器显示此文字，则证明访问成功。

（3）保存代码，在命令行中重启测试服务器，通过浏览器访问 http://localhost:3000/ mongooseTest 地址，页面显示效果如图 5-21 所示。

如果访问页面上没有报错，此时的控制台显示如图 5-22 所示。

图 5-21　连接测试

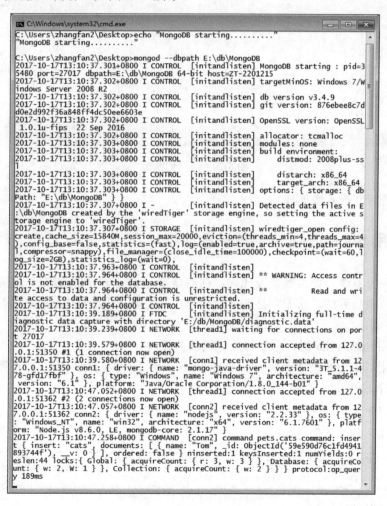

```
E:\JavaScript\vue_book\book_service\book_service>set DEBUG=book_service & npm st
art

> book-service@0.0.0 start E:\JavaScript\vue_book\book_service\book_service
> node ./bin/www

GET /mongooseTest 200 32.917 ms - 21
success insert
            半:
```

图 5-22　访问记录

同时在启动的 MongoDB 的连接命令提示符（CMD）中也会打印连接成功的提示，包括显示数据库的插入内容，如图 5-23 所示。

```
C:\Windows\system32\cmd.exe

C:\Users\zhangfan2\Desktop>echo "MongoDB starting........."
"MongoDB starting........."

C:\Users\zhangfan2\Desktop>mongod --dbpath E:\db\MongoDB
2017-10-17T13:10:37.301+0800 I CONTROL  [initandlisten] MongoDB starting : pid=3
5480 port=27017 dbpath=E:\db\MongoDB 64-bit host=ZT-2201215
2017-10-17T13:10:37.302+0800 I CONTROL  [initandlisten] targetMinOS: Windows 7/W
indows Server 2008 R2
2017-10-17T13:10:37.302+0800 I CONTROL  [initandlisten] db version v3.4.9
2017-10-17T13:10:37.302+0800 I CONTROL  [initandlisten] git version: 876ebee8c7d
d0e2d992f36a848ff4dc50ee6603e
2017-10-17T13:10:37.302+0800 I CONTROL  [initandlisten] OpenSSL version: OpenSSL
 1.0.1u-fips  22 Sep 2016
2017-10-17T13:10:37.302+0800 I CONTROL  [initandlisten] allocator: tcmalloc
2017-10-17T13:10:37.303+0800 I CONTROL  [initandlisten] modules: none
2017-10-17T13:10:37.303+0800 I CONTROL  [initandlisten] build environment:
2017-10-17T13:10:37.303+0800 I CONTROL  [initandlisten]     distmod: 2008plus-ss
2017-10-17T13:10:37.303+0800 I CONTROL  [initandlisten]     distarch: x86_64
2017-10-17T13:10:37.303+0800 I CONTROL  [initandlisten]     target_arch: x86_64
2017-10-17T13:10:37.303+0800 I CONTROL  [initandlisten] options: { storage: { db
Path: "E:\db\MongoDB" } }
2017-10-17T13:10:37.307+0800 I -        [initandlisten] Detected data files in E
:\db\MongoDB created by the 'wiredTiger' storage engine, so setting the active s
torage engine to 'wiredTiger'.
2017-10-17T13:10:37.307+0800 I STORAGE  [initandlisten] wiredtiger_open config:
create,cache_size=15840M,session_max=20000,eviction=(threads_min=4,threads_max=4
),config_base=false,statistics=(fast),log=(enabled=true,archive=true,path=journa
l,compressor=snappy),file_manager=(close_idle_time=100000),checkpoint=(wait=60,l
og_size=2GB),statistics_log=(wait=0),
2017-10-17T13:10:37.963+0800 I CONTROL  [initandlisten]
2017-10-17T13:10:37.964+0800 I CONTROL  [initandlisten] ** WARNING: Access contr
ol is not enabled for the database.
2017-10-17T13:10:37.964+0800 I CONTROL  [initandlisten] **          Read and wri
te access to data and configuration is unrestricted.
2017-10-17T13:10:37.964+0800 I CONTROL  [initandlisten]
2017-10-17T13:10:39.189+0800 I FTDC     [initandlisten] Initializing full-time d
iagnostic data capture with directory 'E:/db/MongoDB/diagnostic.data'
2017-10-17T13:10:39.239+0800 I NETWORK  [thread1] waiting for connections on por
t 27017
2017-10-17T13:10:39.579+0800 I NETWORK  [thread1] connection accepted from 127.0
.0.1:51350 #1 (1 connection now open)
2017-10-17T13:10:39.580+0800 I NETWORK  [conn1] received client metadata from 12
7.0.0.1:51350 conn1: { driver: { name: "mongo-java-driver", version: "3T_5.1.1-4
78-gfd17fbf" }, os: { type: "Windows", name: "Windows 7", architecture: "amd64",
 version: "6.1" }, platform: "Java/Oracle Corporation/1.8.0_144-b01" }
2017-10-17T13:10:47.052+0800 I NETWORK  [thread1] connection accepted from 127.0
.0.1:51362 #2 (2 connections now open)
2017-10-17T13:10:47.057+0800 I NETWORK  [conn2] received client metadata from 12
7.0.0.1:51362 conn2: { driver: { name: "nodejs", version: "2.2.33" }, os: { type
: "Windows_NT", name: "win32", architecture: "x64", version: "6.1.7601" }, platf
orm: "Node.js v8.6.0, LE, mongodb-core: 2.1.17" }
2017-10-17T13:10:47.258+0800 I COMMAND  [conn2] command pets.cats command: inser
t { insert: "cats", documents: [ { name: "Tom", _id: ObjectId('59e590d76c1fd4941
893744f'), __v: 0 } ], ordered: false } ninserted:1 keysInserted:1 numYields:0 r
eslen:44 locks:{ Global: { acquireCount: { r: 3, w: 3 } }, Database: { acquireCo
unt: { w: 2, W: 1 } }, Collection: { acquireCount: { w: 2 } } } protocol:op_quer
y 189ms
```

图 5-23　MongoDB 访问日志

在成功访问之后，可以通过 Studio 3T 进行数据库内容的查看。在数据库中右击 Refresh All 菜单，刷新数据库，可以看到新出现的 pets 数据集，打开该数据集，可以看到其中的详细内容，如图 5-24 所示。

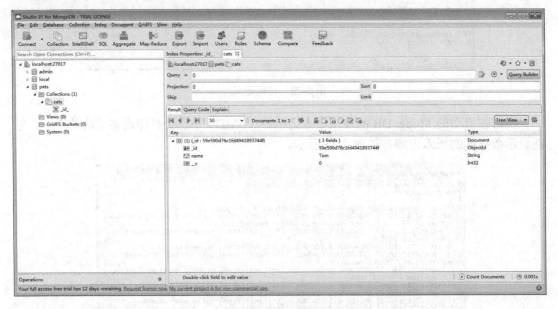

图 5-24　显示数据集

此时，连接和插入数据成功。

5.4.3　使用 Supervisor 监控代码的修改

之前的开发系统，如果要修改代码，则需要使用 Ctrl+C 组合键来结束服务，然后使用相关的命令重启系统，这无疑是非常烦琐的，其实可以使用 Supervisor、Nodemon 等中间件作为插件启动。

这里使用 Supervisor 进行系统修改代码的监控。

（1）使用以下命令进行全局安装 Supervisor，对于开发环境而言，并不需要在系统中安装此中间件。

```
npm install -g supervisor
```

安装成功后如图 5-25 所示。

```
E:\JavaScript\vue_book\book_service\book_service>npm install -g supervisor
C:\Users\zhangfan2\AppData\Roaming\npm\supervisor -> C:\Users\zhangfan2\AppData\
Roaming\npm\node_modules\supervisor\lib\cli-wrapper.js
C:\Users\zhangfan2\AppData\Roaming\npm\node-supervisor -> C:\Users\zhangfan2\App
Data\Roaming\npm\node_modules\supervisor\lib\cli-wrapper.js
+ supervisor@0.12.0
added 1 package in 1.55s

E:\JavaScript\vue_book\book_service\book_service>
半:
```

图 5-25　安装 Supervisor

（2）安装成功后，需要使用如下命令启动程序。

```
supervisor bin/www
```

启动后，如果工程中的代码修改过，则会自动重新载入代码，如图 5-26 所示。

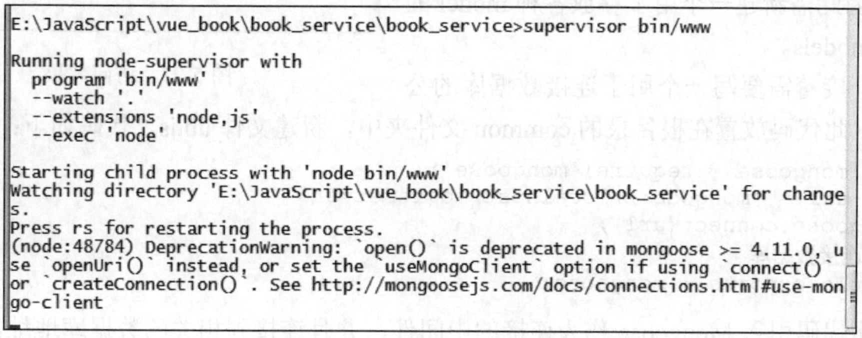

```
E:\JavaScript\vue_book\book_service\book_service>supervisor bin/www

Running node-supervisor with
  program 'bin/www'
  --watch '.'
  --extensions 'node,js'
  --exec 'node'

Starting child process with 'node bin/www'
Watching directory 'E:\JavaScript\vue_book\book_service\book_service' for change
s.
Press rs for restarting the process.
(node:48784) DeprecationWarning: `open()` is deprecated in mongoose >= 4.11.0, u
se `openUri()` instead, or set the `useMongoClient` option if using `connect()`
or `createConnection()`. See http://mongoosejs.com/docs/connections.html#use-mon
go-client
```

图 5-26　启用 Supervisor

5.5　用户系统开发

本节将进入后台系统的开发部分。

（1）通过前面设计的相关路由，建立 users.js 路由文件，将所有的用户系统开发放在此文件中。对于 routes 目录中的文件以文件名作为域名二级路径，即使用 http://localhost:3000/users 访问可以直接导航到 users.js 文件中。

这是为什么呢？其实是在 app.js 中引用了 users.js 文件并对其增加了一个新的路由设置，具体代码如下：

```
var users = require('./routes/users');
//使用引入的文件
app.use('/users', users);
```

即要建立新的路由代码文件，均需要在 app.js 代码文件中引用该文件，并定义新的路由地址才可以使用。

默认项目会自动生成 users.js 文件，自动生成的内容如下：

```
var express = require('express');
var router = express.Router();
// 定义路由
/* GET users listing. */
router.get('/', function(req, res, next) {
  res.send('respond with a resource');
});

module.exports = router;
```

如果不更改 users.js 中的代码，直接访问该地址，则页面效果如图 5-27 所示。

（2）对于用户模块的操作，首先需要一个 model，因此需新建一个用于存放各种 model 的文件夹 models。

（3）接着需要写一个用于连接数据库的公用模块，此代码放置在根目录的 common 文件夹中，新建文件 db.js，代码如下：

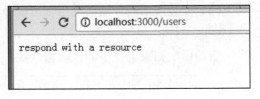

图 5-27　访问效果

```
var mongoose = require('mongoose');
var url = 'mongodb://localhost/movieServer'
mongoose.connect(url);
// 连接数据库
module.exports = mongoose;
```

上述代码引入 Mongoose 作为连接的中间件，并且连接到相关的数据库地址，之后将其以包的形式抛给后面的组件使用。

（4）因为所有用户的操作都应该建立在用户这个数据集的基础上，所以需要在 models 文件夹下新建 user.js 作为数据集，其中的代码如下：

```
var mongoose = require('../common/db');
//用户数据集
var user = new mongoose.Schema({
    username: String,
    password: String,
    userMail: String,
    userPhone: String,
    userAdmin: Boolean,
    userPower: Number,
    userStop: Boolean
})
//用户的查找方法
user.statics.findAll = function(callBack){
    this.find({},callBack);
};
//使用用户名查找的方式
user.statics.findByUsername = function(name,callBack){
    this.find({username:name},callBack);
};
//登录匹配是不是拥有相同的用户名和密码并且没有处于封停状态
user.statics.findUserLogin = function(name,password,callBack){

this.find({username:name,password:password,userStop:false},callBack);
};
//验证邮箱、电话和用户名找到用户
user.statics.findUserPassword = function(name,mail,phone,callBack){
    this.find({username:name,userMail:mail,userPhone:phone},callBack);
};
```

```
var userModel= mongoose.model('user',user);
module.exports = userModel;
```

这里建立了相关的 user 数据集，其中包含了 7 个字段，每个字段赋予了相应的数据类型，并且在数据集的下方，定义了一些常用的搜索方法，用于搜索和显示相关的数据内容。

此 model 引用了 db.js 文件中已经连接的 Mongoose 插件，所以这里的数据库操作都是对 db.js 文件中已经连接的数据库而进行的。

（5）当然，用户模块 API 的开发涉及了以下多个 API 路由地址。

在 routes 文件夹中的 users.js 文件中新增其他几个路由地址，以 users 为域名的地址，其 API 接口定义代码如下：

```
// 引入相关的文件和代码包
var express = require('express');
var router = express.Router();
var user = require('../models/user');
var crypto = require('crypto');
var movie = require('../models/movie');
var mail = require('../models/mail');
var comment = require('../models/comment');
const init_token = 'TKL02o';
/* GET users listing. */
//用户登录接口
router.post('/login', function (req, res, next) {
});
//用户注册接口
router.post('/register', function (req, res, next) {
});
//用户提交评论
router.post('/postCommment', function (req, res, next) {
});
//用户点赞
router.post('/support', function (req, res, next) {
});

//用户找回密码
router.post('/findPassword', function (req, res, next) {
});
//用户发送站内信
router.post('/sendEmail', function (req, res, next) {
});
//用户显示站内信，其中的 receive 参数值为 1 时是发送的内容，值为 2 时是收到的内容
router.post('/showEmail', function (req, res, next) {
});

//获取 MD5 值
function getMD5Password(id) {
}

module.exports = router;
```

关于每个路由的代码，接下来会一一介绍。

5.5.1　注册路由

/users/register 路由是用户的注册路由。当用户发送的数据访问该路由时，会对数据的内容进行检查，如果数据内容没有问题，则需要在数据库中查询该用户名是否已注册。如果存在已注册的情况，则返回错误；如果没有注册且数据通过了审核，则需要将数据保存在数据库中，并回复 JSON 串提示注册成功。

🔔注意：本系统所有的接口数据，只是简单地使用 if 判断其是否为空，不做其他判断。

注册路由需要发送的请求参数和意义如表 5-7 所示。

表 5-7　请求参数及说明

Key	说　　明
username	用于注册用户的用户名，不允许重复
password	用于注册用户的登录密码
userMail	用于注册的邮箱、密码找回等功能
userPhone	用于注册的手机号

users.js 文件中的代码如下：

```
//用户注册接口
router.post('/register', function (req, res, next) {
//验证完整性，这里使用简单的 if 方式，可以使用正则表达式对输入的格式进行验证
    if (!req.body.username) {
        res.json({status: 1, message: "用户名为空"})
    }
    if (!req.body.password) {
        res.json({status: 1, message: "密码为空"})
    }
    if (!req.body.userMail) {
        res.json({status: 1, message: "用户邮箱为空"})
    }
    if (!req.body.userPhone) {
        res.json({status: 1, message: "用户手机为空"})
    }
    user.findByUsername(req.body.username, function (err, userSave) {
        if (userSave.length != 0) {
            //返回错误信息
            res.json({status: 1, message: "用户已注册"})
        } else {
            var registerUser = new user({
                username: req.body.username,
                password: req.body.password,
                userMail: req.body.userMail,
```

```
            userPhone: req.body.userPhone,
            userAdmin: 0,
            userPower: 0,
            userStop: 0
        })
        registerUser.save(function () {
            res.json({status: 0, message: "注册成功"})
        })
    }
})

});
```

首先对用户注册的内容和信息的完整性进行判断，这里通过 if 语句来进行判定，如果出现问题，则直接通过 res.json()发送相关的错误信息。

注意：本书中所有相关 API 的返回数据格式均为 JSON 格式，其结构为：

```
{
status（此次请求的错误情况，1 为出错，0 为正常），
message:（错误或者是成功提示），
data:（需要传送的数据）
}
```

当使用 Postman 进行测试时，则出现为空的情况（缺少邮箱），会自动打印错误提示，如图 5-28 所示。

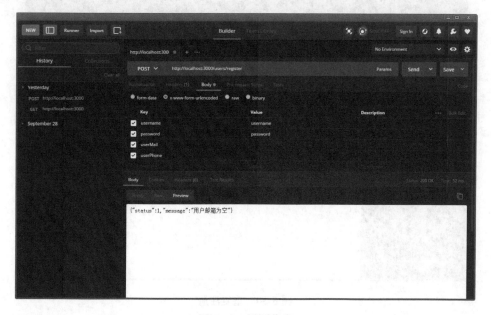

图 5-28　返回信息

当正常填写所有字段时，通过基本的完整性判断，则会显示注册成功，如图 5-29 所示。

图 5-29　注册成功

在重复注册的情况下，也就是当判断相同用户名出现时，会返回该数据集，数据集的大小不为 0，则出现重复注册的提示，如图 5-30 所示。

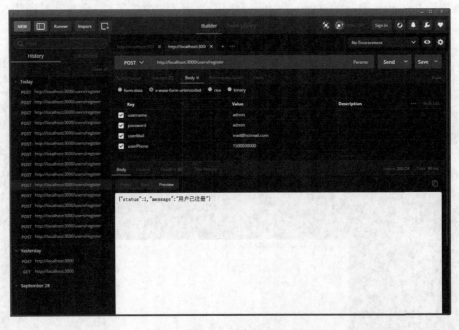

图 5-30　重复注册

注册成功后，应该可以在数据库中找到相关的数据内容。可以在 Studio 3T 中找到注册内容，如图 5-31 所示。

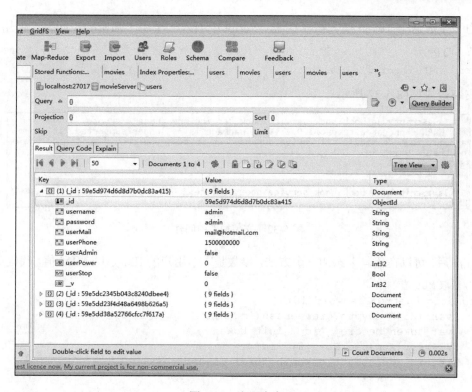

图 5-31　注册内容

注意：这里为了方便用户使用，所有的用户密码均未加密，并且是明文可见，用户在实际项目中，可以根据需求进行加密。

5.5.2　登录路由

/user/login 用于用户的登录检测。在验证用户的用户名与密码时，如果用户不属于封停用户，则返回一个相应的 Token 值作为用户的登录状态，此值在所有的登录操作中都需要作为参数携带。

注意：为了方便读者理解，此 Token 值是由用户本身自带的 ID 和一个固定的字符串连接后，通过 MD5 生成的一个加密值，这种 Token 的方式是不安全甚至无意义的。其实对于一个无状态的登录验证来说，最好在 Token 中加入一些相关的元素，包括时间、IP 和权限等一起作为加密的方式，使用公、私钥的方式进行加密和解密，或者可以使用 JWT 方式进行接口的验证。在此处细讲是需要极多篇幅的，请读者自行查阅相关的资料和文档，这里 Token 的意义仅是告知用户这里需要一个相关的值作为验证。

为了生成这个 Token 值，需要在 JavaScript 中引入一个用于加密的中间件，使用 npm 安装包 Crypto：

```
npm install crypto -save
```

安装效果如图 5-32 所示。

```
E:\JavaScript\vue_book\book_service\book_service>npm install crypto --save
npm WARN deprecated crypto@1.0.1: This package is no longer supported. It's now
a built-in Node module. If you've depended on crypto, you should switch to the o
ne that's built-in.
+ crypto@1.0.1
added 1 package in 1.877s

E:\JavaScript\vue_book\book_service\book_service>
             半:
```

图 5-32   安装加密中间件

完成后，可以在代码中添加一个方法，参数是一个用户的 ID，返回 MD5 值，代码如下：

```
//获取 MD5 值
function getMD5Password(id) {
    var md5 = crypto.createHash('md5');
    var token_before = id + init_token
    // res.json(userSave[0]._id)
    return md5.update(token_before).digest('hex')
}
```

🔔注意：一般用于完整性验证需要将所有的字符串都进行组合后加密，在后端同样通过组合验证来检测其完整性，而这里为了方便解释和理解，仅使用用户 ID 进行加密验证，这种验证并不能起到对于其他字段完整性验证的作用，具体其他字段的验证，请读者自行完成。

登录路由需要发送的请求参数和意义如表 5-8 所示。

表 5-8   请求参数及说明

Key	说　　明
username	用于注册用户的用户名，不允许重复
password	用于注册用户的登录密码

routes/users.js 中的 login 代码如下：

```
//用户登录接口
router.post('/login', function (req, res, next) {
//验证完整性，这里使用简单的 if 方式，可以使用正则表达式对输入的格式进行验证
    if (!req.body.username) {
        res.json({status: 1, message: "用户名为空"})
    }
    if (!req.body.password) {
        res.json({status: 1, message: "密码为空"})
```

```
    }
    user.findUserLogin(req.body.username, req.body.password, function
(err, userSave) {
        if (userSave.length != 0) {
            //通过 MD5 查看密码
             var token_after = getMD5Password(userSave[0]._id)
            res.json({status: 0, data: {token: token_after,user:userSave},
            message: "用户登录成功"})
        } else {
            res.json({status: 1, message: "用户名或者密码错误"})
        }
    })
});
```

代码注释掉的一部分可以看作是对于 MD5 生成 Token 值的代码进行剥离，写成方法。直接调用在 models 中写好的方法查找 username、password 和未封停用户，如果不存在相关的用户，则直接返回错误提示；如果存在，则返回一个用户 Token 值，可以使用 Postman 进行测试。

当输入不存在的用户名或错误的密码时，其效果如图 5-33 所示。

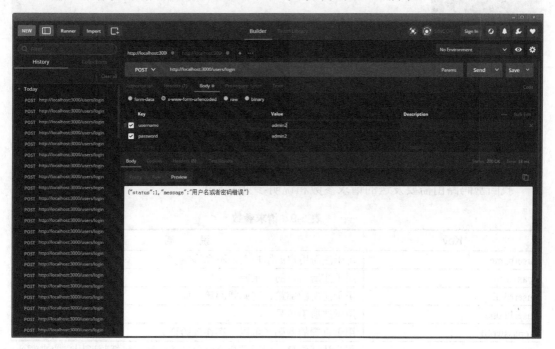

图 5-33　登录错误

当输入正确的用户名和密码时，则提示登录成功，并且返回一个登录的 Token 值，如图 5-34 所示。

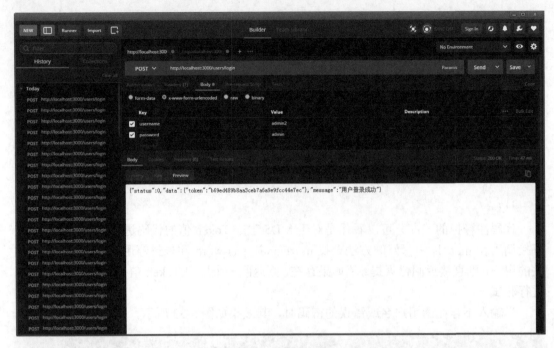

图 5-34　登录成功

5.5.3　找回密码路由

/users/findPassword 用于找回用户的密码，这里需要输入 mail、phone 和 username 3 个字段来确定用户的身份，并且允许修改密码。该功能同样用于登录之后的密码修改功能，通过验证用户身份和原来使用的老密码，也可以由用户自己进行密码的修改。

找回密码路由需要发送的请求参数和说明参见表 5-9。

表 5-9　请求参数

Key	说　　明
username	用于注册用户的用户名，不允许重复
password	用于注册用户的登录密码
userMail	用于注册的邮箱、密码找回等功能
userPhone	用于注册手机号
repassword	用于重置的密码（可以不存在仅验证）
token	用户认证信息，用于用户登录状态的验证（包括验证用户的来源）
id	用户ID，用于用户登录状态的验证

找回密码路由的完整代码如下：

```
//用户找回密码
router.post('/findPassword', function (req, res, next) {
```

```
//需要输入用户的邮箱信息和手机信息，同时可以更新密码
//这里需要两个返回情况，一个是 req.body.repassword 存在时，另一个是 repassword 不存在时
//这个接口同时用于密码的重置，需要用户登录
    if (req.body.repassword) {
        //当存在时，需要验证其登录情况或者验证其 code
        if (req.body.token) {
            //当存在 code 登录状态时，验证其状态
            if (!req.body.user_id) {
                res.json({status: 1, message: "用户登录错误"})
            }
            if (!req.body.password) {
                res.json({status: 1, message: "用户老密码错误"})
            }
            if (req.body.token == getMD5Password(req.body.user_id)) {
                user.findOne({_id: req.body.user_id, password: req.body.
                password},function (err, checkUser) {
                    if (checkUser) {
                        user.update({_id:req.body.user_id},{password:req.body.
                        repassword}, function (err, userUpdate) {
                            if (err) {
                                res.json({status: 1, message: "更改错误", data: err})
                            }
                            res.json({status: 0, message: '更改成功', data:
                            userUpdate})
                        })
                    } else {
                        res.json({status: 1, message: "用户老密码错误"})
                    }
                })

            } else {
                res.json({status: 1, message: "用户登录错误"})
            }

        } else {
            //不存在 code 时，直接验证 mail 和 phone
            user.findUserPassword(req.body.username, req.body.userMail, req.
            body.userPhone, function (err, userFound) {
                if (userFound.length != 0) {
                    user.update({_id: userFound[0]._id}, {password: req.body.
                    repassword}, function (err, userUpdate) {
                        if (err) {
                            res.json({status: 1, message: "更改错误",data:err})
                        }
                        res.json({status: 0, message: '更改成功', data:
                        userUpdate})
                    })
                } else {
                    res.json({status: 1, message: "信息错误"})
                }
            })
        }
    } else {
```

```
//这里只是验证 mail 和 phone，返回验证成功提示和提交的字段，用于之后改密码的操作
if (!req.body.username) {
    res.json({status: 1, message: "用户名称为空"})
}
if (!req.body.userMail) {
    res.json({status: 1, message: "用户邮箱为空"})
}
if (!req.body.userPhone) {
    res.json({status: 1, message: "用户手机为空"})
}
user.findUserPassword(req.body.username, req.body.userMail, req.
body.userPhone, function (err, userFound) {
    if (userFound.length != 0) {
        res.json({status: 0, message: "验证成功,请修改密码",data:
        {username:req.body.username,userMail:req.body.userMail,
        userPhone:req.body.userPhone}})
    } else {
        res.json({status: 1, message: "信息错误"})
    }
})
}
});
```

考虑到前台用户的中交互操作，用户的邮箱和手机验证可能是在修改密码之前，所以如果在 post 的参数内容中不存在新密码字段时，只是验证用户的邮箱和手机是否出错，只有当用户提交新密码后才会进行更新密码的验证，具体流程如图 5-35 所示。

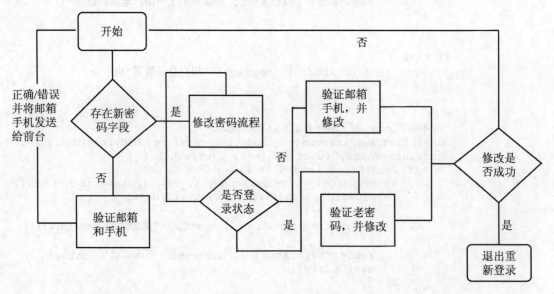

图 5-35　登录流程

可以使用 Postman 进行测试，首先是对没有传输用户新密码时的验证测试，只传递 phone、mail、用户名字段，效果如图 5-36 所示。

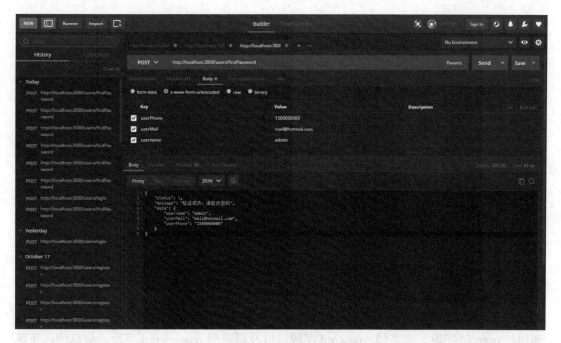

图 5-36　验证信息

对于用户在非登录状态的密码修改，增加 repassword 字段，效果如图 5-37 所示。

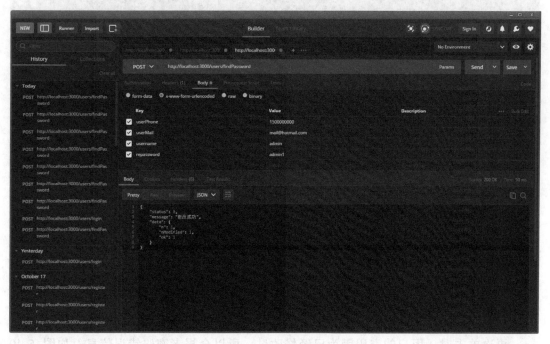

图 5-37　成功更改

使用 Studio 3T 可以看到数据库中的字段也进行了相应的更改，效果如图 5-38 所示。

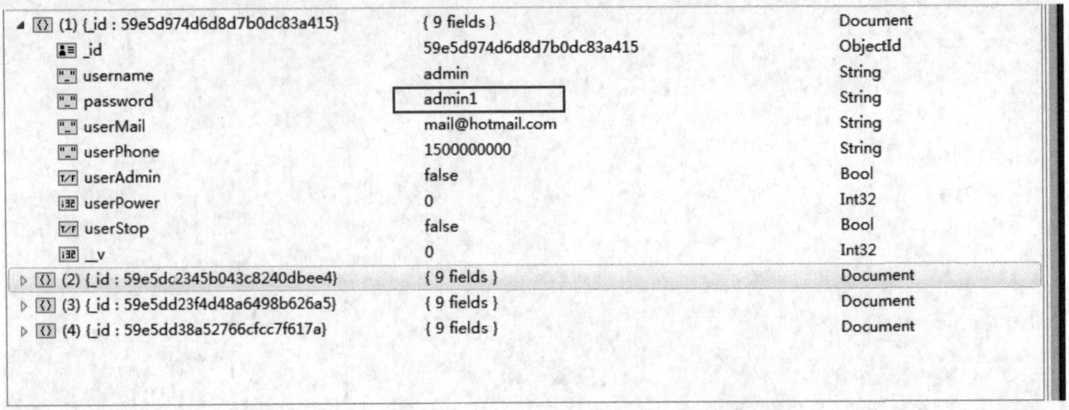

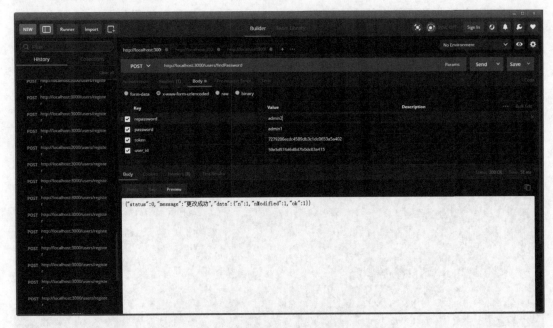

图 5-38　更新后的密码

然后是登录状态，对于登录状态下的密码修改操作，需要在登录时生成的 Token 值，并且对于老密码进行验证，需要在已知 Token 值（可以在 login 接口处获得）的基础上传递用户 user_id 字段、老密码 password 字段，以及新密码 repassword 字段。信息输入正确后，效果如图 5-39 所示。

图 5-39　修改成功

再次单击时，用户的密码因为已经修改过，所以会报老密码错误信息，如图 5-40 所示。

图 5-40　用户密码错误

5.5.4　提交评论路由

/users/postCommment 路由用来提交用户对于一个 movie 的评论。这里需要一个新的 model，新的数据对象作为电影的评论。可以在 models 文件夹中建立一个新的 JavaScript 文件，名为 comment.js。

提交评论路由需要发送的请求参数和说明如表 5-10 所示。

表 5-10　请求参数

Key	说　　明
movie_id	电影ID
username	用户名（如果为空，默认匿名用户）
context	用户评论内容

comment.js 代码如下：

```
//引入数据库的连接模块
var mongoose = require('../common/db');
//数据库的数据集
var comment = new mongoose.Schema({
    movie_id:String,
    username: String,
    context: String,
    check:Boolean
})
```

```
//数据操作的一些常用方法
comment.statics.findByMovieId = function(m_id,callBack){
    this.find({movie_id:m_id,check:true},callBack);
};
comment.statics.findAll = function(callBack){
    this.find({},callBack);
};
var commentModel = mongoose.model('comment',comment);

module.exports =commentModel
```

上述代码仿照 user 的 model 建立一个 comment 数据结构，并且新增一些常用的方法，主要是通过 movie 的 ID 获取该电影的所有评论。

📢注意：需要在 use.js 文件中引入此 model，var comment = require('../models/comment');。

接下来写 postCommment 路由，通过用户的 username（如果用户不发送相关的 username 时，默认为匿名用户）、用户的名称和电影 ID 来确定一条电影的评论（其显示审核默认为 0，即需要审核），代码如下：

```
//用户提交评论
router.post('/postCommment', function (req, res, next) {
// 验证完整性，这里使用简单的 if 方式，可以使用正则表达式对于输入的格式进行验证
    if (!req.body.username) {
        var username = "匿名用户"
    }
    if (!req.body.movie_id) {
        res.json({status: 1, message: "电影id为空"})
    }
    if (!req.body.context) {
        res.json({status: 1, message: "评论内容为空"})
    }
// 根据数据集建立一个新的数据内容
    var saveComment = new comment({
        movie_id: req.body.movie_id,
        username: req.body.username ? req.body.username : username,
        context: req.body.context,
        check: 0
})
//保存合适的数据集
    saveComment.save(function (err) {
        if(err){
            res.json({status: 1, message: err})
        }else{
            res.json({status: 0, message: '评论成功'})
        }
    })
});
```

在经过相关的完整性判断后，可以使用 Postman 进行测试，这里用到 movieId，如果读者在这一步时没有相关的 movieId，可以用任何的字符串来代替测试。成功添加一条评论的显示效果如图 5-41 所示。

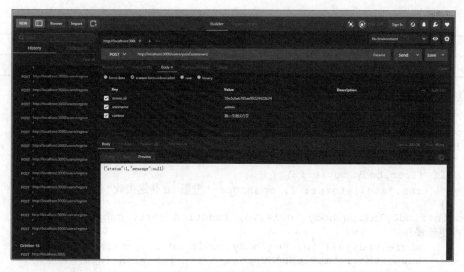

图 5-41　评论添加成功

添加的数据库内容如图 5-42 所示。

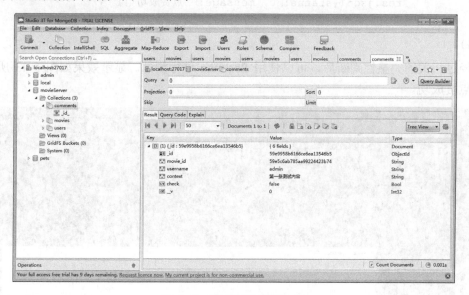

图 5-42　添加的数据库内容

5.5.5　点赞路由

/users/support 路由的作用是当用户点赞某一条电影时不需要验证，点赞后，在 movie 电影的点赞字段加 1。

点赞路由需要发送的请求参数和说明如表 5-11 所示。

表 5-11　请求参数

Key	说　　明
movie_id	电影ID

点赞路由的代码如下：

```
//用户点赞
router.post('/support', function (req, res, next) {
//保存合适的数据集

    if (!req.body.movie_id) {
        res.json({status: 1, message: "电影 id 传递失败"})
    }
movie.findById(req.body.movie_id, function (err, supportMovie) {
// 更新操作
        movie.update({_id: req.body.movie_id}, {movieNumSuppose:
        supportMovie.movieNumSuppose + 1}, function (err) {
            if(err){
                res.json({status:1,message:"点赞失败",data:err})
            }
            res.json({status: 0, message: '点赞成功'})
        })
    })
});
```

经过相关的完整性判断后，可以使用 Postman 进行测试，显示效果如图 5-43 所示，提示点赞成功。

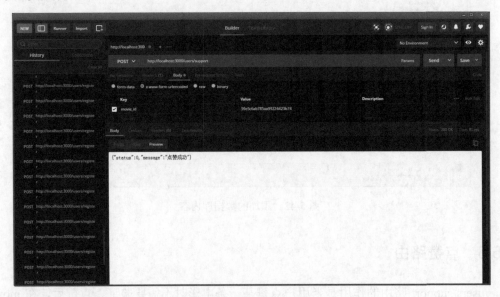

图 5-43　点赞成功

数据库内容中的点赞字段也自动增加了一个（截图中的数字为 4），如图 5-44 所示。

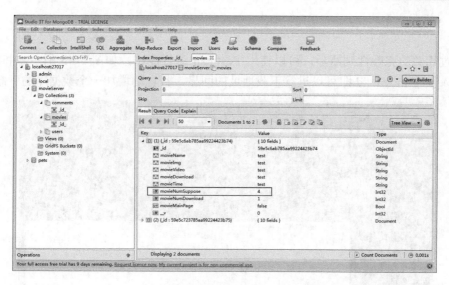

图 5-44　点赞成功

5.5.6　下载路由

/users/download 为用户下载路由，返回一个下载地址，并且在 download 之后，movie
电影的下载数量字段也加 1。

下载路由需要发送的请求参数和说明如表 5-12 所示。

表 5-12　请求参数

Key	说　　明
movie_id	电影ID

下载路由的代码如下：

```
//用户下载只返回下载地址
router.post('/download', function (req, res, next) {
// 验证完整性，这里使用简单的 if 方式，可以使用正则表达式对于输入的格式进行验证
    if (!req.body.movie_id) {
        res.json({status: 1, message: "电影id传递失败"})
    }
movie.findById(req.body.movie_id, function (err, supportMovie) {
// 更新操作
        movie.update({_id: req.body.movie_id}, {movieNumDownload:
        supportMovie.movieNumDownload + 1}, function (err) {
            if(err){
                res.json({status:1,message:"下载失败",data:err})
            }
            res.json({status: 0, message: '下载成功', data: supportMovie.
            movieDownload})
        })
```

```
    })
});
```

经过相关的完整性判断后,可以使用 Postman 进行测试,如图 5-45 所示。和点赞一样,输入一个 movie_id 即可以进行下载地址的回显,且自动增加一个数据库的下载数。

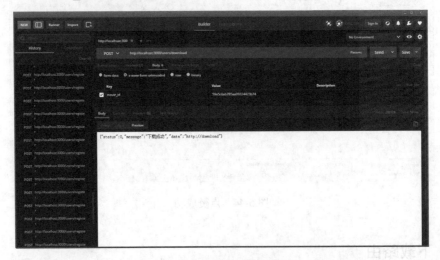

图 5-45　显示下载地址

数据库中的数据如图 5-46 所示,可以看到框里的数字会随着下载自动加 1。

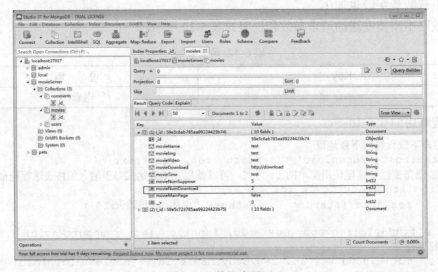

图 5-46　数据库显示

5.5.7　发送站内信路由

/users/sendEmail 路由用于发送一条站内信。用户与用户之间通过站内信可以进行联系和沟通，且和后台管理员之间也应当有相似的反馈方式。

使用站内信系统，也需要一个站内信的 model，在 models 文件夹中建立一个新的 JavaScript 文件 mail.js。具体内容如下：

```
//引入相关的文件和代码包
var mongoose = require('../common/db');
//根据数据集建立一个新的 mail 数据内容
var mail = new mongoose.Schema({
    fromUser: String,
    toUser: String,
    title: String,
    context: String
})
// 数据操作的一些常用方法
mail.statics.findByToUserId = function (user_id, callBack) {
    this.find({toUser: user_id}, callBack);
};
mail.statics.findByFromUserId = function (user_id, callBack) {
    this.find({fromUser: user_id}, callBack);
};

var mailModel = mongoose.model('mail', mail);

module.exports = mailModel
```

这个数据集合有两个方法：即用于显示用户发送的站内信和用户收到的站内信。

发送站内信路由需要发送的请求参数和说明如表 5-13 所示。

表 5-13　请求参数

Key	说　明
token	用户验证令牌，用于登录和用户状态的验证
user_id	发送的用户ID
toUserName	发送至的用户ID
title	站内信的标题
context	站内信的内容

use.js 文件中的该路由代码如下：

```
//用户发送站内信
router.post('/sendEmail', function (req, res, next) {
// 验证完整性，这里使用简单的 if 方式，可以使用正则表达式对输入的格式进行验证
    if (!req.body.token) {
        res.json({status: 1, message: "用户登录状态错误"})
    }
    if (!req.body.user_id) {
        res.json({status: 1, message: "用户登录状态出错"})
    }
    if (!req.body.toUserName) {
        res.json({status: 1, message: "未选择相关的用户"})
    }
    if (!req.body.title) {
```

```
        res.json({status: 1, message: '标题不能为空'})
    }
    if (!req.body.context) {
        res.json({status: 1, message: '内容不能为空'})
    }
    if (req.body.token == getMD5Password(req.body.user_id)) {
        //   存入数据库之前需要先在数据库中获取到要发送至用户的 user_id
        user.findByUsername(req.body.toUserName, function (err, toUser) {
            if (toUser.length!=0) {
                var NewEmail = new mail({
                    fromUser: req.body.user_id,
                    toUser: toUser[0]._id,
                    title: req.body.title,
                    context: req.body.context
                })
                NewEmail.save(function () {
                    res.json({status: 0, message: "发送成功"})
                })
            } else {
                res.json({status: 1, message: '您发送的对象不存在'})
            }
        })
    } else {
        res.json({status: 1, message: "用户登录错误"})
    }
});
```

在这段代码中，除了表单的验证以外，发送来的数据分别为发送人和接收人。

因为接收人是使用用户名进行发送，如果用户名不存在的情况下，证明用户发送失败，则直接发送一个失败的回复，如图 5-47 所示，发送成功时将用户名直接存储为查到的用户_id。

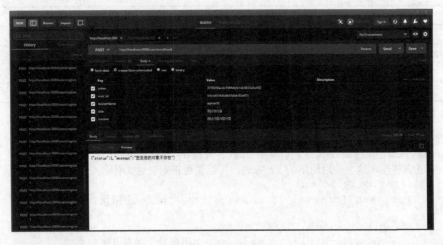

图 5-47　发送错误信息

发送成功后，显示效果如图 5-48 所示。

数据库中存储的内容如图 5-49 所示。

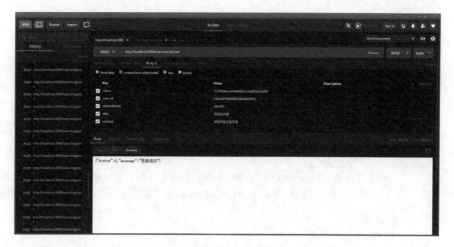

图 5-48　发送成功

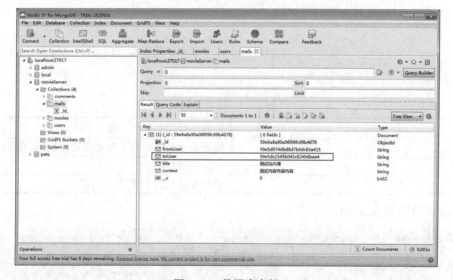

图 5-49　数据库存储

5.5.8　接收站内信路由

/users/showEmail 路由作为用户收取站内信的部分，可以获得两个站内信内容，以一个 receive 参数作为区分，当参数为 1 时是发送的内容，参数为 2 时是收到的内容。

接收站内信路由需要发送的请求参数和说明如表 5-14 所示。完整的路由代码如下：

```
//用户显示站内信，其中的 receive 参数为 1 时是发送的内容，为 2 时是收到的内容
router.post('/showEmail', function (req, res, next) {
// 验证完整性，这里使用简单的 if 方式，可以使用正则表达式对输入的格式进行验证
  if (!req.body.token) {
```

```
            res.json({status: 1, message: "用户登录状态错误"})
        }
        if (!req.body.user_id) {
            res.json({status: 1, message: "用户登录状态出错"})
        }
        if (!req.body.receive) {
            res.json({status: 1, message: "参数出错"})
        }
        if (req.body.token == getMD5Password(req.body.user_id)) {
            if (req.body.receive == 1) {
                //发送的站内信
                mail.findByFromUserId(req.body.user_id, function (err, sendMail) {
                    res.json({status: 0, message: "获取成功", data: sendMail})
                })
            } else {
                //收到的站内信
                mail.findByToUserId(req.body.user_id, function (err, receiveMail) {
                    res.json({status: 0, message: '获取成功', data: receiveMail})
                })
            }
        } else {
            res.json({status: 1, message: "用户登录错误"})
        }
    });
```

表 5-14　请求参数

Key	说　　明
token	用户验证令牌，用于登录和用户状态的验证
user_id	发送的用户ID
receive	获取发送的内容/收到的内容

显示效果如图 5-50 所示。

图 5-50　获得站内信

至此用户模块就编写完毕了，接下来编写前台显示模块。

5.6　前台 API 开发

前台的 API 接口不只包括了主页的显示端，同样包括文章列表、内容、推荐等显示要求。通过 5.5 节建立的路由设计，同时建立 index.js 路由文件。

对于 index.js 文件而言，需要在 app.js 文件中引入其页面地址。在 app.js 中增加以下代码，引入 index.js 文件和页面总路由：

```
// 引入相关的文件和代码包
var index = require('./routes/index');
// 使用引入的包
app.use('/', index);
```

相关的 index.js 文件代码如下：

```
// 引入相关的文件和代码包
var express = require('express');
var router = express.Router();
var mongoose = require('mongoose');
var recommend = require('../models/recommend')
var movie = require('../models/movie');
var article=require('../models/article');
var user=require('../models/user');
/* GET home page. */
//主页
router.get('/', function (req, res, next) {
    res.render('index', {title: 'Express'});
});
//Mongoose 测试
router.get('/mongooseTest', function (req, res, next) {
    mongoose.connect('mongodb://localhost/pets', {useMongoClient: true});
    mongoose.Promise = global.Promise;

    var Cat = mongoose.model('Cat', {name: String});

    var tom = new Cat({name: 'Tom'});
    tom.save(function (err) {
        if (err) {
            console.log(err);
        } else {
            console.log('success insert');
        }
    });
    res.send('数据库连接测试');
});
//显示主页的推荐大图等
router.get('/showIndex', function (req, res, next) {
});
```

```
//显示所有的排行榜，也就是对于电影字段 index 的样式
router.get('/showRanking', function (req, res, next) {
});
//显示文章列表
router.get('/showArticle', function (req, res, next) {
});
//显示文章的内容
router.post('/articleDetail', function (req, res, next) {
});
//显示用户个人信息的内容
router.post('/showUser', function (req, res, next) {
});

module.exports = router;
```

首先对/showIndex 路由的逻辑进行编写，该路由用于获取前台的推荐信息，在主页中显示推荐的电影或者新闻等主题的大图信息。

然后再添加一个新的数据集，也就是主页推荐数据集。在 models 文件中建立一个新的文件 recommend.js，代码如下：

```
//引入相关的文件和代码包
var mongoose = require('../common/db');
//数据库的数据集
var recommend = new mongoose.Schema({
    recommendImg:String,
    recommendSrc:String,
    recommendTitle:String
})
//数据操作的一些常用方法
//通过 ID 获得主页推荐
recommend.statics.findByIndexId = function(m_id,callBack){
    this.find({findByIndexId:m_id},callBack);
};
//找到所有的推荐
recommend.statics.findAll = function(callBack){
    this.find({},callBack);
};
var recommendModel = mongoose.model('recommend',recommend);

module.exports =recommendModel
```

这样就建立好了一个主页推荐的数据对象，通过 showIndex 路由可以获取所有的前台页面中的主页推荐信息，API 中的代码如下：

```
//定义路由
router. get('/showIndex', function (req, res, next) {
    recommend.findAll(function (err, getRecommend) {
        res.json({status: 0, message: "获取推荐", data: getRecommend})
    })
});
```

由于不需要参数和权限控制，所以此 API 的请求方式即 get 方式，使用 Postman 选择 get 方式可以对其测试，效果如图 5-51 所示。

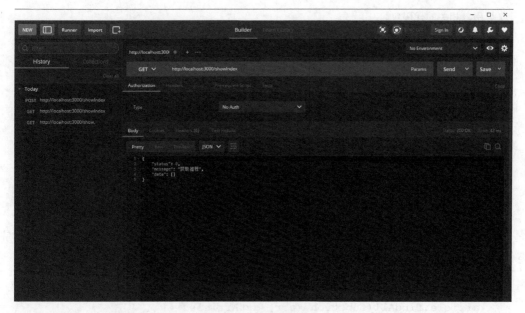

图 5-51　获得推荐

5.6.1　显示排行榜

/showRanking 路由提供了在主页（首页）中显示电影列表的功能，通过对电影数据集中的 movieMainPage 字段为 true 时的情况进行查找，回显出需要显示在主页内的相关内容。

该路由主要是为了能够在主页显示管理员推荐的相关电影而设计的，该字段由后台进行配置，默认 movieMainPage 字段为 false。

因为该信息是公开的，无须验证用户令牌等相关参数，所以选择 get 请求方式，完整代码如下：

```
//显示所有的首页置顶，也就是电影字段 index 的值为 true 的情况
router.get('/showRanking', function (req, res, next) {
    movie.find({movieMainPage: true}, function (err, getMovies) {
        res.json({status: 0, message: "获取主页", data: getMovies})
    })
});
```

5.6.2　显示文章列表

/showArticle 路由用于主页的文章列表显示，通过此路由可以获取所有的文章来形成相关的文章列表页。当然，还需要建立一个相关文章的数据集，在 models 文件夹下新建一个 article.js 文件，并在 index.js 引入该文件。

article.js 文件中相关的代码如下：

```
// 引入相关的代码包
var mongoose = require('../common/db');
// 数据库的数据集
var article = new mongoose.Schema({
    articleTitle:String,
    articleContext:String,
    articleTime:String
})
//通过 ID 查找
article.statics.findByArticleId = function(id,callBack){
    this.find({_id:id},callBack);
};

var articleModel= mongoose.model('article',article);
module.exports = articleModel;
```

因为获取文章列表是公开的、无须验证用户的登录状态，所以选择 get 请求方式，完整代码如下：

```
//显示文章列表
router.get('/showArticle', function (req, res, next) {
    article.findAll(function (err, getArticles) {
        res.json({status: 0, message: "获取主页", data: getArticles})
    })
});
```

5.6.3　显示文章内容

/articleDetail 路由需要 article_id 参数作为/showArticle 的辅助路由。用户在获取文章列表后，需要选择一个具体项进行数据查询，此时调用该接口，该接口请求为 post 方式，需要传递具体的文章 ID。

/articleDetail 路由需要发送的请求参数和说明如表 5-15 所示。

表 5-15　请求参数

Key	说　　明
article_id	获取具体文章详情的ID

/articleDetail 路由的具体代码如下：

```
//显示文章的内容
router.post('/articleDetail', function (req, res, next) {
// 验证完整性，这里使用简单的 if 方式，可以使用正则表达式对输入的格式进行验证
    if(!req.body.article_id){
        res.json({status:1,message:'文章 id 出错'})
    }
    article.findByArticleId(req.body.article_id,function (err, getArticle) {
        res.json({status: 0, message: "获取成功", data: getArticle})
    })
});
```

5.6.4　显示用户个人信息

/showUser 路由用于显示所有的用户详细（非敏感）信息，包括用户名、手机、邮箱等。该路由采用 post 方式，需要用户_id 信息。如果发送的用户_id 信息为空，则不显示相关的信息，当然此路由也需要引入之前已经写好的 user.js 数据集才能进行操作。

/showUser 路由需要发送的请求参数和说明如表 5-16 所示。

表 5-16　请求参数

Key	说　明
user_id	需要获取信息的用户ID

完整的代码如下：

```
//显示用户个人信息的内容
router.post('/showUser', function (req, res, next) {
// 验证完整性，这里使用简单的 if 方式，可以使用正则表达式对输入的格式进行验证
   if (!req.body.user_id) {
       res.json({status: 1, message: "用户状态出错"})
   }
   user.findById(req.body.user_id,function (err, getUser) {
       res.json({status: 0, message: "获取成功", data: {
           user_id:getUser._id,
           username:getUser.username,
           userMail:getUser.userMail,
           userPhone:getUser.userPhone,
           userStop:getUser.userStop
       }})
   })
});
```

运行结果如图 5-52 所示。

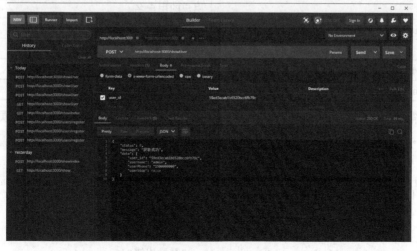

图 5-52　获取用户信息

5.7　后台 API 开发

接下来是最后一部分 API 的开发，即后台管理的 API 开发。在此模块中需要对用户的后台权限进行判断，如果符合管理员权限，则需要对整个系统的文章、电影、推荐等信息进行添加和删除管理等操作，还可以对用户进行权限的更新等操作。通过 5.5 节中的路由设计，建立相关的 admin.js 路由文件。

首先需要在 app.js 文件中对二级地址进行引入和定义：

```
var admin=require('./routes/admin');
app.use('/admin',admin);
```

所有的后台系统 API 的开发均在此 admin.js 文件中，接下来定义相关的路由和方法。

5.7.1　添加电影

/admin/movieAdd 路由首先需要和 user.js 文件中的验证方法一致，验证 Token 值和_id 值的对应性，获得相关的用户信息后，对用户的后台权限和停用的权限再次验证。如果权限符合，进行操作；如果权限不符合，则直接返回相关的错误信息。

/admin/movieAdd 路由需要的参数及说明如表 5-17 所示。

表 5-17　请求参数

Key	说　　明
id	操作用户的ID
token	操作用户的Token值
username	用户的用户名
movieName	电影名称
movieImg	电影图片
movieDownload	电影下载地址
movieMainPage	电影的主页推荐字段

首先需要对于该路由中的数据进行验证，如果验证不成功则会自动返回错误信息并且中断执行。

使用 if 方式进行逻辑判断和验证，代码如下：

```
// 验证完整性，这里使用简单的 if 方式，可以使用正则表达式对输入的格式进行验证
if (!req.body.username) {
        res.json({status: 1, message: "用户名为空"})
    }
    if (!req.body.token) {
        res.json({status: 1, message: "登录出错"})
```

```
    }
    if (!req.body.id) {
        res.json({status: 1, message: "用户传递错误"})
    }
    if (!req.body.movieName) {
        res.json({status: 1, message: "电影名称为空"})
    }
    if (!req.body.movieImg) {
        res.json({status: 1, message: "电影图片为空"})
    }
    if (!req.body.movieDownload) {
        res.json({status: 1, message: "电影下载地址为空"})
    }
```

如果数据验证成功，则需要进行数据处理，完整的路由代码如下：

```
//后台管理需要验证其用户的后台管理权限
//后台管理 admin，添加新的电影
router.post('/movieAdd', function (req, res, next) {
// 上方验证代码
...
    if (!req.body.movieMainPage) {
        var movieMainPage = false
    }
    //验证
    var check = checkAdminPower(req.body.username, req.body.token, req.
    body.id)
    if (check.error == 0) {
        //验证用户的情况
        user.findByUsername(req.body.username, function (err, findUser) {
            if (findUser[0].userAdmin && !findUser[0].userStop) {
//根据数据集建立需要存入数据库的内容
                var saveMovie = new movie({
                    movieName: req.body.movieName,
                    movieImg: req.body.movieImg,
                    movieVideo: req.body.movieVideo,
                    movieDownload: req.body.movieDownload,
                    movieTime: Date.now(),
                    movieNumSuppose: 0,
                    movieNumDownload: 0,
                    movieMainPage: movieMainPage,
                })
//保存合适的数据集
                saveMovie.save(function (err) {
                    if (err) {
                        res.json({status: 1, message: err})
                    } else {
                        res.json({status: 0, message: "添加成功"})
                    }
                })
            } else {
                res.json({error: 1, message: "用户没有获得权限或者已经停用"})
            }
        })
```

```
    } else {
        res.json({status: 1, message: check.message})
    }
});
```

首先对用户进行相关的验证，并且对用户的后台权限也就是 userAdmin 字段进行判定，成功后存储 movie 字段。

如果没有成功通过权限判断，则显示的效果如图 5-53 所示。

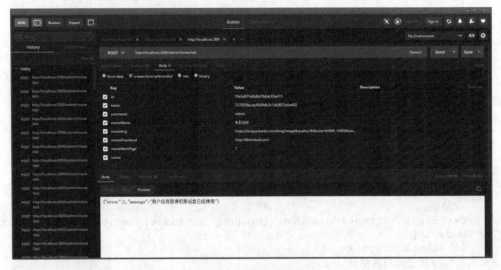

图 5-53　权限不通过

如果用户拥有相关的权限，则成功在 MongoDB 中添加 movie 中数据类型，效果如图 5-54 所示。

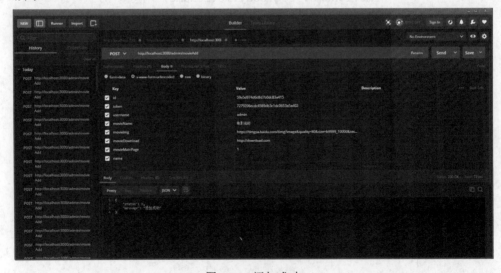

图 5-54　添加成功

5.7.2　删除电影

/admin/movieDel 路由用于删除电影。该路由需要的参数及说明如表 5-18 所示。

表 5-18　请求参数

key	说　　明
id	用户的ID
token	用户的Token值
username	用户的用户名
movieId	用户需要删除的movieId

首先依旧对其路由中所需要的数据进行验证，其完整代码如下：

```
// 验证完整性，这里使用简单的 if 方式，可以使用正则表达式对输入的格式进行验证
if (!req.body.movieId) {
        res.json({status: 1, message: "电影id传递失败"})
    }
    if (!req.body.username) {
        res.json({status: 1, message: "用户名为空"})
    }
    if (!req.body.token) {
        res.json({status: 1, message: "登录出错"})
    }
    if (!req.body.id) {
        res.json({status: 1, message: "用户传递错误"})
    }
```

验证数据完成之后，需要对获得的数据进行整理和操作，完整代码如下：

```
//删除后台添加的电影条目
router.post('/movieDel', function (req, res, next) {
    ...
    //上述验证代码
    var check = checkAdminPower(req.body.username, req.body.token,
    req.body.id)
    if (check.error == 0) {
        user.findByUsername(req.body.username, function (err, findUser) {
            if (findUser[0].userAdmin && !findUser[0].userStop) {
                movie.remove({_id: req.body.movieId}, function (err,
                delMovie) {
                    res.json({status: 0, message: '删除成功', data:
                    delMovie})
                })
            } else {
                res.json({error: 1, message: "用户没有获得权限或者已经停用"})
            }
        })
    }
    else {
        res.json({status: 1, message: check.message})
```

```
        }
    }
);
```

上述代码还是验证相关的账户，如果通过验证，则执行删除的电影操作。使用 Postman 进行测试，效果如图 5-55 所示。

图 5-55　删除成功

5.7.3　更新电影

/admin/movieUpdate 路由用于修改电影的内容，通过打包相关的参数，以_id 为键，更新所有的电影内容，其需要的参数和说明如表 5-19 所示。

表 5-19　请求参数

Key	说　明
id	用户ID
token	用户Token值
username	用户名称
movieId	修改的movieId
movieInfo	修改的所有电影的字段，如果未修改，可以为空

对于路由/admin/movieUpdate 完整的逻辑代码如下：

```
//修改后台添加的条目
router.post('/movieUpdate', function (req, res, next) {
// 验证完整性，这里使用简单的 if 方式，可以使用正则表达式对输入的格式进行验证
    if (!req.body.movieId) {
```

```
        res.json({status: 1, message: "电影 id 传递失败"})
    }
    if (!req.body.username) {
        res.json({status: 1, message: "用户名为空"})
    }
    if (!req.body.token) {
        res.json({status: 1, message: "登录出错"})
    }
    if (!req.body.id) {
        res.json({status: 1, message: "用户传递错误"})
    }

    //这里在前台打包一个电影对象全部发送至后台直接存储
    var saveData = req.body.movieInfo
    //验证
    var check = checkAdminPower(req.body.username, req.body.token, req.
    body.id)
    if (check.error == 0) {
        user.findByUsername(req.body.username, function (err, findUser) {
            if (findUser[0].userAdmin && !findUser[0].userStop) {
// 更新操作
                movie.update({_id: req.body.movieId}, saveData, function
                (err, delMovie) {
                    res.json({status: 0, message: '删除成功', data: delMovie})
                })
            } else {
                res.json({error: 1, message: "用户没有获得权限或者已经停用"})
            }

        })
    } else {
        res.json({status: 1, message: check.message})
    }
});
```

通过对电影的数据完整性判断后，将对用户的权限进行判定，如果用户权限符合要求，则会调用 movie 数据集中的 update()方法，对 movie 数据集对应 ID 的内容信息进行更新操作，继而完成一次更新。

5.7.4　获取所有电影

/admin/movie 路由是显示后台的所有电影，无须传递参数，使用 get 方式进行请求。/admin/movie 路由的完整代码如下，显示效果如图 5-56 所示。

```
// 显示后台的所有电影
router.get('/movie', function (req, res, next) {
    movie.findAll(function (err, allMovie) {
        res.json({status: 0, message: '获取成功', data: allMovie})
    })
});
```

直接使用 findAll 进行所有数据的获取和显示操作，将数据集本身的全部内容均返回至前台显示。

注意：此时为了开发方便，仅仅展示了数条数据的返回，暂时无须分页操作。如果数据量巨大，在一页视图中完全显示是非常不现实的，所以需要对所有的数据通过相应的参数进行分页显示。

图 5-56　获取所有电影

5.7.5　获取用户评论

/admin/commentsList 路由显示后台的所有 comments（用户评论），不需要分类或者按照电影分类，无须传递参数，使用 get 方式进行请求。/admin/commentsList 路由的完整代码如下：

```
//显示后台的所有评论
router.get('/commentsList', function (req, res, next) {
    comment.findAll(function (err, allComment) {
        res.json({status: 0, message: '获取成功', data: allComment})
    })
});
```

5.7.6　审核用户评论

/admin/checkComment 路由是用来对前台用户的电影评论进行审核，不经过审核的评论不应该显示，其需要的请求参数及说明如表 5-20 所示。

表 5-20　请求参数

key	说　　明
id	用户ID
token	用户Token值
Username	用户名称
commentId	提交评论的ID

只需要改变电影的 check 字段即可，完整代码如下：

```
//将评论进行审核
router.post('/checkComment', function (req, res, next) {
// 验证完整性，这里使用简单的 if 方式，可以使用正则表达式对输入的格式进行验证
    if (!req.body.commentId) {
        res.json({status: 1, message: "评论 id 传递失败"})
    }
    if (!req.body.username) {
        res.json({status: 1, message: "用户名为空"})
    }
    if (!req.body.token) {
        res.json({status: 1, message: "登录出错"})
    }
    if (!req.body.id) {
        res.json({status: 1, message: "用户传递错误"})
    }
// 验证权限
    var check = checkAdminPower(req.body.username, req.body.token, req.
    body.id)
    if (check.error == 0) {
        user.findByUsername(req.body.username, function (err, findUser) {
            if (findUser[0].userAdmin && !findUser[0].userStop) {
// 更新操作
                comment.update({_id: req.body.commentId}, {check: true},
                function (err, updateComment) {
                    res.json({status: 0, message: '审核成功', data: updateComment})
                })
            } else {
                res.json({error: 1, message: "用户没有获得权限或者已经停用"})
            }
        })
    } else {
        res.json({status: 1, message: check.message})
    }
});
```

使用 post 请求后，数据库的字段如图 5-57 所示。通过对获取数据的完整性检查，对需要审核的数据进行相关的判断后，检测用户的权限。如果权限在许可的状态下，则成功通过该评论审核，如果权限不符合，则不更改该评论的状态。

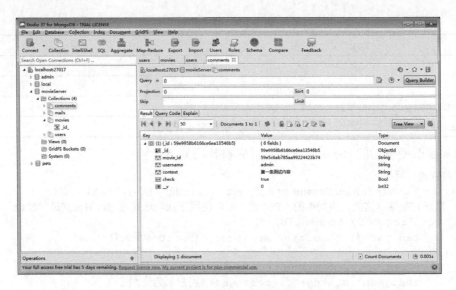

图 5-57　修改后的数据库

5.7.7　删除用户评论

/admin/delComment 路由是用于删除一些垃圾评论，需要验证相关的用户权限和登录状态，请求参数及说明如表 5-21 所示。

表 5-21　请求参数

key	说　　明
id	用户ID
token	用户Token值
username	用户名称
commentId	提交的评论ID

/admin/delComment 路由的完整代码如下：

```
//对用户的评论进行删除
router.post('/delComment', function (req, res, next) {
// 验证完整性，这里使用简单的 if 方式，可以使用正则表达式对输入的格式进行验证
    if (!req.body.commentId) {
        res.json({status: 1, message: "评论 id 传递失败"})
    }
    if (!req.body.username) {
        res.json({status: 1, message: "用户名为空"})
    }
    if (!req.body.token) {
        res.json({status: 1, message: "登录出错"})
    }
```

```
        if (!req.body.id) {
            res.json({status: 1, message: "用户传递错误"})
        }
        var check = checkAdminPower(req.body.username, req.body.token, req.
        body.id)
        if (check.error == 0) {
            user.findByUsername(req.body.username, function (err, findUser) {
                if (findUser[0].userAdmin && !findUser[0].userStop) {
// 删除操作
                    comment.remove({_id: req.body.commentId}, function (err,
                    delComment) {
                        res.json({status: 0, message: '删除成功', data: delComment})
                    })
                } else {
                    res.json({error: 1, message: "用户没有获得权限或者已经停用"})
                }
            })
        } else {
            res.json({status: 1, message: check.message})
        }
    });
```

使用数据集的 remove()方法来进行删除操作，对需要被删除的内容_id 进行记录，并且在确认用户拥有管理员的权限后直接对相关的数据进行 remove 操作，达到删除数据的目的。

💭注意：其实在真正的应用环境下，对数据的删除应该谨慎并且最好使用回收站机制，使回收的数据进行暂存而不是直接删除数据，以便数据可以进行回档和保存。

5.7.8　封停用户

/admin/stopUser 路由是用于在违规的行为下封停用户，使用户无法登录。

更改 user 模型中的 stop 字段，使其默认的 false 更新为 true，即做了相关的封停处理，需要的参数及说明如表 5-22 所示。

表 5-22　请求参数

key	说　　明
id	用户ID
token	用户Token
username	用户名称
userId	需要封停的用户ID

/admin/stopUser 路由的完整代码如下：

```
//封停用户
router.post('/stopUser', function (req, res, next) {
//验证完整性，这里使用简单的 if 方式，可以使用正则表达式对输入的格式进行验证
    if (!req.body.userId) {
```

```
            res.json({status: 1, message: "用户 id 传递失败"})
        }
    if (!req.body.username) {
            res.json({status: 1, message: "用户名为空"})
        }
    if (!req.body.token) {
            res.json({status: 1, message: "登录出错"})
        }
    if (!req.body.id) {
            res.json({status: 1, message: "用户传递错误"})
        }
    var check = checkAdminPower(req.body.username, req.body.token, req.
    body.id)
if (check.error == 0) {
//在数据库中查找用户是否存在
        user.findByUsername(req.body.username, function (err, findUser) {
            if (findUser[0].userAdmin && !findUser[0].userStop) {
    // 更新操作
                user.update({_id: req.body.userId}, {userStop: true}, function
                (err, updateUser) {
                    res.json({status: 0, message: '封停成功', data: updateUser})
                })
            } else {
                res.json({error: 1, message: "用户没有获得权限或者已经停用"})
            }
        })

    } else {
        res.json({status: 1, message: check.message})
    }
});
```

　　验证成功后，根据用户的 ID 来更改 user 的封停 userAdmin 字段，将其设置为 true。使用 Postman 进行测试的效果如图 5-58 所示。

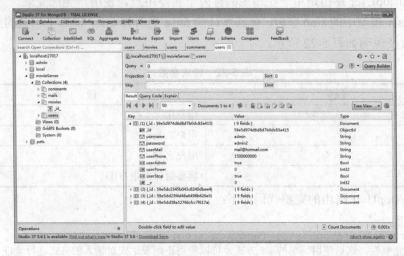

图 5-58　封停用户

5.7.9　更新用户密码

　　/admin/changeUser 路由是用于更新用户的密码。如果用户在前台无法更新密码，可以联系相关的系统管理员，然后无条件更新用户密码。该路由需要的参数及说明如表 5-23 所示。

表 5-23　请求参数

key	说　　明
id	用户ID
token	用户Token值
username	用户名称
userId	需要封停的用户ID
newPassword	用户的新密码

　　/admin/changeUser 路由的完整代码如下：

```
//用户密码更改（管理员）
router.post('/changeUser', function (req, res, next) {
// 验证完整性，这里使用简单的 if 方式，可以使用正则表达式对输入的格式进行验证
    if (!req.body.userId) {
        res.json({status: 1, message: "用户 id 传递失败"})
    }
    if (!req.body.username) {
        res.json({status: 1, message: "用户名为空"})
    }
    if (!req.body.token) {
        res.json({status: 1, message: "登录出错"})
    }
    if (!req.body.id) {
        res.json({status: 1, message: "用户传递错误"})
    }
    if (!req.body.newPassword) {
        res.json({status: 1, message: "用户新密码错误"})
    }
}
// 检测权限
    var check = checkAdminPower(req.body.username, req.body.token, req.
    body.id)
if (check.error == 0) {
//在数据库中查找用户是否存在
        user.findByUsername(req.body.username, function (err, findUser) {
            if (findUser[0].userAdmin && !findUser[0].userStop) {
                user.update({_id: req.body.userId}, {password: req.body.
                newPassword}, function (err, updateUser) {
//返回需要的内容
                    res.json({status: 0, message: '修改成功', data: updateUser})
                })
```

```
        } else {
//返回错误
            res.json({error: 1, message: "用户没有获得权限或者已经停用"})
        }
    })
} else {
//返回错误
    res.json({status: 1, message: check.message})
  }
});
```

更改后的密码数据库显示如图 5-59 所示。不同于用户自身的更新密码操作，假设管理员用户的权限是无限大的，可以直接对用户的密码进行重置操作，则在验证用户身份的同时，可以直接对数据库进行更改。

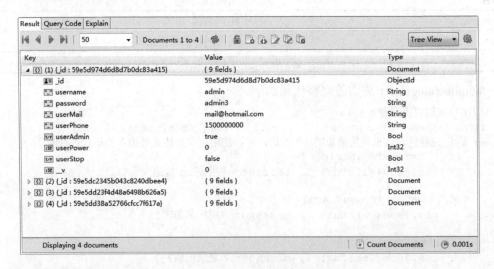

图 5-59　更新密码

5.7.10　显示所有用户

/admin/showUser 路由是显示所有的 user 列表，读取所有的 users 数据对象（无论是否封停或是否前后台），用于后台用户的管理页面。

/admin/showUser 路由的完整代码如下：

```
//后端所有用户的资料显示（列表）
router.post(' /showUser', function (req, res, next) {
// 验证完整性，这里使用简单的 if 方式，可以使用正则表达式对输入的格式进行验证
    if (!req.body.username) {
        res.json({status: 1, message: "用户名为空"})
    }
    if (!req.body.token) {
        res.json({status: 1, message: "登录出错"})
```

```
    }
    if (!req.body.id) {
        res.json({status: 1, message: "用户传递错误"})
}
// 检测权限
    var check = checkAdminPower(req.body.username, req.body.token, req.
    body.id)
if (check.error == 0) {
// 在数据库中查找是否存在
        user.findByUsername(req.body.username, function (err, findUser) {
            if (findUser[0].userAdmin && !findUser[0].userStop) {
                user.findAll(function (err, alluser) {
// 返回需要的内容
                    res.json({status: 0, message: '获取成功', data: alluser})
                })
            } else {
                res.json({error: 1, message: "用户没有获得权限或者已经停用"})
            }
        })
    } else {
        res.json({status: 1, message: check.message})
    }
});
```

后台的管理是需要对用户进行统计和分类操作的，虽然本示例只是显示出所有的用户，但是对于一个成熟的系统本身来说不仅是对自身内容的更新，更多的应该是对用户行为的挖掘。Postman 测试效果如图 5-60 所示。

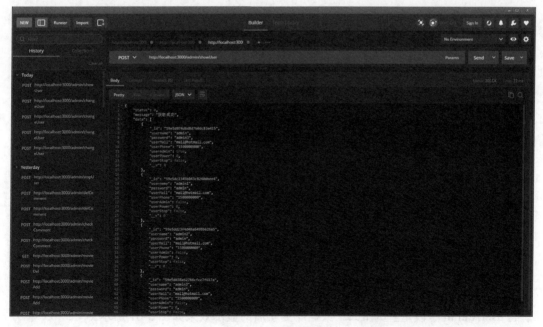

图 5-60 所有用户

5.7.11　管理用户权限

　　/admin/powerUpdate 路由是对用户权限的管理，通过更新用户的后台权限，让用户具备后台管理员的权限。

　　/admin/powerUpdate 路由的完整代码如下：

```
//这里只是对后台权限的管理，只是作为示例
router.post('/powerUpdate', function (req, res, next) {
// 验证完整性，这里使用简单的 if 方式，可以使用正则表达式对输入的格式进行验证
    if (!req.body.userId) {
        res.json({status: 1, message: "用户 id 传递失败"})
    }
    if (!req.body.username) {
        res.json({status: 1, message: "用户名为空"})
    }
    if (!req.body.token) {
        res.json({status: 1, message: "登录出错"})
    }
    if (!req.body.id) {
        res.json({status: 1, message: "用户传递错误"})
    }
}
// 检测权限
    var check = checkAdminPower(req.body.username, req.body.token, req.
    body.id)
if (check.error == 0) {

// 在数据库中查找是否存在
        user.findByUsername(req.body.username, function (err, findUser) {
            if (findUser[0].userAdmin && !findUser[0].userStop) {
// 更新操作
                user.update({_id: req.body.userId}, {userAdmin: true},
                function (err, updateUser) {
                    res.json({status: 0, message: '修改成功', data:
                    updateUser})
                })
            } else {
// 返回错误
                res.json({error: 1, message: "用户没有获得权限或者已经停用"})
            }
        })
} else {
// 返回错误
        res.json({status: 1, message: check.message})
    }
});
```

　　/admin/powerUpdate 路由通过管理员用户进行接口的请求，通过验证后将 user 数据集中的 userAdmin 字段重置为 true。数据库更新后的显示效果如图 5-61 所示。

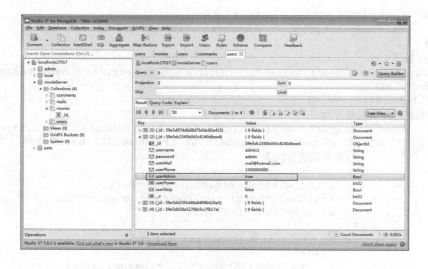

图 5-61　更新后台权限

5.7.12　新增文章

/admin/addArticle 路由是用于增加前台文章、需要发布的文章等相关字段，参数及说明如表 5-24 所示。

表 5-24　请求参数

Key	说　　明
id	用户ID
token	用户Token值
username	用户名称
userId	需要封停的用户Id
articleTitle	文章的标题
articleContext	文章内容

/admin/addArticle 路由的完整代码如下：

```
//后台新增文章
router.post('/addArticle', function (req, res, next) {
//验证完整性，这里使用简单的if方式，可以使用正则表达式对输入的格式进行验证
    if (!req.body.token) {
        res.json({status: 1, message: "登录出错"})
    }
    if (!req.body.id) {
        res.json({status: 1, message: "用户传递错误"})
    }
    if (!req.body.articleTitle) {
        res.json({status: 1, message: "文章名称为空"})
    }
```

```
        if (!req.body.articleContext) {
            res.json({status: 1, message: "文章内容为空"})
        }
        //验证
        var check = checkAdminPower(req.body.username, req.body.token, req.
        body.id)
    if (check.error == 0) {
    //在数据库中查找是否存在
        user.findByUsername(req.body.username, function (err, findUser) {
            if (findUser[0].userAdmin && !findUser[0].userStop) {
                //有权限的情况下
                var saveArticle = new article({
                    articleTitle: req.body.articleTitle,
                    articleContext: req.body.articleContext,
                    articleTime: Date.now()
                })
                saveArticle.save(function (err) {
                    if(err){
                        res.json({status: 1, message: err})
                    }
                })
            } else {
                res.json({error: 1, message: "用户没有获得权限或者已经停用"})
            }
        })
    } else {
        res.json({status: 1, message: check.message})
    }
});
```

当用户权限验证完成后可以直接对文章进行添加操作，通过对所有的文章数据进行完整性验证后，将 article 数据集保存入数据库中，并返回相应的成功提示信息。数据库添加完成后，如图 5-62 所示。

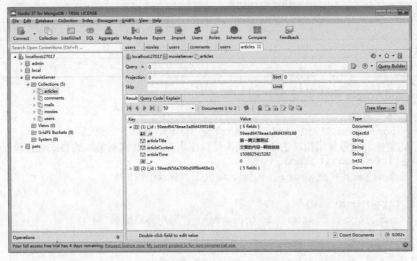

图 5-62　添加文章

5.7.13　删除文章

/admin/delArticle 路由是用于对文章的删除操作，需要对用户的权限进行验证，请求参数及说明如表 5-25 所示。

表 5-25　请求参数

Key	说　　明
id	用户ID
token	用户Token值
username	用户名称
articleId	需要删除的文章ID

/admin/delArticle 路由的完整代码如下：

```
//后台删除文章
router.post('/delArticle', function (req, res, next) {
// 验证完整性，这里使用简单的 if 方式，可以使用正则表达式对输入的格式进行验证
    if (!req.body.articleId) {
        res.json({status: 1, message: "文章 id 传递失败"})
    }
    if (!req.body.username) {
        res.json({status: 1, message: "用户名为空"})
    }
    if (!req.body.token) {
        res.json({status: 1, message: "登录出错"})
    }
    if (!req.body.id) {
        res.json({status: 1, message: "用户传递错误"})
    }
}
// 检测权限
    var check = checkAdminPower(req.body.username, req.body.token, req.
    body.id)
    if (check.error == 0) {
        user.findByUsername(req.body.username, function (err, findUser) {
            if (findUser[0].userAdmin && !findUser[0].userStop) {

                article.remove({_id: req.body.articleId}, function (err,
                delArticle) {
                    res.json({status: 0, message: '删除成功', data: delArticle})
                })
            } else {
                res.json({error: 1, message: "用户没有获得权限或者已经停用"})
            }
        })
    } else {
```

```
            res.json({status: 1, message: check.message})
        }
    });
```

通过对发送的需要删除的文章 _id 和相关的用户权限进行验证，成功后则直接将文章数据集中对应 _id 的数据进行删除。删除后的效果如图 5-63 所示。

图 5-63　删除文章

5.7.14　新增主页推荐

/admin/addRecommend 路由是用于热点信息（主页）的增加操作，需要判定用户的权限为 post 请求方式，相关的参数及说明如表 5-26 所示。

表 5-26　请求参数

Key	说　　明
id	用户ID
token	用户Token值
username	用户名称
recommendImg	推荐图片链接
recommendSrc	推荐单击后跳转地址
recommendTitle	推荐标题

/admin/addRecommend 路由的完整代码如下：

```
//新增主页推荐
router.post('/addRecommend', function (req, res, next) {
// 验证完整性，这里使用简单的 if 方式，可以使用正则对于输入的格式进行验证
    if (!req.body.token) {
        res.json({status: 1, message: "登录出错"})
    }
    if (!req.body.id) {
        res.json({status: 1, message: "用户传递错误"})
    }
    if (!req.body.recommendImg) {
        res.json({status: 1, message: "推荐图片为空"})
    }
    if (!req.body.recommendSrc) {
        res.json({status: 1, message: "推荐跳转地址为空"})
    }
    if (!req.body.recommendTitle) {
        res.json({status: 1, message: "推荐标题为空"})
    }

    //验证
    var check = checkAdminPower(req.body.username, req.body.token, req.
    body.id)
    if (check.error == 0) {
        //有权限的情况下
        user.findByUsername(req.body.username, function (err, findUser) {
            if (findUser[0].userAdmin && !findUser[0].userStop) {

                var saveRecommend = new recommend({
                    recommendImg: req.body.recommendImg,
                    recommendSrc: req.body.recommendSrc,
                    recommendTitle: req.body.recommendTitle
                })
                saveRecommend.save(function (err) {
                    if(err){
                        res.json({status: 1, message: err})
                    }else{
                        res.json({status: 0, message: '保存成功'})
                    }
                })
            } else {
                res.json({error: 1, message: "用户没有获得权限或者已经停用"})
            }
        })
    } else {
        res.json({status: 1, message: check.message})
    }
});
```

首先仍然是对数据本身进行完整性验证，当数据验证成功后，将数据保存至相关的数据集中，即成功地增加了一条首页推荐信息。增加后的数据库显示效果如图 5-64 所示。

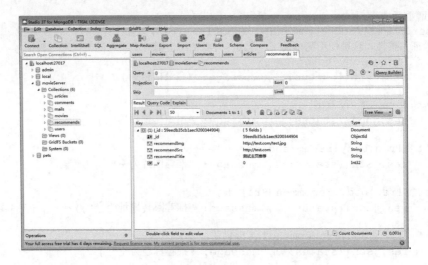

图 5-64　增加热点

5.7.15　删除热点信息

/admin/delRecommend 路由是用于热点信息（主页）的删除操作，需要判定用户的权限为 post 请求方式，相关的参数及说明如表 5-27 所示。

表 5-27　请求参数

Key	说　　明
id	用户 ID
token	用户 Token 值
username	用户名称
recommendId	需要删除的推荐 ID

/admin/delRecommend 路由的完整代码如下：

```
//删除主页推荐
router.post('/delRecommend', function (req, res, next) {
// 验证完整性，这里使用简单的 if 方式，可以使用正则表达式对输入的格式进行验证
    if (!req.body.recommendId) {
        res.json({status: 1, message: "评论 id 传递失败"})
    }
    if (!req.body.username) {
        res.json({status: 1, message: "用户名为空"})
    }
    if (!req.body.token) {
        res.json({status: 1, message: "登录出错"})
    }
    if (!req.body.id) {
        res.json({status: 1, message: "用户传递错误"})
```

```
    }
    //检测权限
var check = checkAdminPower(req.body.username, req.body.token, req.body.id)
if (check.error == 0) {
//在数据库中查找是否存在
        user.findByUsername(req.body.username, function (err, findUser) {
            if (findUser[0].userAdmin && !findUser[0].userStop) {
                recommend.remove({_id: req.body.recommendId}, function
                (err, delRecommend) {
                    res.json({status: 0, message: '删除成功', data: delRecommend})
                })
            } else {
                res.json({error: 1, message: "用户没有获得权限或者已经停用"})
            }
        })
    } else {
        res.json({status: 1, message: check.message})
    }
});
```

通过对用户的权限进行判断，当用户的权限和数据完整性都没有问题时，则将此数据直接用 remove()方法进行删除操作，删除成功后如图 5-65 所示。

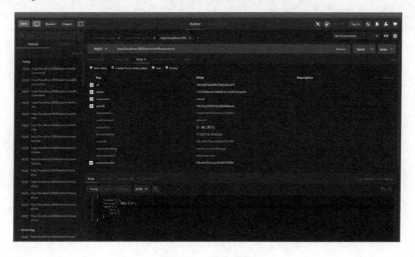

图 5-65　删除热点

5.8　小结与练习

5.8.1　小结

本章内容是编写项目的后台 API，和前篇内容比起来可能略显突兀，并且提高了读者的学习门槛，但本章内容非常重要。诚然，对于初学者而言，后端 API 开发的引入略显突兀，也加大了学习的难度，但正是考虑到入门的难度和后端 API 开发的不易理解，本书选择了 Node.js 及 Express 作为开发工具，熟练掌握 JavaScript 的编写方式和相关 npm 项目管理命令的使用，也能为读者学习 Vue.js 打下扎实的基础并培养良好的编码习惯。

本章不需要读者深度掌握后端 API 的开发或 Express 的使用，而只需要将本章作为 Vue.js 的一部分基础知识进行学习。要知道，单一的 View 层是做不了太多事情的。

5.8.2　练习

1. 请在自己的实践开发机上搭建相关的开发环境。
2. 请参照本书的开发部分内容进行后端开发，为 Vue.js 的学习做准备。
3. 请完成相关的代码编写，并使用 Postman 进行测试。
4. 请思考一些更好的实现手段和方法，将本章的代码进行优化，删除多余和重复的部分，以达到更好的效果。

第 6 章　Vue.js 项目开发技术解析

从本章开始，我们将正式进入 Vue.js 的项目开发。通过第 5 章的介绍，读者已经完成了后台逻辑开发的学习。而对于一个系统而言，其实还没有真正进入前台页面的开发。也就是说，本书最重要的 Vue.js 部分还没有实现。从本章开始，我们将从最简单的页面开始，逐步进入前台页面设计的学习。

6.1　Vue.js 实例

Vue.js 作为一个前端页面视图层的渐进式框架，其本身只关注于视图层，通过一个页面进行一个组件化的输出和显示。在一个 Vue.js 工程中，用于显示内容最基层的实例称之为根实例。通过该实例可以进行页面或组件的更新和显示。对于项目本身而言，无论是什么样的页面，都要基于该根实例进行显示。

6.1.1　何为构造器

对于 Vue.js 项目来说，每个应用的起步都需要使用 Vue.js 的构造函数创建一个根实例，如下：

```
//逻辑部分代码，建立 Vue 实例
var vm = new Vue({
 //选项
})
```

🔔注意：这里的 vm 其实是 ViewModel 的简称。虽然 Vue.js 并不是完全遵循 MVVM 模型，但是 Vue.js 的设计无疑受到了它的启发。

在实例化 Vue.js 时，需要传入一个选项对象，它包含数据、模板、挂载元素、方法和生命周期钩子等选项，全部的选项可以在 API 文档中查看。

对于已经创建的相关构造器，可以扩展为其他构造器，相当于对某一构造器的继承，从而达到可复用组件构造器的目的。演示代码如下：

```
var MyComponent = Vue.extend({
 // 扩展选项
```

```
})

// 所有的 `MyComponent` 实例都将以预定义的扩展选项被创建
var myComponentInstance = new MyComponent()
```

虽然可以用命令式创建扩展实例，但在多数情况下是将组件构造器注册为一个自定义元素，然后声明式地用在模板中。

6.1.2 实例的属性和方法

每个 Vue.js 实例在被创建之前都要经过一系列的初始化过程，而在初始化过程中加入一些 data 属性，即表示此示例的一些响应事件或数据属性等。例如，需要设置数据监听、编译模板和挂载实例到 DOM，在数据变化时更新 DOM，在这个过程中也会运行一些叫做生命周期钩子的函数，给予用户在一些特定的场景下执行其他代码的机会。具体的生命周期讲解见 6.1.3 节。

data 对象中既定的值发生改变时，视图会自动产生"响应"并及时匹配值，产生响应的效果。例如，可以初始化以下代码：

```
//我们的数据对象
var data = { a: 1 }
//该对象被加入到一个Vue.js实例中
var vm = new Vue({
  data: data
})
//它们引用相同的对象！
vm.a === data.a // => true
//设置属性也会影响到原始数据
vm.a = 2
data.a // => 2
// ... 反之亦然
data.a = 3
vm.a // => 3
```

当这些数据改变时，视图会重新渲染。

注意： 只有当实例被创建时，data 中存在的属性才是响应式的。也就是说，如果添加一个新的属性，例如：

vm.b = 'hi'

那么对 b 的改动将不会触发任何视图的更新。如果开发者以后需要一个属性，但是一开始它为空或不存在，那么仅需要设置一些初始值即可。

除了 data 属性，Vue.js 实例暴露了一些有用的实例属性和方法。它们都有前缀$，以便与用户定义的属性区分开。例如：

```
// 定义相关的变量
var data = { a: 1 }
```

```
// 逻辑部分代码，建立 Vue 实例
var vm = new Vue({
  el: '#example',
  data: data
})
vm.$data === data // => true
vm.$el === document.getElementById('example') // => true
// $watch 是一个实例方法
vm.$watch('a', function (newValue, oldValue) {
  // 这个回调将在`vm.a`改变后调用
})
```

6.1.3　生命周期

当出现数据监听、编译模板、挂载实例到 DOM 和在数据变化时更新 DOM 等操作时，会在此时允许插入开发者添加的特定代码。比如以下代码，created 钩子事件可以用来在一个实例被创建之后执行代码段。

```
// 逻辑部分代码，建立 Vue 实例
new Vue({
  data: {
    a: 1
  },
// 相关的方法定义
  created: function () {
    // `this`指向 vm 实例
    console.log('a is: ' + this.a)
  }
})
// => "a is: 1"
```

为什么叫做钩子呢？主要是对于某个实例事件发生后需要响应已经预设好的代码，即某一个钩子钩住了一个实例的状态或者事件。

也有一些其他的钩子，在实例生命周期的不同场景下调用，如 mounted、updated 和 destroyed。钩子的 this 指向调用它的 Vue.js 实例。

注意：不要在选项属性或回调上使用箭头函数，比如 created: () => console.log(this.a) 或 vm.$watch('a', newValue=>this.myMethod())。因为箭头函数是和父级上下文绑定在一起的，this 不是我们所预期的 Vue 实例，经常会导致发生 Uncaught TypeError： Cannot read property of undefined 或 Uncaught TypeError： this.myMethod is not a function 之类的错误。

正如人类有生命周期一样，一个程序本身和程序中的每一个实例和组件都存在生命周期。

一个人的生命周期都是由出生开始，到死亡结束，从出生到死亡的几十年（或者更长）

的时间里，将会发生很多大事件，这些事件将会影响一些人或整个世界。相对于一个程序或 Vue.js 中的一个实例来说；其生命周期开始于创建，当新建（new）出一个实例时，证明其生命周期的开始；而当销毁（destroy）一个实例之后，证明其生命周期的完结。

　　当然在实例的创建和销毁期间，可能会产生一些其他事件，令此实例到达某个状态，而这个状态下执行的事件调用，我们称为钩子事件。

　　如图 6-1 所示为 Vue.js 完整实例的生命周期示意图。

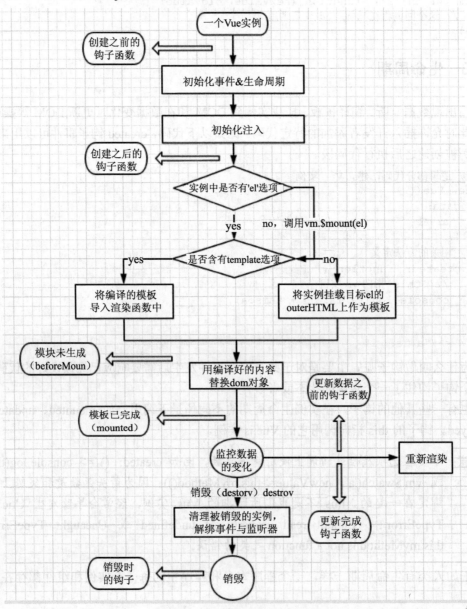

图 6-1　Vue.js 实例生命周期

6.2 Vue.js 路由

在之前的章节已经学习过路由，Vue.js 也提供了相关的路由插件，通过对不同路由路径的定义，可以将 Vue.js 中可供访问的路径标明，并且方便管理和调试。在工程中，一般采用一个路径对应一个功能的形式来定义页面。本书中，一个路由路径对应一个*.vue 文件。访问该路径，即相当于显示*.vue 文件。

6.2.1 RESTful 模式的路由

RESTful 作为一种软件架构风格，是设计风格而不是标准，只是提供了一组设计原则和约束条件，它主要用于客户端和服务器交互的软件。基于这个风格设计的软件可以更简洁、更有层次、更易于实现缓存等机制。

在 REST 样式的 Web 服务中，每个资源都有一个地址。资源本身都是方法调用的目标，方法列表对所有资源都是一样的。这些方法都是标准方法，包括 HTTP GET、POST、PUT、DELETE，还可能包括 HEADER 和 OPTIONS 方法。

第 5 章中的 Express 开发即采用了 RESTful 模式的 API 模式，而在 Vue.js 中，也使用相关的路由进行控制。

6.2.2 安装 vue-router

vue-router 提供了 Vue.js 的路由控制和管理，也是官方提供的路由控制组件，通过 vue-router 可以非常方便地进行路由控制。

用 Vue.js+vue-router 的形式创建单页应用是非常简单的。使用 Vue.js，可以通过组合组件来构建应用程序，当开发者将 vue-router 添加进来后，需要做的就是将组件（components）映射到路由（routes），然后告诉 vue-router 在哪里渲染它们。

vue-router 的安装方法有以下两种方式。

1. 直接引入CDN的方式

使用 CDN 进行安装，可以使用 BootCDN 提供的 CDN 服务。打开网址 http：//www.bootcdn.cn/vue-router/，页面如图 6-2 所示。

然后使用<script></script>进行引入：

```
<script src="https://cdn.bootcss.com/vue-router/2.7.0/vue-router.js"></script>
```

或者下载后放置在项目文件夹中，使用如下代码引入：

```
<script src="/path/to/vue.js"></script>
```

```
<script src="/path/to/vue-router.js"></script>
```

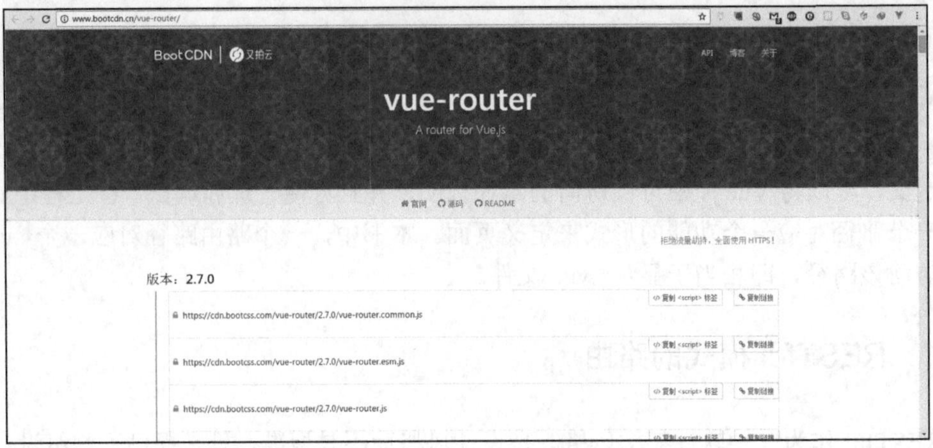

图 6-2　vue-router 页面

2. 使用Shell（npm）安装方式

安装命令如下：

```
npm install vue-router
```

如果需要在一个模块化工程中使用 vue-router，必须通过 Vue.use()明确安装路由功能：

```
// 引入相关的代码包
import Vue from 'vue'
import VueRouter from 'vue-router'
// 使用引入的包
Vue.use(VueRouter)
```

6.3　Vue.js 路由配置 vue-router

本节介绍 vue-router 的一些基本概念和基础内容，几乎都是理论式的内容。读者可以大致浏览后直接编写代码，当编写过程中出现一些问题时，再有针对性地进行学习。

通过动态路由的配置，可以有效地开发和管理相关的路由路径，这是工程化项目中非常必要的一个环节。

6.3.1　动态路由匹配

动态路由的匹配，经常需要把某种模式匹配到的所有路由全都映射到同一个组件上。例如，现在有一个 User 组件，所有 ID 不相同的用户都要使用这个组件来渲染。那么可以在 vue-router 的路由路径中使用"动态路径参数"（dynamic segment）来达到效果。

【**示例 6-1**】动态路由的匹配。

🔔**注意**：本节会用一个实例来验证所有的路由配置，即整个第 6 章的示例会在同一个工程中，具体参见代码"第 6 章实例"项目。首先需要在该项目中新建 Vue.js 的环境，限于篇幅，这里不再赘述。

（1）使用 npm 命令启动实例，首先确定一个公用的页面，这里命名为 User.vue，将该页面放在项目的 src/components 文件夹中。其完整的代码如下：

```
<template>
<!--HTML 页面代码部分-->
  <div>用户页面</div>
</template>
```

（2）编写 src/router/index.js，设定一条新的路由，完整的代码如下：

```
//引入相关的代码包
import Vue from 'vue'
import Router from 'vue-router'
import HelloWorld from '@/components/HelloWorld'
import User from '@/components/User'
// 使用引入的包
Vue.use(Router)

export default new Router({
//定义路由
  routes: [
    {
      path: '/',
      name: 'HelloWorld',
      component: HelloWorld
    },
    {
      path: '/user/:id',
      component: User
    }
  ]
})
```

上述配置方式，使所有/user/****路由都会映射到相同的路由上，也就是说，会访问同一个页面，如图 6-3 所示。

（3）一个路径的定义参数使用冒号"："进行标记连接。当匹配到一个路由时，参数值会被设置到 this.$route.params，可以在每个组件内使用。比如，可以更新 User 的模板，输出当前用户的 ID。更改 User.vue 为下面的代码：

```
<template>
<!--HTML 页面代码部分-->
  <div>用户页面, Hello {{ $route.params.id }}</div>
</template>
```

图 6-3　路由访问

（4）再次刷新该页面，显示效果如图 6-4 所示。

图 6-4　显示访问的用户

开发者可以在一个路由中设置多个路径参数，对应的值都会设置到$route.params 中，当用户进行访问时，也会自动匹配相关的路径，如表 6-1 所示。

表 6-1　匹配路径

模　　式	匹配路径	$route.params
/user/：username	/user/evan	{ username：　'evan' }
/user/：username/post/：post_id	/user/evan/post/123	{ username：　'evan'，　post_id：　123 }

除了$route.params 之外，$route 对象还提供了其他有用的信息。例如，$route.query（如果 URL 中有查询参数）、$route.hash 等。

🔔**提醒**：当使用路由参数时，例如从/user/foo 导航到 user/bar，原来的组件实例会被复用。因为两个路由都渲染同一个组件，比起销毁再创建操作，复用操作则显得更加高效。不过，这也意味着组件的生命周期钩子不会再被调用。

复用组件时，如果想对路由参数的变化作出响应的话，可以简单地 watch（监测变化）$route 对象。

vue-router 使用 path-to-regexp 作为路径匹配引擎，所以支持很多高级的匹配模式。例如，可选的动态路径参数、匹配 0 个或多个、一个或多个，甚至是自定义的正则匹配。

🔔**注意**：关于匹配优先级问题，有时候同一个路径可以匹配多个路由，此时匹配的优先级是按照路由的定义顺序匹配的，即谁先定义的，谁的优先级就最高，后续的定义不会替代之前已经定义的地址。

6.3.2　嵌套路由

实际生活中的应用界面，通常由多层嵌套的组件组合而成。同样，URL 中各段动态路径也按某种结构对应嵌套的各层组件，即作为路由路径，首先会执行/user 中路由匹配的相关处理后再进行其他的路由匹配。路由嵌套规则如图 6-5 所示。

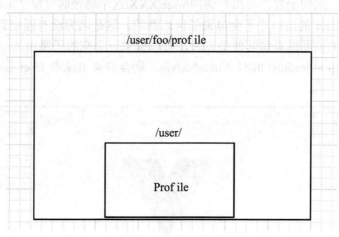

图 6-5　路由嵌套规则

【**示例 6-2**】借助 vue-router，使用嵌套路由配置可以很简单地表达相互包含和嵌套这种关系。再次使用本章的示例程序，只需要更改 router/index.js 即可。首先定义一个叫做 VIP 的常量，再更改 user/:id 路由下的内容。完整的代码如下：

```
const VIP = { template: '' }
// 定义路由
export default new Router({
```

```
routes: [
  {
    path: '/',
    name: 'HelloWorld',
    component: HelloWorld
  },
  {
    path: '/user/:id',
    component: User,
    children: [
      {
        path: 'vip',
        component: VIP
      }
    ]
  }
]
})
```

🔔注意：以 "/" 开头的嵌套路径会被当作根路径，这会让开发者充分地使用嵌套组件而无须设置嵌套的路径。

开发者会发现，children 配置就是类似于 routes 配置一样的路由配置数组，所以开发者可以自由地嵌套多层路由。

此时，基于上面的配置，当用户访问/user/XXX/这个路径时（除了/user/vip 路径的其他任意值）时，User 的出口是不会渲染任何东西的，这是因为没有匹配到合适的子路由。如果想要渲染新的页面或者做其他操作时，可以提供一个空的子路由。

访问网址 http://localhost:8081/#/user/xx/vip，则会渲染出原本 User 控件的内容，如图 6-6 所示。

图 6-6　渲染 User 控件

将最后的 vip 换成其他的任意路径，比如访问 http://localhost:8081/#/user/xx/vip1，都是不能成功渲染的，如图 6-7 所示。

图 6-7　页面不能成功渲染

6.3.3　编程式导航

在 vue-router 中提供了一个新的组件,实现对路由路径的导航功能,即<router-link>。<router-link>支持用户在具有路由功能的应用中(单击)导航。通过 to 属性指定目标地址,默认渲染成带有正确链接的<a>标签,可以通过配置 tag 属性生成其他的标签。另外,当目标路由成功激活时,链接元素自动设置一个表示激活的 CSS 类名。

那么相对 HTML 中的<a href="...">标签而言,<router-link>有什么优势呢?一般来说,其包含如下一些优势:

- 无论是 HTML 5 History 模式还是 Hash 模式,它的表现行为一致,所以如果要切换路由模式,或者在 IE 9 中降级使用 Hash 模式,则无须作任何变动。
- 在 HTML 5 History 模式下,router-link 会守卫单击事件,让浏览器不再重新加载页面。
- 在 HTML 5 History 模式下使用 base 选项之后,所有的 to 属性都不需要写(基路径)了。

除了使用<router-link>创建<a>标签来定义导航链接,开发者还可以借助 router 实例中的方法,通过编写代码来实现。

1. router.push()方法

router.push()方法完整的调用方式如下:

```
router.push(location, onComplete?, onAbort?)
```

注意:在 Vue.js 实例内部,可以通过$router 访问路由实例,因此可以调用 this.$router.push。

想要导航到不同的 URL,则使用 router.push()方法。这个方法会向 history 栈添加一个新的记录,所以当用户单击浏览器的"后退"按钮时,则会回到之前的 URL。

当用户单击<router-link>标签时,这个方法会在程序的内部自行调用并执行相关的操作，所以说，单击<router-link : to="..."> 等同于调用 router.push(...)。

router.push()方法的参数可以是一个字符串路径或一个描述地址的对象，其完整的代码示例如下：

```
//字符串
router.push('home')

//对象
router.push({ path: 'home' })

// 命名的路由
router.push({ name: 'user', params: { userId: 123 }})

// 带查询参数，变成 /register?plan=private
router.push({ path: 'register', query: { plan: 'private' }})
//这里的 params 不生效
router.push({ path: '/user',params: { userId }})// -> /user
```

🔔注意：如果提供了 path 参数，则通过 params 传递的参数会被忽略，即上方例子中第 5 种路由的调用中提供了 path 参数，但是之后又提供了 params 参数，那么其 params 参数无效。但是在上述例子中第 4 种带查询参数的路由中使用了 query 参数，则不会被忽略。即如果想要在一个路由路径中增加参数时，则需要使用下面例子的写法，需要提供路由 name 或手写完整的带有参数的 path。

```
const userId = 123
router.push({ name: 'user', params: { userId }}) // -> /user/123
router.push({ path: `/user/${userId}` }) // -> /user/123
```

同样的规则也适用于 router-link 组件的 to 属性。

🔔注意：如果目的地和当前路由相同，只有参数发生了改变（如从一个用户资料到另一个 /users/1->/users/2），需要使用 beforeRouteUpdate 来响应这个变化（如抓取用户信息）。

2. router.replace()方法

router.replace()方法完整的调用方式如下：

```
router.replace(location, onComplete?, onAbort?)
```

router.replace()方法跟 router.push 很像，唯一的不同就是，它不会向 history 添加新记录，而是自动替换掉当前的 history 记录。

完整的声明式代码如下：

```
<router-link : to="..." replace>    router.replace(...)
```

即在直接跳转的标签中增加一个 replace 参数。

3．router.go()方法

完整的调用方式如下：

```
router.go(n)
```

router.go()方法的参数是一个整数，意思是在 history 记录中向前或者后退多少步，类似 window.history.go(n)。使用该方法的示例如下：

```
//在浏览器记录中前进一步，等同于 history.forward()
router.go(1)

//后退一步记录，等同于 history.back()
router.go(-1)

//前进 3 步记录
router.go(3)

//如果 history 记录不够用，会自动失效
router.go(-100)
router.go(100)
```

为了方便读者记忆和理解这几种方式，表 6-2 中总结了相关的声明式和编程式的对比，如表 6-2 所示。

表 6-2　对应功能和表达式

声　明　式	编　程　式	说　　明
<router-link ：to="...">	router.push(...)	导航跳转页面
<router-link ：to="..." replace>	router.replace(...)	替换当前页面
	router.go(n)	正向前进或者后退

6.3.4　命名路由

有时候，通过一个名称来标识一个路由显得更方便一些，特别是在链接一个路由，或者执行一些跳转时。可以在创建 router 实例时，在 router 配置中给某个路由设置名称，即其 name 的属性。

【示例 6-3】继续之前的实例项目，修改 user 的路由配置，在其中增加一个 name 属性。代码如下：

```
{
  path: '/user/:id',
  component: User,
  name: 'user',
  children: [
    {
      path: 'vip',
      component: VIP
```

```
      }
    ]
  }
```

　　上述代码中制定了一个名称为 user 的路由，其中包含了一个作为传递的 id 参数，并且使用的 component 为 User（需要之前引入已经写好的模块）。

　　如果要链接到一个命名路由，可以使用前面介绍的 router-link 给 to 属性传递一个对象，本例选择在主页默认生成的 HelloWorld.vue 文件中增加一个新的链接，代码如下：

```
<router-link :to="{ name: 'user', params: { id: 123 }}">User</router-link>
```

　　当然也可以直接使用 JavaScript 代码的 router.push()方法实现页面的跳转和相关的传递参数操作，代码如下：

```
router.push({ name: 'user', params: { id: 123 }})
```

　　以上两种方式都会把路由导航到/user/123 路径下。打开网址 http://localhost:8081/#/，单击主页上新编写的 User 链接，会自动跳转到 http://localhost:8081/#/user/123 页面，同时，页面显示如图 6-8 所示。

图 6-8　命名路由

6.3.5　命名视图

　　有时候一个工程需要同时（同级）展示多个视图，但是页面并不复杂或不需要重新编写新的页面进行嵌套时，可以使用视图的别名，通过组合不同名称的视图显示相关的页面。

　　【示例 6-4】创建一个布局，有 sidebar（侧导航）和 main（主内容）两个视图，这个时候命名视图就派上用场了。可以在界面中拥有多个单独命名的视图，而不是只有一个单独的出口。如果 router-view 没有设置名字，那么默认为 default。

　　完整的调用方式如下，其中 a、b 为相关的组件，而第一个未指定名称的组件为默认 default 组件：

```
<router-view class="view one"></router-view>
<router-view class="view two" name="a"></router-view>
<router-view class="view three" name="b"></router-view>
```

一个视图使用一个组件渲染，因此对于同一个路由，多个视图就需要多个组件，确保正确使用 components（带上 s）配置。

```
const router = new VueRouter({
//定义路由
  routes: [
    {
      path: '/',
      components: {
        default: Foo,
        a: Bar,
        b: Baz
      }
    }
  ]
})
```

可以在示例程序中进行测试，首先修改入口的 App.vue 文件，增加其他两个<router-view/>：

```
<!--HTML 页面代码部分-->
<template>
  <div id="app">
    <img src="./assets/logo.png">
    <router-view/>
    <router-view name="a"/>
    <router-view name="b"/>
  </div>
</template>
```

接着，需要在 router/index.js 中新增一个测试路由，并且需要编写 3 个相关的常量作为页面的显示。代码如下：

```
// 定义视图命名路由
const viewNamed = { template: '<div>默认视图</div>' }
const viewNamedA = { template: '<div>视图 A</div>' }
const viewNamedB = { template: '<div>视图 B</div>' }
```

接着编写路由，将 A 组件赋予 a 显示，B 组件赋予 b 显示，完整代码如下：

```
{
  path: '/viewNamed',
  components: {
    default: viewNamed,
    a: viewNamedA,
    b: viewNamedB
  }
}
```

然后刷新页面，访问测试的路由地址 http://localhost:8081/#/viewNamed，其效果如图 6-9 所示，成功显示 3 个路由的内容。

为什么需要多个视图的模式呢？主要是为了应对可能使用命名视图创建嵌套视图复杂布局的情况，在多复用和合理设计的情况下，可以极大地减少重复代码量。

图 6-9　显示 3 个视图

6.3.6　重定向和别名

重定向（Redirect）就是通过各种方法将网络请求重新定个方向转到其他位置，简单来说就是，当用户访问一个相关的路由地址时，将其访问的地址自动跳转至其他指定地址。

【示例 6-5】Vue.js 重定向也是通过 routes 配置来完成，本例是从/a 重定向到/b。

```
//定义路由
const router = new VueRouter({
  routes: [
    { path: '/a', redirect: '/b' }
  ]
})
```

当然，重定向的目标也可以是一个命名路由，其完整的代码如下，其中传入了一个名为 name、值为 foo 的参数，会重新定向至指定的命名路由中。

```
// 定义路由
const router = new VueRouter({
  routes: [
    { path: '/a', redirect: { name: 'foo' }}
  ]
})
```

当然对于重定向方法，也可以直接通过一个方法和相关的判定，动态返回重定向目标，使用户跳转至不同的目标。

```
//定义路由
const router = new VueRouter({
  routes: [
    { path: '/a', redirect: to => {
      //方法接收 目标路由 作为参数
      //return 重定向的 字符串路径/路径对象
```

```
    }}
  ]
})
```

同样，Vue.js 提供了别名访问，通过别名访问的方式访问的路由路径将会自动使用用户访问的路由，但是现实的内容却会使用代码指定的路由路径。

注意：别名和重定向的差别在于，重定向相当于对用户路径进行了相关跳转，将会在用户的地址栏中显示重定向后的页面地址，而别名相当于用户访问的页面地址的路径，即该页面本身，而不产生跳转操作。

例如，/a 的别名是/b，意味着当用户访问/b 时，URL 会保持为/b，但是路由匹配则为/a，就像用户访问/a 一样。

以下代码为上述对应的路由配置：

```
//定义路由
const router = new VueRouter({
routes: [
    { path: '/a', component: A, alias: '/b' }
  ]
})
```

别名的功能让开发者可以自由地将 UI 结构映射到任意的 URL 上，而不是受限于配置的嵌套路由结构。

6.3.7　路由组件传递参数

如果对于一个组件/a，用户在组件/a 存在的页面上进行一些操作之后，会跳转其他页面或者需要在/a 组件使用其他组件（比如使用/b 组件）的时候，需要传递一些参数和内容，或者在页面中显示这些参数，那么应该如何进行参数的传递呢？

可以使用$route.params.id 的方式进行参数的传递，这种用法非常方便、简单。但是在组件中使用$route 会使之与其对应路由形成高度耦合，从而使组件只能在某些特定的 URL 上使用，限制了其灵活性。

例如示例 6-6，在 User 路由中显示参数 ID 传递的代码，这里为$route 耦合的状态。

对于在路由中传递参数的方式，是可以完成此功能的，但是却对路由地址和名称进行了限制，并不能非常方便地在各处复用，所以这里使用 props 将组件和路由解耦，下面的代码即解耦后并调用包含此组件的实例。

【示例 6-6】新建一个 UserProps 路由用于路由解耦，可以在 router/index.js 文件中新增一个路由定义，用于测试该路由传参的方式。

（1）建立一个名为 UserProps.vue 的页面，页面代码如下，使用包含命名视图的路由，必须分别为每个命名视图添加`props`选项。

```
<!--HTML 页面代码部分-->
```

```
<template>
  <div>用户路由解耦页面，Hello {{ id }}</div>
</template>
<script>
// 逻辑部分代码
export default {
  // props 传递数据
  props: ['id']
}
</script>
```

（2）在 index.js 中新增其访问的路由和 props 传递参数的方式，代码如下：

```
// 路由解耦
{
  path: '/UserProps/:id',
  component: UserProps,
  props: true
}
```

（3）这样，当用户访问 http://localhost:8081/#/UserProps/111 时，可以显示出正确的传递参数值，如图 6-10 所示。

图 6-10　页面解耦

注意：原来使用 $route.params.id 的方式依旧是可用的。

这样开发者便可以在任何地方使用该组件，使该组件更易于重用和测试。

6.3.8　HTML 5 History 模式

vue-router 默认使用 Hash 模式——使用 URL 的 Hash 来模拟一个完整的 URL，于是当 URL 改变时，页面不会重新加载。

当然如果不想要很长且无固定含义的 Hash，也可以用路由的 History 模式，这种模式充分利用 history.pushState 的 API 来完成 URL 跳转，而无须重新加载页面。代码如下：

```
const router = new VueRouter({
  mode: 'history',
  routes: [...]
})
```

当开发者使用 History 模式时，URL 就像正常的 URL 一样，例如 http：//yoursite.com/user/id，这种方式更符合用户的习惯。

但是这种模式对于项目的真实生产环境还需要后台配置支持。因为 Vue.js 的应用是个单页客户端应用，如果后台没有正确配置，当用户在浏览器直接访问 http：//oursite.com/user/id 时，就会返回无法找到相关页面的 404 错误提示。

所以，需要在服务器端增加一个覆盖所有情况的候选资源：如果 URL 匹配不到任何静态资源，则应该返回同一个 index.html 页面，这个页面就是 APP 依赖的页面。

6.4　数据获取

数据获取是网站中非常重要的环节，对一个网站或一个系统而言，最重要的部分就是存放在数据库中的数据。也就是说，用户和系统之间传递的数据非常重要。本节介绍 Vue.js 中数据的获取方式和处理方式。

6.4.1　导航守卫

正如其名，vue-router 提供的导航守卫主要通过跳转或取消的方式守卫导航。可以有多种机会植入导航守卫，它们会在不同的情况下生效。例如，全局性的、单个路由中使用的，或者一个组件中使用的。

💭 说明：守卫的意思可能读者不易理解，其实也可以理解为"钩子"，即像鱼钩一样放置在执行某个方法时（执行之前、执行中、执行完成等状态），等待用户请求"上钩"（执行）的操作。因为官方的翻译为"守卫"，所以本书沿用官方内容，即守卫。

参数或查询的改变并不会触发进入/离开的导航守卫。开发者可以通过观察$route 对象来应对这些变化，或使用 beforeRouteUpdate 这个组件在导航路径发生变化时执行需要执行的操作。

💭 注意：这里导航的意义是改变用户访问的 URL 地址，读者务必需要注意的是页面参数的变化并不能触发"导航"操作。

1．全局守卫

开发者可以使用 router.beforeEach 注册一个全局前置守卫，即在所有的 router 访问时都会执行的操作。

```
const router = new VueRouter({ ... })

router.beforeEach((to, from, next) => {
    ......
})
```

当一个导航被触发时，全局前置守卫按照创建顺序进行调用。守卫是异步解析执行，此时导航在所有守卫释放完之前一直处于等待中。

每个守卫方法接收 3 个参数，说明如下。

- to:Route：即将要进入的目标路由对象。
- from:Route：当前导航正要离开的路由。
- next:Function：一定要调用该方法来释放这个守卫。执行效果依赖 next()方法的调用参数。

关于 next 参数有以下几种形式。

- next()：进行管道中的下一个守卫。如果全部守卫中的内容执行完了，则导航的状态就是 confirmed（确认的）。
- next(false)：中断当前的导航。如果浏览器的 URL 改变了（可能是用户手动更改或者单击了浏览器后退按钮），那么 URL 地址会重置到 from 路由对应的地址。
- next('/')或者 next({path：'/'})：跳转到一个不同的地址。当前的导航被中断，然后进行一个新的导航。
- next(error)：如果传入的 next 参数是一个 Error 实例，则导航会被终止且该错误会被传递给 router.onError()注册过的回调。

```
router.beforeEach((to, from, next) => {
    ......
    next();                          //需要交由其他的方法执行则必须写这行！
})
```

🔔注意：确保要调用 next()方法，否则钩子就不会被释放。

2．全局解析守卫

在 Vue.js 2.5.0 以上的版本中，可以用 router.beforeResolve 注册一个全局守卫。这与 router.beforeEach 类似，不同的是在导航被确认之前，同时当所有组件内的守卫和异步路由组件被解析之后，解析守卫就被调用。

3．全局后置钩子

也可以注册全局后置钩子，和守卫不同的是，这些钩子不会接受 next()方法，也不会
改变导航本身：

```
router.afterEach((to, from) => {
    ......
})
```

4．路由独享的守卫

可以在路由配置上直接定义 beforeEnter 守卫：

```
//定义路由
const router = new VueRouter({
  routes: [
    {
      path: '/foo',
      component: Foo,
      beforeEnter: (to, from, next) => {
        ......
      }
    }
  ]
})
```

这些守卫与全局前置守卫的方法参数是一样的。

5．组件内的守卫

最后，开发者也可以在路由组件内直接定义以下路由导航守卫：

- beforeRouteEnter；
- beforeRouteUpdate；
- beforeRouteLeave。

完整的说明参见表 6-3 所示。

下面是一个例子：

```
const Foo = {
  template: `...`,
  beforeRouteEnter (to, from, next) {
    ......
  },
  beforeRouteUpdate (to, from, next) {
    ......
  },
  beforeRouteLeave (to, from, next) {
    ......
  }
}
```

表 6-3　导航守卫

导航守卫	说　　明
beforeRouteEnter	在渲染该组件的对应路由被确认前调用 不能获取组件实例`this` 因为当守卫执行前，组件实例还没被创建
beforeRouteUpdate	在当前路由改变，但是该组件被复用时调用 举例来说，对于一个带有动态参数的路径/foo/：id，在/foo/1和/foo/2之间跳转时， 由于会渲染同样的Foo组件，因此组件实例会被复用，而这个钩子就会在这个情况下被调用 可以访问组件实例`this`
beforeRouteLeave	导航离开该组件的对应路由时调用 可以访问组件实例`this`

注意：beforeRouteEnter 守卫不能访问 this，因为守卫在导航确认前被调用，因此即将登场的新组件还没被创建，但是可以通过传一个回调给 next 来访问组件实例。在导航被确认时执行回调，并且把组件实例作为回调方法的参数。

```
beforeRouteEnter (to, from, next) {
  next(vm => {
    // 通过 `vm` 访问组件实例
  })
}
```

可以在 beforeRouteLeave 中直接访问 this，这个离开守卫通常用来禁止用户在还未保存修改前突然离开。可以通过 next(false)来取消导航。

完整的导航解析流程（从上至下的执行顺序）如下：

（1）导航被触发。

（2）在失活的组件里调用离开守卫。

（3）调用全局的 beforeEach 守卫。

（4）在重用的组件里调用 beforeRouteUpdate 守卫。

（5）在路由配置里调用 beforeEnter。

（6）解析异步路由组件。

（7）在被激活的组件里调用 beforeRouteEnter。

（8）调用全局的 beforeResolve 守卫。

（9）导航被确认。

（10）调用全局的 afterEach 守卫。

（11）触发 DOM 更新。

（12）用创建好的实例调用 beforeRouteEnter 守卫中传给 next 的回调函数。

6.4.2　数据获取

有时进入某个路由后，需要从服务器获取数据。例如，在渲染用户信息时，需要从服务器获取用户的数据。开发者可以通过两种方式来实现。

- 导航完成之后获取：先完成导航，然后在接下来的组件生命周期钩子中获取数据。在数据获取期间显示"加载中"之类的指示。
- 导航完成之前获取：导航完成前，在路由进入的守卫中获取数据，在数据获取成功后执行导航。

【示例 6-7】数据获取举例。

1. 导航完成后获取数据

当使用这种方式时，程序本身会马上导航和渲染组件，然后在组件的 created 钩子中获取数据。这让开发者有机会在数据获取期间展示一个 loading 状态，还可以在不同视图间展示不同的 loading 状态。

假设有一个 Post 组件，需要基于$route.params.id 获取文章数据：

```html
<!--HTML 页面代码部分-->
<template>
  <div class="post">
<!-- 效果显示部分 -->
    <div class="loading" v-if="loading">
      Loading...
    </div>

    <div v-if="error" class="error">
      {{ error }}
    </div>

    <div v-if="post" class="content">
      <h2>{{ post.title }}</h2>
      <p>{{ post.body }}</p>
    </div>
  </div>
</template>
//逻辑部分代码
export default {
//定义相关的变量
  data () {
    return {
      loading: false,
      post: null,
      error: null
    }
```

```
    },
//相关的方法定义
  created () {
    //组件创建完后获取数据
    //此时数据本身已经被监控了
    this.fetchData()
  },
  watch: {
    //如果路由有变化，会再次执行该方法
    '$route': 'fetchData'
  },
//相关的方法定义
  methods: {
    fetchData () {
      this.error = this.post = null
      this.loading = true
      //这里可以将 getPost()方法替换为其他的方法
      getPost(this.$route.params.id,(err, post) => {
        this.loading = false
        if (err) {
          this.error = err.toString()
        } else {
          this.post = post
        }
      })
    }
  }
}
```

2. 在导航完成前获取数据

通过这种方式，开发者在导航转入新的路由前获取数据。可以在接下来的组件的
beforeRouteEnter 守卫中获取数据，当数据获取成功后只调用 next()方法。

```
//逻辑部分代码
export default {
//定义相关的变量
  data () {
    return {
      post: null,
      error: null
    }
  },
  beforeRouteEnter (to, from, next) {
    getPost(to.params.id,(err, post) => {
      next(vm => vm.setData(err, post))
    })
  },
  //路由改变前，组件就已经渲染完了
```

```
//逻辑稍稍不同
beforeRouteUpdate (to,from,next) {
  this.post = null
  getPost(to.params.id,(err,post) => {
    this.setData(err,post)
    next()
  })
},
methods: {
//相关的方法定义
  setData (err,post) {
    if (err) {
      this.error = err.toString()
    } else {
      this.post = post
    }
  }
}
}
```

> 注意：在为后面的视图获取数据时，会停留在当前的界面上，因此建议在数据获取量
> 大时，显示一个进度条或者指示。如果数据获取失败，还要展示一些全局错误
> 提醒。

6.5　电影网站项目路由设计

　　本书前面曾多次提到路由，本节正式开始对 Vue.js 工程中的路由进行相应的编写和
设计。

　　本节将会从零开始展示一个包含着多种功能的电影网站项目是如何搭建、设计，以及
编写且成功运行的。本例是一个简单的电影资源发布网站，包含用户的操作、新闻的发布
展示等功能。下面，就正式开始编写项目吧。

6.5.1　新建 Vue.js 项目

【示例 6-8】建立电影网站项目。

（1）需要在项目中使用 Vue.js 命令行工具创建新项目。使用以下命令进行 Vue.js 项目
的初始化和安装。

```
vue init webpack book_view
```

（2）安装效果如图 6-11 所示，在此处项目会提示是否自动安装 vue-router 组件，这里
需要输入 y 后按回车键进行安装。

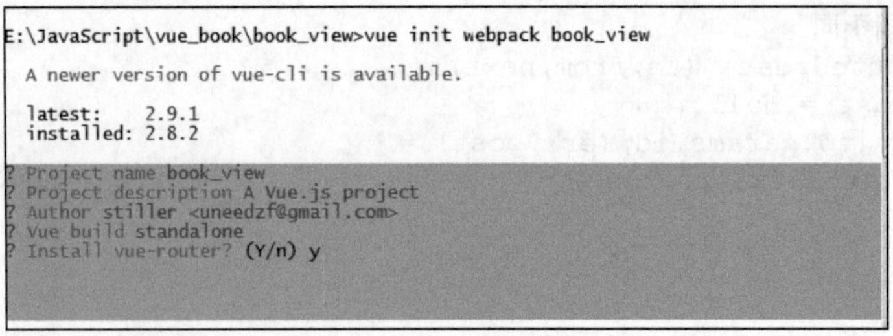

E:\JavaScript\vue_book\book_view>vue init webpack book_view
A newer version of vue-cli is available.
latest: 2.9.1
installed: 2.8.2
? Project name book_view
? Project description A Vue.js project
? Author stiller <uneedzf@gmail.com>
? Vue build standalone
? Install vue-router? (Y/n) y

图 6-11 安装效果

（3）其他安装的包可以默认选择，完整的安装效果如图 6-12 所示。

管理员: C:\Windows\system32\cmd.exe
E:\JavaScript\vue_book\book_view>vue init webpack book_view
A newer version of vue-cli is available.
latest: 2.9.1
installed: 2.8.2
? Project name book_view
? Project description A Vue.js project
? Author stiller <uneedzf@gmail.com>
? Vue build standalone
? Install vue-router? Yes
? Use ESLint to lint your code? Yes
? Pick an ESLint preset Standard
? Setup unit tests with Karma + Mocha? Yes
? Setup e2e tests with Nightwatch? Yes
Generated "book_view".
To get started:
cd book_view
npm install
npm run dev
Documentation can be found at https://vuejs-templates.github.io/webpack
E:\JavaScript\vue_book\book_view>

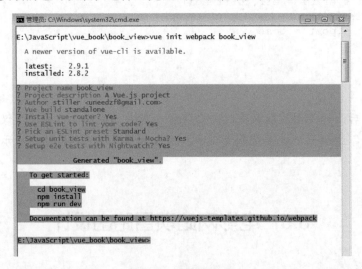

图 6-12 安装其他包

（4）进入该项目文件夹中，先使用 npm install 命令进行安装，然后尝试使用 npm run dev 命令运行程序，成功运行的效果如图 6-13 所示。

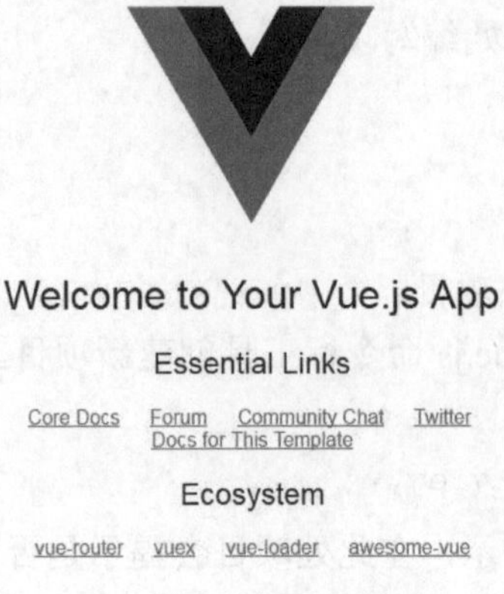

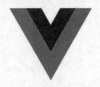

Welcome to Your Vue.js App
Essential Links
Core Docs
Forum
Community Chat
Twitter
Docs for This Template
Ecosystem
vue-router
vuex
vue-loader
awesome-vue

图 6-13 启动成功

（5）因为此项目会极大地依赖后端的数据服务器，所以需要一些相关的请求包，安装 Vue.js 网络请求模块 vue-resource。

```
npm install vue-resource -save
```

🔔**注意**：如果因为网络等原因无法正常安装，请使用 cnpm 进行安装。

（6）安装后需要在 routes\index.js 中引入并注册该组件，代码如下：

```
import VueResource from 'vue-resource'
Vue.use(VueResource)
```

这里需要注意，由于本项目的后台数据来源是第 5 章 Express 编写的服务端程序，所以对于所有的 Vue.js 发起的请求需要支持跨域。

什么叫做跨域呢？通常情况下是指两个不在同一域名下的页面无法进行正常通信，或者无法获取其他域名下的数据。主要原因是浏览器出于安全问题考虑，采用了同源策略，通过浏览器对 JavaScript 的限制，防止用户恶意获取非法数据。如果直接请求不支持跨域的服务，错误提示如图 6-14 所示。

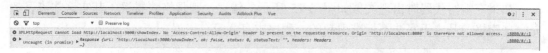

图 6-14　控制台错误

但此时必须进行跨域请求，Vue.js 和 Express 提供了两种可以支持跨域的方式。

（1）首先是 Vue.js 的方式，对于不支持跨域的服务器端的请求，客户端并不能配置影响到服务器端的代码。如果需要完成该功能，可以使用 vue-resource 的 jsonp()方法，具体的请求代码如下：

```
this.$http.jsonp('/someUrl', [data], [options]).then(successCallback,
errorCallback);
```

🔔**注意**：jsonp()不能发送 post 请求，不管是否跨域，只要用 jsonp()方式则该请求一定是 get 方式的，因为本质是 script 方式加载的。

使用 jsonp()这种方式非常麻烦，由于本书的服务端也可以直接更改，所以这里不使用此方法进行配置，只是告知读者可以使用此方式发送请求。

（2）另一种方式需要更改 Express 编写的服务器端代码，在 app.js 中进行全路由的配置，具体的跨域代码如下：

```
app.all('*',function (req, res, next) {
    res.header('Access-Control-Allow-Origin', '*');
    res.header('Access-Control-Allow-Headers', 'Content-Type, Content-Length,
    Authorization, Accept, X-Requested-With , yourHeaderFeild');
    res.header('Access-Control-Allow-Methods', 'PUT, POST, GET, DELETE,
    OPTIONS');
```

```
    if (req.method == 'OPTIONS') {
        res.send(200);                              //请求快速返回
    }
    else {
        next();
    }
});
```

注意：此代码需要在所有的路由路径配置之前执行，否则代码之前定义的路由不接受此
跨域的头部配置。如果开发者不需要所有的路由都支持跨域，也可以选择在单个
路由中配置相关的头信息。

6.5.2　前台路由页面编写

本节将编写项目的前台路由 Router，通过编写相应的 component，引入相关的 router
路由。

如果在编写代码时出现类似如图 6-15 所示的错误，则是格式错误。其实这些错误都
是一些空格，是由于写法不标准引起的，程序本身并没有错误。

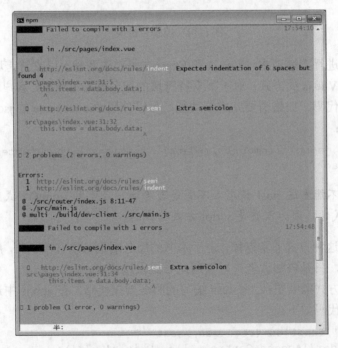

图 6-15　命令行错误

注释掉 webpack.base.conf.js 中的 rules，更新后的 module 代码如下，之后重新运行即
可以解决此类错误。

```
module: {
    rules: [
        {
            test: /\.vue$/,
            loader: 'vue-loader',
            options: vueLoaderConfig
        },
        {
            test: /\.js$/,
            loader: 'babel-loader',
            include: [resolve('src'), resolve('test')]
        },
        {
            test: /\.(png|jpe?g|gif|svg)(\?.*)?$/,
            loader: 'url-loader',
            options: {
                limit: 10000,
                name: utils.assetsPath('img/[name].[hash: 7].[ext]')
            }
        },
        {
            test: /\.(mp4|webm|ogg|mp3|wav|flac|aac)(\?.*)?$/,
            loader: 'url-loader',
            options: {
                limit: 10000,
                name: utils.assetsPath('media/[name].[hash: 7].[ext]')
            }
        },
        {
            test: /\.(woff2?|eot|ttf|otf)(\?.*)?$/,
            loader: 'url-loader',
            options: {
                limit: 10000,
                name: utils.assetsPath('fonts/[name].[hash: 7].[ext]')
            }
        }
    ]
}
```

　　本节首先尝试建立主页的路由。在 6.5.1 节中新建的项目中打开 router/index.js，在自动构建的项目中，它是整个项目的路由配置文件。要建立一个相关的路由，只需要在 const routes 常量中建立一个 JSON 类型的串就可以定义路由了。例如以下代码：

```
const routes = [
    {
        path: '/',
        component: resolve => require(['../pages/index'], resolve),
        meta: {
            title: 'home'
        }
```

```
  },
]
```

上述代码建立了一个简单的路由形式，而此页面为/pages/index 文件中定义的页面或组件。

本书中的代码，全部的页面（.vue 文件）会在"项目目录/src/pages"文件目录中，该文件夹需要开发者自己建立，而有复用意义的组件会在自动生成的"项目目录/src/components"中。

🔔注意：读者可以根据自己的习惯或者自己喜欢的方式建立文件夹，放置自己的代码。

如果建立了相关的页面内容，可以使用以下代码引入 Routers/index.js 文件：

```
import IndexPage from '../pages/index.vue'
```

如果使用这样的方式引入，在定义路由时可以使用以下代码进行路由的定义，能达到和上述代码一样的效果。

```
const routes = [
  {
    path: '/',
    component: resolve => require(IndexPage, resolve),
    meta: {
      title: 'home'
    }
  },
]
```

读者没有必要在此时配置所有的路由和相关文件，本书后面会带着读者逐一完成每一个相关路由的定义和页面的编写，此处的代码仅为查错和总结而用。

6.5.3　路由测试

保存代码后，可以在启动的控制台中看到自动重启后的完成提示，如图 6-16 所示，在浏览器中输入测试地址，查看相关的页面。

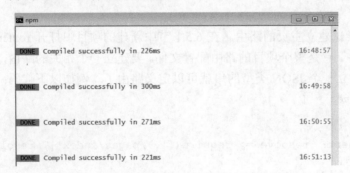

图 6-16　自动重启成功

在项目启动后，输入测试的地址 http：//localhost：8080/#/，即可以访问相关的页面，如果在 6.5.2 节中定义一个新的路由如下：

```
{
  path: '/movieList',
  component: MovieList
},
```

那么测试时的访问地址为 http：//localhost：8080/#/movieList，就可以访问已经定义的那个组件。

6.6　小结与练习

6.6.1　小结

本章主要介绍了 RESTful 模式、vue-router 的安装和使用，并且指导读者建立了 Vue.js 的完整项目。从第 7 章开始会对 Vue.js 模板进行介绍，本章的内容是第 7 章内容的基础。通过对本章的学习，读者可以对 Vue.js 的基础有了一定的了解。

6.6.2　练习

1．请自行完成 vue-router 的学习和相关内容的练习。
2．请建立一个新工程用于项目的开发。
3．请根据第 5 章服务器端的构建自行思考：如何设计路由，才能完成 View 端的项目开发？

第 7 章　模板学习

本章开始编写所有的页面和组件。首先是一些基本的模板介绍和分功能练习。希望读者学会对整个项目的静态页面进行简单的搭建和编写。本章会从主页开始，使用最基本的模板，结合一些简单的 CSS 和 JavaScript 代码对页面逻辑进行设计和编写。

7.1　Vue.js 模板

因为 Vue.js 是建立在视图层的技术，所以 Vue.js 中的模板系统是非常重要的功能之一。对于展现给用户的视图页面，需要提供最佳的用户体验和性能，而 Vue.js 提供了非常方便和适用的模板系统，使得它受到了广大开发者的追捧和欢迎。

本章就为大家介绍 Vue.js 的模板与其使用。

7.1.1　什么是模板

首先需要了解一下什么是模板系统。

任何一个用于 Web 编写或者面向使用者的应用必定有模板的存在。模板从根本上规定了一个系统应当以怎样的交互形式和 UI 风格面向使用者，而遵循这套模板进行设计和完善功能，也是软件开发的基本模式。

但是，如果对所有的页面都根据模板进行单一页面的编写，则几乎是不可能的。因为一个系统不应该只有几个静态页面，随着内容和用户的增加，其页面应该是无限多的。而为了解决这个问题，便出现了新的技术——模板引擎。通过不同的数据和内容，加上一个统一的模板（格式），就可以得到一个属于一个用户或者一个内容的定制页面，不但减少了大量的编码量，也极大地方便了将来可能对于样式的更新换代。

严格的模板引擎的定义是，输入模板字符串+数据，得到渲染过的字符串（页面）。实现上，从正则替换的方式到拼写字符串直接输入，再到 AST 解析，存在各种输出页面内容的方式，但从定义上来说都是差不多的。

如果读者学习过 JavaScript 或者其他 Web 开发语言，一定要尝试或在后端渲染出 HTML 页面内容，并返回至前端页面，通过这样的手段来进行用户页面的更新。但是用渲染出来的字符串整个替换 innerHTML 是一个效率很低的更新方式。这样的模板引擎在如今纯前端情境下已经不再是好的选择。

　　这是为什么呢？因为后端服务器的资源是有限的，并且对数据的处理是随着用户数量的增加而叠加的，用户的每一次操作，页面渲染都是在消耗服务器资源，少量的用户操作或许不会导致服务器卡顿，但是当出现成千上万甚至更多的用户时，可能仅是网络请求就会让服务器无响应甚至宕机（参照春运）。而如果将页面的渲染放在用户端（前端），用户只有一个，几十毫秒的渲染时间跟请求延迟比起来根本算不上瓶颈，所以既可以提高用户的体验，同时也减轻了服务器的压力。

　　Vue.js 为用户提供了这样的一套强大的模板系统，这也是为什么 Vue.js 等前端框架如此火爆的原因之一。

7.1.2　为什么使用模板

　　JavaScript 模板引擎作为数据与界面分离工作中最重要的一环，当开发者创建 Vue.js 的 JavaScript 应用时，必然会用到 Vue.js 的模板系统。

　　Vue.js 的模板系统不只是一个单纯的字符串模板系统，而且它还为使用者添加了更多的实用功能。

　　作为 MVVM 类型的框架，Vue.js 采用的是数据驱动视图绑定引擎，通过前后端的 bind 状态，已知后端的数据更新，前端相关的显示也会同时改动。

　　为什么要使用模板的原因有以下几点：
- 前端模板引擎要担负 XSS 的防范；
- 前端模板引擎要支持片段的复用；
- 前端模板引擎要支持数据输出时的处理；
- 前端模板引擎要支持动态数据；
- 前端模板引擎要与异步流程严密结合。

7.2　Vue.js 模板语法

　　Vue.js 使用了基于 HTML 的模板语法，允许开发者声明式地将 DOM 绑定至底层的 Vue.js 实例数据。

　　Vue.js 是一个允许开发者采用简洁的模板语法来声明式地将数据渲染进 DOM 的系统。

　　结合响应系统，在应用状态改变时，Vue.js 能够智能地计算出重新渲染组件的最小代价并应用到 DOM 操作上。

♤注意：如果开发者熟悉虚拟 DOM 并且偏爱 JavaScript 的原始力量，也可以不用模板，
　　　而直接编写渲染（render）函数，使用可选的 JSX（JavaScript 和 XML 结合的一
　　　种格式）语法。

7.2.1　文本输出

数据绑定最常见的形式就是使用 Mustache 语法（双大括号）的文本插值，如下：

```
<span>Message: {{ msg }}</span>
```

Mustache 标签将会被替代为对应数据对象上 msg 属性的值。无论何时，绑定的数据
对象上 msg 属性发生了改变，插值处的内容都会更新。

通过使用 v-once 指令，开发者也能进行一次性地插值，当数据改变时，插值处的内容
不会更新。但请注意，这会影响到该节点上所有的数据绑定，例如：

```
<span v-once>这个将不会改变：{{ msg }}</span>
```

【示例 7-1】以一个例子来说明，需要在项目代码中新建一个 Vue.js 工程，使用命令
行工具即可。

♤说明：建立并成功启动工程的方法在前面章节中均有讲解，这里直接编写页面。

（1）在 src/components 文件夹中建立新的页面文件 ShowText.vue，代码如下：

```
<!--HTML 页面代码部分-->
<template>
  <div>
<!-- 定义显示的节点 -->
    {{msg}}
  </div>
</template>
<script>
// 逻辑部分代码
export default {
  data () {
return {
// 定义相关的变量
    msg: 'helloWorld'
  }
 }
}
</script>
```

在此页面中，脚本的 data 值返回一个名为 msg 的字符串，其内容是 HelloWorld。

（2）更改 router/index.js 文件，为其增加一个访问路由，首先在 index.js 中引入页面，
代码如下：

```
import ShowText from '@/components/ShowText'
```

接着在 router 中定义该页面的路由，代码如下：

```
{
  path: '/ShowText',
  component: ShowText
}
```

（3）输入地址 http://localhost:8082/#/ShowText，访问成功后，显示出 HelloWorld 字样，效果如图 7-1 所示。

helloWorld

图 7-1　显示字符串

7.2.2　纯 HTML 输出

双大括号会将数据解释为普通文本，而非 HTML 代码。为了输出真正的 HTML 代码，开发者需要使用 v-html 指令：

```
<div v-html="rawHtml"></div>
```

这个 div 的内容将会被替换成为属性值 rawHtml，直接作为 HTML 会忽略解析属性值中的数据绑定。开发者不能使用 v-html 来复合局部模板，因为 Vue.js 不是基于字符串的模板引擎。反之，对于用户界面（UI），组件更适合作为可重用和可组合的基本单位。

🔖注意：开发者在站点上动态渲染的任意 HTML 可能会非常危险，因为它很容易导致 XSS
　　　　攻击。请只对可信内容使用 HTML 插值，绝不要对用户提供的内容使用插值。

【示例 7-2】可以编写一个示例来展示直接输出 HTML 和不直接输出 HTML 两种方法的对比。首先建立一个测试页面 ShowHTML.vue，设定一个变量为 msg，其本身是一段 HTML 代码。

完整的页面文件代码如下：

```
<!--HTML 页面代码部分-->
<template>
```

```
    <div>
      <label>直接输出的模式：</label>
      <div>{{msg}}</div>
      <label>解析后输出的模式：</label>
      <div v-html="msg"></div>
    </div>
</template>
<script>
// 逻辑部分代码
export default {
  data () {
return {
// 定义相关的变量
      msg: '<div style="font-size: 30px;color:red">helloWorld</div>'
    }
  }
}
</script>
```

在 router/index.js 中设置路由，添加的代码如下：

```
// HTML 显示
{
  path: '/ShowHTML',
  component: ShowHTML
}
```

保存成功后，访问页面 http://localhost:8081/#/ShowHTML 时就可以看到，使用 v-html 的标签输出的内容是 HTML 中需要显示的内容，并且成功显示出在 Style 中设置的样式；而对于直接输出 msg 的方式，则直接输出了 HTML 文字。页面如图 7-2 所示。

图 7-2　v-html 应用

7.2.3　JavaScript 表达式

目前为止，在 Vue.js 的模板中，一直都只绑定简单的属性键值。实际上对于所有的数据绑定，Vue.js 都提供了 JavaScript 表达式支持。

```
{{ number + 1 }}
{{ ok ? 'YES' : 'NO' }}
{{ message.split('').reverse().join('') }}
<div v-bind:id="'list-' + id"></div>
```

这个特性可以作为一种动画或者是控制显示，下面通过示例来说明。

【示例 7-3】将输入的两个数字进行相加操作并输出结果，制作一个简单的加和器。

在 components 文件夹中建立新的页面文件 JSExpressionTest.vue，代码如下：

```
<!--HTML 页面代码部分-->
<template>
  <div>
    <label>数字 1：</label>
    <input v-model="int1"/>
    <br/>
    <br/>
    <label>数字 2：</label>
    <input v-model="int2"/>
    <br/>
    <label> 展示 JavaScript 表达式，您输入的数字加和为</label>
    {{parseInt(int1)+parseInt(int2)}}
  </div>
</template>
<script>
// 逻辑部分代码
export default {
  data () {
    return {
      int1: 0,
      int2: 0
    }
  }
}
</script>
```

此代码设置了两个变量显示，并且双向绑定在了两个输入框中，通过更改两个输入框中的数字，会直接改变这两个变量的值。相加的操作并不是在 JavaScript 的代码中进行，而是直接使用了一个 JavaScript 表达式。

在 router/index.js 文件中设置该页面的路由，添加的代码如下：

```
// JavaScript 表达式
{
  path: '/JSExpression',
  component: JSExpression
}
```

进入 http://localhost:8081/#/JSExpression 页面，显示效果如图 7-3 所示，输入相应的数字会自动相加并且更新显示值。

数字1：2

数字2：8

展示JavaScript表达式，您输入的数字加和为 10

图 7-3　JavaScript 表达式

这些表达式会在所属 Vue.js 实例的数据作用域下作为 JavaScript 被解析。但有个限制就是，每个绑定都只能包含单个表达式，所以下面的例子都不会生效。

```
<!-- 这是语句，不是表达式 -->
{{ var a = 1 }}
<!-- 流控制也不会生效，请使用三元表达式 -->
{{ if (ok) { return message } }}
```

⚠注意：模板表达式都被放在沙盒中，只能访问全局变量中的一个白名单，如 Math 和 Date。开发者不应该在模板表达式中访问用户定义的全局变量。

7.2.4　指令参数

指令（Directives）是带有 v-前缀的特殊属性。指令属性的值预期是单个 JavaScript 表达式（v-for 是例外情况，稍后我们再讨论）。指令的职责是当表达式的值改变时，将其产生的连带影响，响应式地作用于 DOM。比如下面的例子：

```
<p v-if="seen">现在开发者看到我了</p>
```

这里，v-if 指令将根据表达式 seen 值的真假来插入/移除<p>元素。

有一些指令能够接收一个"参数"，在指令名称之后以冒号表示。例如，v-bind 指令可以用于响应式地更新 HTML 属性：

```
<a v-bind:href="url"></a>
```

在这里 href 是参数，告知 v-bind 指令将该元素的 href 属性与表达式 URL 的值进行绑定。

另一个例子是 v-on 指令，它用于监听 DOM 事件：

```
<a v-on:click="doSomething">
```

在这里参数是监听的事件名。在任何一个系统中都无法避免地会进行事件的监听。

修饰符（Modifiers）是以半角句号（.）指明的特殊后缀，用于指出一个指令应该以特殊方式绑定。例如，prevent 修饰符告诉 v-on 指令对于触发的事件调用 event.prevent Default()：

```
<form v-on:submit.prevent="onSubmit"></form>
```

在接下来对 v-on 和 v-for 等功能的介绍中，我们会进一步了解其代表的意义和相应的使用方法。

v-前缀作为一种视觉提示，用来识别模板中 Vue.js 特定的特性。当开发者在使用 Vue.js 为现有标签添加动态行为（dynamic behavior）时，v-前缀很有帮助，然而，对于一些频繁用到的指令来说，就会很烦琐。同时，在构建由 Vue.js 管理所有模板的单页面应用程序（SPA-single page application）时，v-前缀也变得没那么重要了。因此，Vue.js 为 v-bind 和 v-on 这两个最常用的指令提供了特定简写。

v-bind 简写为如下方式：

```
<!-- 完整语法 -->
<a v-bind:href="url"></a>
<!-- 缩写 -->
<a :href="url"></a>
```

相对应的，v-on 简写为如下方式：

```
<!-- 完整语法 -->
<a v-on:click="doSomething"></a>
<!-- 缩写 -->
<a @click="doSomething"></a>
```

它们看起来与普通的 HTML 略有不同，但是@其实也是合法字符，在所有支持 Vue.js 的浏览器中都能被正确地解析，而且，它们不会出现在最终渲染的标记中。

注意：简写语法或者是完整的语法都是完全可选的，但随着我们更深入地了解它们的作用，会庆幸有简写的功能。

7.3 计算属性和观察者属性

为了让模板的内容变得更加干净和整洁，同时不会影响代码和内容的可用性，Vue.js 提出了计算属性和观察者。本节将介绍计算属性和观察者属性，并且提供简单的示例帮助读者加深理解。

7.3.1 计算属性

模板内的表达式非常便利，但这类表达式实际上多用于简单运算。因为在模板中放入太多的逻辑会让模板过重且难以维护，例如下方的代码：

```
<div id="example">
  {{ message.split('').reverse().join('') }}
</div>
```

在这里，模板不再简单和清晰。开发者需要看一会才能意识到，这是想要显示变量 message 的翻转字符串。当开发者想要在模板中多次引用此处的翻转字符串时，就会更加难以处理。这就是对于任何复杂逻辑，开发者都应当使用计算属性的原因。

【示例 7-4】计算属性举例。

```
<div id="example">
  <p>Original message: "{{ message }}"</p>
  <p>Computed reversed message: "{{ reversedMessage }}"</p>
</div>
var vm = new Vue({
  el: '#example',
  data: {
    message: 'Hello'
  },
  computed: {
    // a computed getter
    reversedMessage: function () {
      // `this` points to the vm instance
      return this.message.split('').reverse().join('')
    }
  }
})
```

结果如下：

```
Original message: "Hello"
Computed reversed message: "olleH"
```

💬 **说明**：这里声明了一个 Vue.js 的计算属性 reversedMessage，本质是一串数字的加工方法，提供的函数将用作属性 vm.reversedMessage 的 getter 函数：

```
console.log(vm.reversedMessage) // => 'olleH'
vm.message = 'Goodbye'
console.log(vm.reversedMessage) // => 'eybdooG'
```

开发者可以打开浏览器的控制台，自行修改例子中 vm 的数值和内容。而 vm.reversed Message 的值始终取决于 vm.message 的值，所以用户可以在不同的内容中获得相应的返回内容。

开发者可以像绑定普通属性一样在模板中绑定计算属性，并且其名称也可以随时定义。Vue.js 知道 vm.reversedMessage 依赖于 vm.message，因此，当 vm.message 发生改变时，所有依赖于 vm.reversedMessage 的绑定也会更新。而且最妙的是我们已经以声明的方式创建了这种依赖关系：计算属性的 getter 函数没有连带影响（side effect），这使得它易于测试和推理。

7.3.2　计算属性的缓存与方法

读者可能已经注意到可以通过在表达式中调用方法来达到同样的效果：

```
<p>Reversed message: "{{ reversedMessage() }}"</p>
```

逻辑代码如下：

```
// 定义方法
methods: {
  reversedMessage: function () {
    return this.message.split('').reverse().join('')
  }
}
```

其实可以将同一个函数定义为一个方法而不是一个计算属性。对于最终的结果，两种方式确实是相同的。然而不同的是，计算属性是基于它们的依赖进行缓存的。计算属性只有在它的相关依赖发生改变时才会重新求值。这就意味着只要 message 还没有发生改变，多次访问 reversedMessage 计算属性会立即返回之前的计算结果，而不必再次执行函数。

这也同样意味着下面的计算属性将不再更新，因为 Date.now()不是响应式依赖：

```
computed: {
  now: function () {
    return Date.now()
  }
}
```

相比之下，每当触发重新渲染时，方法的调用方式总是再次执行函数。

注意：这里涉及缓存概念，为什么需要缓存？假设有一个性能开销比较大的计算属性 A，它需要遍历一个极大的数组并做大量的计算，然后可能有其他的计算属性依赖于 A。如果没有缓存，将不可避免地多次执行 A 的 getter！如果开发者不希望有缓存，请用方法来替代。

7.3.3 计算属性与被观察的属性

Vue.js 提供了一种更通用的方式来观察和响应 Vue.js 实例上的数据变动：watch 属性。当有一些数据需要随着其他数据变动而变动时，很容易滥用 watch——特别是如果开发者之前使用过 AngularJS 时。通常更好的想法是使用计算属性而不是命令式的 watch 回调。例如下面的例子：

【示例 7-5】watch 属性举例。

```
<!--HTML 页面代码部分-->
<div id="demo">{{ fullName }}</div>
```

逻辑代码部分：

```
// 逻辑部分代码，建立 Vue 实例
var vm = new Vue({
  el: '#demo',
  data: {
    firstName: 'Foo',
    lastName: 'Bar',
    fullName: 'Foo Bar'
  },
```

```
watch: {
  firstName: function (val) {
    this.fullName = val + ' ' + this.lastName
  },
  lastName: function (val) {
    this.fullName = this.firstName + ' ' + val
  }
}
})
```

上面代码是命令式的、重复的，与计算属性的版本进行比较：

```
var vm = new Vue({
  el: '#demo',
  data: {
    firstName: 'Foo',
    lastName: 'Bar'
  },
  computed: {
    fullName: function () {
      return this.firstName + ' ' + this.lastName
    }
  }
})
```

这个例子的目的是对一种数据绑定时尽可能地减少代码量，增加复用的效果。

7.3.4　计算属性的 setter 方法

计算属性默认只有 getter 方法，但在需要时开发者也可以提供一个 setter 方法：

```
......
computed: {
  fullName: {
    // getter
    get: function () {
      return this.firstName + ' ' + this.lastName
    },
    // setter 方法
    set: function (newValue) {
      var names = newValue.split(' ')
      this.firstName = names[0]
      this.lastName = names[names.length - 1]
    }
  }
}
......
```

再运行 vm.fullName='John Doe'时，setter 方法会被调用，vm.firstName 和 vm.lastName 也会相应地被更新。

🔔注意：这里不一定要使用 setter 方式进行赋值，对一个程序来说，合理的安排和编写代码才是最重要的。

7.3.5　观察者

虽然计算属性在大多数情况下更合适，但有时也需要一个自定义的 watcher（观察者）。这是为什么 Vue.js 通过 watch 选项提供一个更通用的方法，来响应数据的变化。当开发者想要在数据变化响应时，执行异步操作或开销较大的操作是很有用的。

7.3.6　聊天机器人小实例

本节制作一个监听用户输入并且获取用户的输入的例子——自动答复机器人，用以测试本章学习到的观察者属性及其他功能。这里会使用第三方的免费机器人 API，来实现简单的对话和监听功能。

1．注册一个机器人

用户注册一个属于自己的机器人，申请相关的接口，即可以获得机器人给予的回复。这里提供的免费小机器人，使用简单的 post 进行消息的传输和内容获取，只需要传递一个相关的 key 值即可。

注意：此机器人为了方便读者使用，只提供了文字性的对话功能，不保证其稳定性和功能性，仅用于测试。

（1）访问网站 http://robottest.uneedzf.com/，注册账号并且填写相关的信息，如图 7-4 所示。

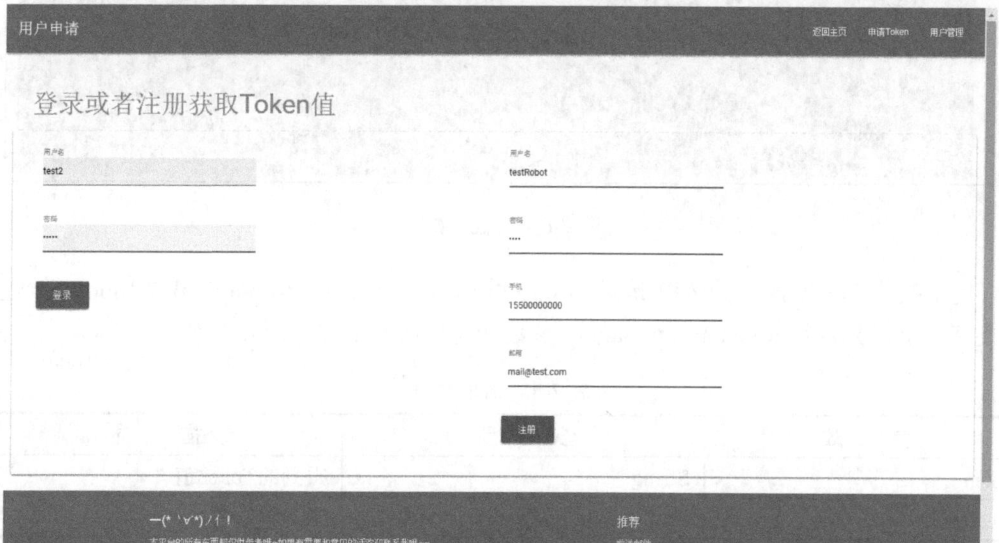

图 7-4　注册页面

（2）注册成功后会自动登录 Token 获取页面，在此页面上会有 Token 键值一些简单的信息，包括但不限于使用次数和最后使用时间，单击左侧的"+"号按钮可以新建 Token 键值，如图 7-5 所示。

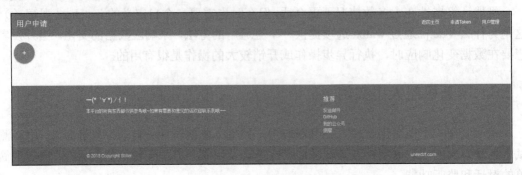

图 7-5　管理页面

（3）添加后，可以看到页面新增了一个 Token 键值，有基本信息，使用该 Token 即可以获取到需要获得的聊天回复，如图 7-6 所示。

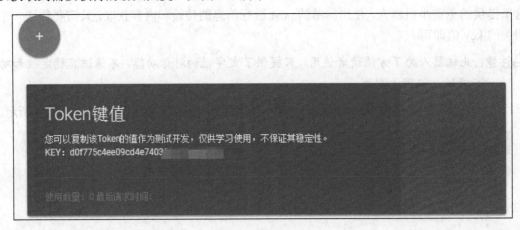

图 7-6　Token 键值

用于接收 POST 请求的 API 地址为 http://robottest.uneedzf.com/api/talk2Robot，接收的参数有两个，分别是 token 和 message，参数和说明参见表 7-1 所示。

表 7-1　请求参数

参　　数	类　　型	描　　述
token	String	得到的Token值
message	String	用户输入的话

用户请求该接口，也会返回不同的内容，但都拥有一个相同的格式，具体的说明参见表 7-2 所示。

表 7-2　返回说明

字段名称	类　　型	说　　明
code	Int	用于判断是否成功的请求，返回值为0，即为成功请求，1为非成功请求
message	String	用户请求后的说明和错误情况
data	String	用户请求后成功返回的值

2. 安装HTTP插件

要使用该项目文件，需要为整个项目提供 HTTP 请求，这里需要使用到插件，此类插件非常多，如 vue-resource、axios 等。

这里介绍两种 HTTP 插件的使用，第一种是选择官方的 vue-resource，但是因为 vue-resource 本身已经停更，虽然无关使用，但是官方推荐 axios，并且 axios 的功能比较强大和丰富。

无论是使用 axios 或 vue-resource，都需要先安装。使用 npm 命令安装 vue-resource 包：

```
npm install --save vue-resource
```

使用 npm 命令安装 axios：

```
npm install --save axios
```

安装成功后的效果如图 7-7 所示。

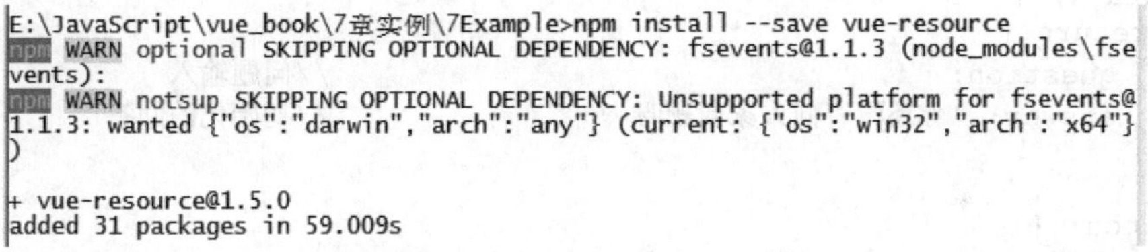

```
E:\JavaScript\vue_book\7章实例\7Example>npm install --save vue-resource
npm WARN optional SKIPPING OPTIONAL DEPENDENCY: fsevents@1.1.3 (node_modules\fse
vents):
npm WARN notsup SKIPPING OPTIONAL DEPENDENCY: Unsupported platform for fsevents@
1.1.3: wanted {"os":"darwin","arch":"any"} (current: {"os":"win32","arch":"x64"}
)

+ vue-resource@1.5.0
added 31 packages in 59.009s
```

图 7-7　安装成功

要在 Vue.js 的项目中引入 vue-resource 包，可以在使用 Vue.js 实例的项目处引用，本例选择在路由管理的 router/index.js 中引入，代码如下：

```
import vueResource from 'vue-router'
Vue.use(vueResource)
```

当然如果读者安装的是 axios，则需要使用以下方式进行引用，其依旧在 router/index.js 文件中。

```
import axios from 'axios'
Vue.use(axios)
```

3. 开发Vue.js机器人项目

接下来编写 Vue.js 的页面代码，该项目依旧建立在本章示例中。

（1）新增一个页面 components/RobotTest.vue。页面部分需要一个用于对话的输入框，并在这个输入框中绑定一个可以获取的值，在下方给出一个显示答案的变量，代码如下：

```
<template>
  <div id="">
    <p>
      提问：
      <input v-model="question">
    </p>
    <p>{{ answer }}</p>
  </div>
</template>
```

（2）接下来对初始绑定的值进行初始化，并且编写 watch 观察者，用来检测用户在 input 中输入的操作，并且实时检测是否达到了本例的完成标准（本例的问题中含有中文"？"符号，用该符号作为用户完成输入的标准）。

（3）用户完成输入后，会自动调用 HTTP 的 post 请求相关的 API 接口，当用户的 Token 值和内容验证成功后，会返回需要的内容，只需要将内容显示在页面中，即可完成一个简单的和机器人对话的页面。

完整的逻辑代码如下：

```
<script>
//逻辑部分代码
export default {
//声明需要的变量
  data () {
    return {
      question: '',                              //问题输入
      answer: '你还没有问人家问题呀~'                //初始化的回答
    }
  },
  watch: {
    //如果 `question` 发生改变，这个函数就会运行
    question: function () {
      this.answer = '等待发问~~'
      this.getAnswer()
    }
  },
  methods: {
    // 通过该方法可以访问到 API，如果有返回的内容，即显示在界面上
    getAnswer: function () {
      if (this.question.indexOf('？') !== -1) {
        this.answer = '思考中……'
        let that = this
//发送给用户的信息部分，这里使用了 vue-respurce 的方式
        that.$http.post('http://robottest.uneedzf.com/api/talk2Robot',
        {token: '*****', message: that.question})
//开发者需要更改 Token 的值
          .then(function (res) {
//根据返回的情况回复用户不同的内容
            if (res.data.code === 0) {
              that.answer = res.data.data
```

```
            } else {
              that.answer = res.data.message
            }
          })
      } else {
// 当用户使用了非 "？" 的字符结尾时，需要显示的内容
        this.answer = '一个问题一般由一个？结尾哦 ' +


          '♪(^∇^*)'


        return 0
      }
    }
  }
}
</script>
```

（4）如果读者使用的为 axios 进行服务器的请求，其代码逻辑也类似，只需要更改发送给服务器的请求部分，可以使用以下代码。

```
//使用 axios 进行请求服务器的操作
axios.post('http://robottest.uneedzf.com/api/talk2Robot', {
//需要发送的内容和字段
token: '*****',
message: that.question
}) .then(function (response) {
// 根据返回的情况回复用户不同的内容
  if (res.data.code === 0) {
      that.answer = res.data.data
  } else {
      that.answer = res.data.message
  }
})
  .catch(function (error) {
    // 如果请求失败或者是发送其他的错误，获取并打印
    console.log(error);
  });
```

（5）在 router/index.js 中建立相关的路由路径，代码如下：

```
import RobotTest from '@/components/RobotTest'
```

并且在 routes 中新增路径：

```
//机器人聊天测试
{
  path: '/RobotTest',
  component: RobotTest
}
```

（6）访问 http://localhost:8081/#/RobotTest，在输入框中输入内容即可获得相关的问题返回。当输入任意内容时，watch 对象会检测每次的输入，但是没有输入到 "？" 符号时，

不会发送任何请求，显示效果如图 7-8 所示。

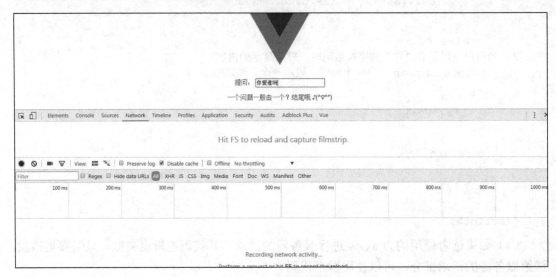

图 7-8　未发送请求时

当成功输入"？"字符，会向服务器发送内容，并且根据服务器的返回值显示出相应的结果，如图 7-9 所示。

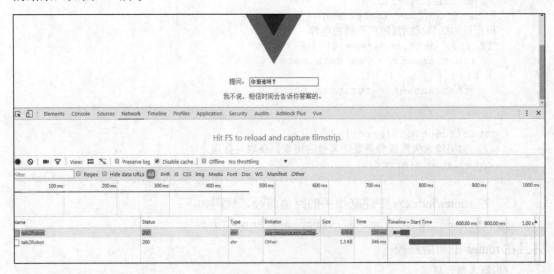

图 7-9　显示相关的答案

这样，一个简单的和机器人对话的小项目就完成了。

注意：本例中的大部分逻辑内容超出了本章的范围，读者可参考第 8 章的内容。本例只是引导读者完成一些有趣的项目，进而讲解一些概念。

7.4　电影网站项目页面编写

从本节开始将进行完整的代码编写，为了方便读者理解，这里只选择了前面介绍过的内容进行静态页面的编写，读者可以通过本节的学习一步步地理解编码原理，或者学习完所有知识点后，再进入完整工程的代码编写和学习。

7.4.1　主页

电影网站的主页包括电影推荐内容、大图推荐，以及相关的新闻内容。接下来开始编辑相关的代码，首先在 router/index.js 中定义自身的路由，代码如下：

```
{
  path: '/',
  component: resolve => require(['../pages/index'], resolve),
  meta: {
    title: 'home'
  }
},
```

这里使用的是 pages/index 文件，所以在 pages 文件夹（需要读者自行建立）下新建一个 index.vue 模板文件。

注意：建立起一个 Vue.js 的相应模板时，应当考虑到其本身的可复用性（像一些通用的头部和尾部等），所以这里会直接将其写成组件的形式，方便在其他页面中调用。

1．主页的头部

对于主页的本身规划，可以参照 3.2.3 节的页面设计内容。在主页中添加一个公用的头部组件，此组件创建在 components 文件夹中，命名为 MovieIndexHeader.vue 文件。下面先简单地构建两个链接和一些简单的样式，并不需要编写逻辑部分的代码，完整的代码如下：

```
<template lang="html">
  <div class="header">
    <router-link to="/">
     <div class="header_menu">主页</div>
    </router-link>
    <router-link to="/movieList">
     <div class="header_menu">电影</div>
    </router-link>
  </div>
</template>
<script>
```

```
//逻辑部分代码
export default {

}
</script>
<style lang="css" scoped>
.header{
  width: 100%;
  height: 60px;
  position: fixed;
  left: 0;
  top: 0;
  color: #000;
  background-color:#a5a5a5;
  border-bottom: 2px solid #000;
}
  .header_menu{
    padding-left: 60px;
    padding-top: 20px;
    float: left;
    color:#fff;
  }
</style>
```

后面这个组件会用于一些页面的头部，作为网站的头部导航。

2. 主页的尾部

接下来编写网站的 footer 部分，其本身也是可以复用的，所以也可以写成一个组件，命名为 CommonFooter.vue，同样新建在 components 文件夹中，完整的代码如下：

```
<template lang="html">
  <div class="footer">
    <div class="footer">
      <p>Vue.js 实例</p>
</div>
  </div>
</template>
<script>
// 逻辑部分代码
export default {
}
</script>
<style lang="css">
  .footer {
    height: 60px;
    width: 100%;
    position: fixed;
    bottom: 0;
    left: 0;
    border-top: 2px solid #ccc;
    background-color: #000;
  }
  .footer p{
```

```
    font-size: 10px;
    color: #fff;
    text-align: center;
    }
</style>
```

除了基本的网页头部和网页尾部的信息，根据第 3 章的设计，其主页依旧可以拆分成其他的几种组件，如用于登录的用户模块、新闻列表模块、电影列表组件，以及作为主页推荐的大图显示模块。

3．主页的用户模块

在 nav 导航下新建一行数据，如果用户未登录时显示登录按钮，链接至登录页面。在 components 文件夹中新建用户登录和登录状态显示的组件 UserMessage.vue，完整代码如下：

注意：此时并不涉及逻辑和用户的状态判断，只是一个静态的页面。

```html
<template lang="html">
    <div class="header">
      <router-link to="/loginPage">
       <div class="header_menu">登录</div>
      </router-link>
    </div>
</template>.
<!--这里需要一开始就对 Session 进行检测，如果存在 Session 则直接显示登录，如不存在则
是跳转链接-->
<script>
//逻辑部分代码
export default {
}
</script>
<style lang="css" scoped>
.header{
  width: 103%;
  height: 30px;
  left: 0;
  top: 0;
  color: #000;
  background-color:#C3BD5C;
}
 .header_menu{
   padding-right: 60px;
   padding-top: 10px;
   float: right;
   color:#fff;
   font-size:8px;
 }
</style>
```

4.主页的大图推荐

接下来是主页的大图推荐内容,这里依旧新建一个组件,暂时只显示一个图片,暂时不添加动态效果。

在 components 文件夹中新建 IndexHeaderPic.vue 文件作为主页的大图推荐组件,完整代码如下:

```html
<template lang="html">
  <div class="headerPic">
    <div>
      <p class="imgTitle">{{recommendTitle}}</p>
      <a href="baidu.com" >
        <img src="图片地址" class="headerImg"/>
      </a>
    </div>
  </div>
</template>
<script>
// 逻辑部分代码
export default {
}
</script>
<style lang="css" scoped>
.headerPic{
  height: 300px;
  width: 100%;
  background-color: antiquewhite;
}
  .headerImg{
    height: 300px;
    width: 100%;
  }
  .imgTitle{
    z-index: 2;
    padding-left: 45%;
    padding-top: 230px;
    position: absolute;
    color:#fff;
    font-size:20px;
  }
</style>
```

5. 主页的其他组件

主页还需要两个内容相关的组件,一个用于显示主页推荐电影的列表,一个用于显示主页新闻的列表。这类组件在建立时只需要完成一行就可以了,然后在相关的 page 中循环这一行,就可以获得相关的列表。

注意：这类组件也可以写成完全独立的部分，即不需要在相关的 page 中循环，只需要引入即可，但笔者这样写的原因主要是希望组件可以在多处使用，而获得的数据并不一定一致，所以数据的获取写在了相关的 page 中。

首先是对推荐电影的获取，需要在 components 文件夹中建立 MoviesList.vue 文件，这个组件同时也会用于所有电影列表，完整代码如下：

```html
<template lang="html">
  <div class="movieList">
    <div>
    <router-link :to="电影地址" class="goods-list-link">
        电影名称……等
      </router-link>
    </div>
  </div>
</template>
<script>
  // 逻辑部分代码
export default {
  }
</script>
<style lang="css" scoped>
.movieList{
  padding: 5px;
  border-bottom: 1px dashed #ababab;
}
</style>
```

这里的<router-link>标签用于跳转。

同样在 components 文件夹中建立一个新闻列表组件，命名为 NewsList.vue 文件，依旧是新闻列表的这一行，内容如下：

```html
<template lang="html">
  <li class="goods-list">
  <div class="newsList">
    <router-link :to="新闻标签" class="goods-list-link">
        文章标题，时间等……
    </router-link>
  </div>
  </li>
</template>

<script>
// 逻辑部分代码
export default {
}

</script>
<style lang="css" scoped>
  .newsList{
    padding: 5px;
    font-size: 10px;
```

```
    border-bottom: 1px dashed #ababab;
  }
</style>
```

　　到此为止，主页中的所有组件都完成了，只剩下主页自身的内容了，需要在 pages 文件夹中建立 index.vue 文件，并且引入之前写成的所有需要使用的组件，然后再进行相关的样式调整。index.vue 页面的代码如下：

```html
<template lang="html">
<!--此页面需要-->
  <div class="container">
  <div>
      <movie-index-header ></movie-index-header>    <!-- 展示引入的 header 组件 -->
  </div>
  <div class="userMessage">
<!--展示引入的用户信息组件 -->
    <user-message></user-message>
  </div>
  <div class="contentPic">
<!--展示引入的大图组件 -->
      <index-header-pic></index-header-pic>
  </div>
  <div class="contentMain">
    <div>
      <div class="contentLeft">
        <ul class="cont-ul">
          <movies-list></movies-list><!--引入 MovieList-->
        </ul>
      </div>
  </div>
    <div>
      <div class="contentRight">
        <ul class="cont-ul">
          <!-- list 组件展示区 -->
          <news-list ></news-list>
        </ul>
      </div>
    </div>
  </div>
    <common-footer></common-footer>  <!-- 展示引入的 footer 组件 -->
  </div>
</template>
<script>
import MovieIndexHeader from '../components/MovieIndexHeader'
import CommonFooter from '../components/commonFooter'
import NewsList from '../components/NewsList'
import MoviesList from '../components/MoviesList'
import IndexHeaderPic from '../components/IndexHeaderPic'
import UserMessage from '../components/UserMessage'
// 逻辑部分代码
export default {
  data () {
```

```
    return {
    }
  },
  components: {
    MovieIndexHeader,
    CommonFooter,
    NewsList,
    MoviesList,
    IndexHeaderPic,
    UserMessage
  },
```

//这里用于获取数据，需要获得主页推荐、主页新闻列表和主页电影列表

```
  created () {
}
}
</script>

<style lang="css" scoped>
  .container {
    width: 100%;
    margin: 0 auto;
  }
  .contentMain{
    height: 50px;
  }
  .userMessage{
    padding-top:60px;
    margin-top:-10px;
    margin-left: -10px;
  }
  .contentPic{
    padding-top:5px;
  }
  .contentLeft{
    width: 60%;
    float: left;
    margin-top: 5px;
    border-top: 1px solid #000;
  }
  .contentRight{
    width: 38%;
    margin-left:1% ;
    float: left;
    margin-top: 5px;
    border-top: 1px solid #000;
  }
  .cont-ul {
    padding-top: 0.5rem;
    background-color: #fff;
  }
  .cont-ul::after {
    content: '';
    display: block;
    clear: both;
```

```
    width: 0;
    height: 0;
  }
</style>
```

🔔 **注意：** 请读者自行添加相关的"假"数据或者直接进入 8.4 节主页逻辑部分的学习，在学习完 v-for 后将会制作出完整的网页模板。

完成后的页面即可以运行，效果如图 7-10 所示。

图 7-10　主页显示

🔔 **注意：** 本节至 7.4.9 节的所有页面为静态页面，完整的 JavaScript 数据获取与处理请参考第 8 章。

7.4.2　电影列表页

在 pages 文件夹中新建一个名为 moviesList.vue 的组件作为单击 navbar 上的电影后跳转的链接。接下来，在 index.js 中建立有关的路由。

首先引入相关的页面组件：

```
import MovieList from '../pages/moviesList.vue'
```

接着在 routes 中添加一个对象，路由名称为 movieList，代码如下：

```
{
  path:'/movieList',
```

```
        component:MovieList
  },
```

然后编辑 moviesList.vue 组件中的代码，对于此页面，只需要引入统一的网页头部和尾部，所有的电影列表可以使用之前写好的电影列表控件 MoviesList，完整代码如下：

```
<template lang="html">
<!--此页面需要-->
  <div class="container">
    <div>
      <movie-index-header ></movie-index-header><!-- 展示引入的 header 组件 -->
    </div>
    <div class="contentMain">
      <div>
        <div class="contentLeft">
          <ul class="cont-ul">
            <movies-list></movies-list><!--引入 MovieList-->
          </ul>
        </div>
      </div>
    </div>
    <div>
      <common-footer></common-footer>  <!-- 展示引入的 footer 组件 -->
    </div>
  </div>
</template>
<script>
// 逻辑部分代码，建立 Vue 实例
// 引入相关的代码包
import MovieIndexHeader from '../components/MovieIndexHeader'
import CommonFooter from '../components/commonFooter'
import MoviesList from '../components/MoviesList'

// 逻辑部分代码
export default {
  components: {
    MovieIndexHeader,
    CommonFooter,
    MoviesList
  },

}
</script>
<!-- 样式规定 -->
<style lang="css" scoped>
  .container {
    width: 100%;
    margin: 0 auto;
  }
  .contentMain{
    padding-top: 150px;
  }
  .contentText{
    font-size: 15px;
```

```
    padding-top: 20px;
  }
</style>
```

页面的完整显示效果如图 7-11 所示。

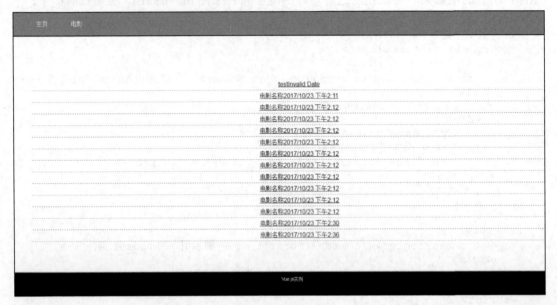

图 7-11　列表

7.4.3　电影详情页

前面已经编写好了电影的列表组件，本节将实现电影详情页的编写，就是单击列表后需要跳转的页面，然后显示电影的下载、点赞、评论等内容。

（1）在 pages 文件夹下建立 movieDetail.vue 作为电影详情页。

（2）在 index.js 中引入并建立相关的路由。

```
import MovieDetail from '../pages/movieDetail.vue'
```

（3）在 routes 中建立名为 movieDetail 的路由，代码如下：

```
{
  path:'/movieDetail',
  component:MovieDetail
},
```

（4）编辑 movieDetail.vue 文件，引入 3 个相关的组件，分别是公用的头、公用的 footer 和用于显示所有评论的评论组件。评论组件需要在 components 文件夹中创建，名为 Comment.vue。

由于评论组件只需要在新闻和电影页面中使用，所以无须将其继续分成更小的组件，此处将评论显示和发布评论功能同时放在一个页面中。

Comment.vue 的完整代码如下：

```html
<!--HTML 页面代码部分-->
<template lang="html">
<div>
<label >评论</label>
<hr>
<div>
    <li v-for="item in items">
    XXX 评论: XXX
  </li>
</div>

<div style="padding: 5px">
    <textarea v-model="context" style="width: 80%;height:50px ;"
    placeholder="内容"></textarea>
</div>
<div style="padding-top: 10px">
    <button v-on:click="send_comment">评论</button>
</div>
</div>

</template>
<!--获取所有的评论，并且可以回复评论,对于文章详情页也可以使用-->
<script>
</script>
<style lang="css" scoped>
</style>
```

这样只需在 movieDetail.vue 页面引入 Comment.vue 控件即可显示一个相关的电影详情和评论页。

页面 movieDetail.vue 的代码如下：

```html
<template lang="html">
<!--此页面-->
<!--HTML 页面代码部分-->
  <div class="container">
    <div>

      <movie-index-header ></movie-index-header> <!-- 展示引入的 header 组件 -->
    </div>
    <div class="contentMain">
      <div class="">
        <h1>电影名称</h1>
        <div class="viewNum">下载次数：  </div>
      </div>
      <div class="">
      <button >点击下载</button>
      </div>
      <div>
        <img class="headerImg" >
      </div>
       <divclass="btnPosition">
```

```
        <div class="SupportBtn">点赞<div></div></div>
      </div>
    </div>
    <div>
    <comment v-bind:movie_id="movie_id"></comment>
</div>
    <div>
      <common-footer></common-footer>  <!-- 展示引入的 footer 组件 -->
    </div>
  </div>
</template>
<script>

// 引入相关的代码包
import MovieIndexHeader from '../components/MovieIndexHeader'
import CommonFooter from '../components/commonFooter'
import Comment  from '../components/Comment.vue'

let movie_id=0
// 逻辑部分代码
export default {
  name: 'MovieDetail',
  data () {
    return {
      detail: [],
    }
  },
  components: {
    MovieIndexHeader,
    CommonFooter,
    Comment,
  },
}
</script>
<!-- 样式规定 -->
<style lang="css" scoped>
  .headerImg{
    height: 200px;
  }
  .container {
    width: 100%;
    margin: 0 auto;
  }
  .contentMain{
    padding-top: 150px;
  }

  .btnPosition{
    padding-left: 48%;
  }
  .SupportBtn{
    border: solid 1px #000;
    width: 60px;
  }
```

```
.viewNum{
  font-size: 10px;
}
</style>
```

页面的显示如图 7-12 所示。

图 7-12　电影详情页

7.4.4　新闻详情页

主页的另外一个功能就是显示主页新闻的详情，该页面和电影详情页基本一致，除去公用的头部和尾部，也可以使用用户的相关评论组件，代码如下：

```
<template lang="html">
<!--此页面需要-->
  <div class="container">
   <div>
    <movie-index-header ></movie-index-header> <!-- 展示引入的header组件 -->
   </div>
   <div class="contentMain">
     <h1>文章题目</h1>
     <div>文章的发布时间</div>
     <div class="contentText">文章的内容</div>
   </div>
     <comment></comment>
   <div>
    <common-footer></common-footer>  <!-- 展示引入的 footer组件 -->
   </div>
  </div>
</template>
<script>
```

```
// 引入相关的代码包
import MovieIndexHeader from '../components/MovieIndexHeader'
import CommonFooter from '../components/commonFooter'
import Comment from '../components/Comment.vue'
// 定义相关的变量
let article_id=0
//逻辑部分代码
export default {
  name: 'NewDetail',
  components: {
    MovieIndexHeader,
    CommonFooter,
    Comment,
  },

}
</script>
<!-- 样式规定 -->
<style lang="css" scoped>
  .container {
    width: 100%;
    margin: 0 auto;
  }
  .contentMain{
    padding-top: 150px;
  }
  .contentText{
    font-size: 15px;
    padding-top: 20px;
  }
</style>
```

显示效果如图 7-13 所示。

图 7-13　新闻详情页

7.4.5　用户登录页

终于到了用户相关的内容页面了，首先回顾一下主页中的用户状态组件，如果用户在没有登录的状态下，单击"登录"按钮的话会链接至一个新的页面，用于用户的登录和注册等功能。

在 index.js 中引入和确定路由，内容如下：

```
import LoginPage from '../pages/loginPage.vue'
```

确定 URL 路径：

```
{
  path:'/loginPage',
  component:LoginPage
},
```

基本的页面如图 7-14 所示。

这个页面非常简单，只需要 3 个按钮和 2 个文本框，在 pages 文件夹中建立 loginPage.vue 文件，完整代码如下：

图 7-14　登录页面

```html
<!--HTML 页面代码部分-->
<template lang="html">
  <div>
    <div>
     <div>
      <div class="box">
          <label>输入用户名:</label>
          <input placeholder="用户名">
</div>
    <div class="box">
      <label>密码:</label>
      <input  placeholder="密码">
    </div>
    <div  class="box">
      <button >登录</button>
      <button  style="margin-left: 10px">注册</button>
      <button  style="margin-left: 10px" >忘记密码</button>
</div>
</div>
</div>
</div>
</template>
<script>
</script>
<!-- 样式规定 -->
<style>
  .box{
    display: flex;
```

```
      justify-content: center;
      align-items: center;
      padding-top: 10px;
    }
  </style>
```

7.4.6　用户注册页

本页面提供用户的注册功能，在 pages 文件夹中建立相关的页面文件 registerPage.vue。在 index.js 中引入该文件并且制定其路由，代码如下：

引入文件：

```
import RegisterPage from '../pages/registerPage.vue'
```

指定路由：

```
  {
    path:'/register',
    component:RegisterPage
  },
```

单击登录页面的"注册"按钮，或者直接访问该路由，就可以自动跳转到该页面（需要实现登录页面的跳转功能，可以参考第 8 章）。

registerPage.vue 的页面代码如下：

```
<!-- 样式规定 -->
<template lang="html">
  <div>
<!--所需内容-->.
    <div>
    <div>
    <div class="box">
            <label>输入用户名:</label>
    <input placeholder="用户名">
</div>
    <div class="box">
    <label>输入密码:</label>
    <input placeholder="密码">
    </div>
      <div class="box">
    <label>重复输入密码:</label>
    <input placeholder="密码">
    </div>
      <div class="box">
    <label>输入邮箱:</label>
    <input placeholder="邮箱">
    </div>
      <div class="box">
    <label>输入手机:</label>
    <input placeholder="手机">
    </div>
```

```
    <div  class="box">
    <button >注册</button>

</div>

</div>
</div>


</div>

</template>
<script>
//逻辑部分代码
  export default {
     //定义相关的变量
     data(){
     },
  }


}
</script>
<!-- 样式规定 -->
<style>
  .box{
     display: flex;
     justify-content: center;
     align-items: center;
     padding-top: 10px;
  }
</style>
```

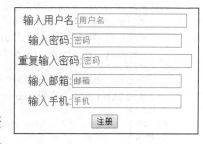

图 7-15　注册页面

在注册页面需要一些简单 input 组件用于填写用户资料，还需要一个注册按钮进行数据的提交工作。页面显示效果如图 7-15 所示。

7.4.7　用户密码找回页

在一个系统的实际使用中经常会出现用户忘记密码的情况，用户密码找回页的功能就是为了帮助用户找回或更改密码。

通过用户名、邮箱、手机号的三重验证，可以不用找回老密码直接更新用户的密码。本页面的功能分为两个部分，首先是资料验证，然后是更改密码。

⚠注意：本例中的这种资料验证方式并不推荐，此处只是作为一个简单的 demo 来演示，读者在实际开发中可以使用短信验证、邮箱验证等方式来完成密码的更改操作。

本页面没有显示控制的逻辑部分内容，所有的表单都会显示出来，而第 8 章会根据用户是否验证成功显示不同的表单。主要代码如下：

```html
<template lang="html">
  <div>
    <div>
    <div>
    <div class="box">
            <label>输入用户名:</label>
    <input placeholder="用户名">
</div>
    <div class="box">
    <label>输入邮箱:</label>
    <input placeholder="邮箱">
    </div>
    <div class="box">
    <label>输入手机:</label>
    <input placeholder="手机">
    </div>

    <div  class="box">
    <button >找回密码</button>
  </div>


  </div>
  <div>
    <div class="box" >
    <label>输入新密码:</label>
    <input  placeholder="输入新密码">
    </div>
     <div  class="box">
    <button >修改密码</button>
  </div>
  </div>
  </div>


  </div>

</template>
<script>
</script>
<!-- 样式规定 -->
<style>
  .box{
    display: flex;
    justify-content: center;
    align-items: center;
    padding-top: 10px;
  }
</style>
```

　　本节所做的页面需要对用户的数据进行验证，所以用户在 input 组件上填写老数据，是为了方便测试。当用户填写完相应数据后单击"找回密码"按钮，会显示新密码的输入

框和更改密码的按钮（显示与否的控制见第 8 章），页
面显示效果如图 7-16 所示。

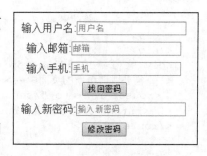

图 7-16　更改密码

7.4.8　用户详情页

对于一个完整的用户页前台，需要一个显示用户相
关资料的页面，包括用户详情、用户的密码修改、站内
信等功能。

在 pages 文件夹下建立 userInfo.vue 作为该页面的模板文件，完整代码如下：

```html
<template lang="html">
<!--此页面需要-->
  <div class="container">
  <div>
     <movie-index-header ></movie-index-header> <!-- 展示引入的 header 组件 -->
  </div>
  <div class="userMessage">
    <user-message></user-message>
  </div>
<!--用户的相关信息-->

<div>
  <div class="box">用户名：用户名</div>
</div>
<div>
  <div class="box">用户邮箱：邮箱 </div>
</div>
<div>
  <div class="box">用户电话：电话 </div>
</div>
<div>
  <div class="box">用户状态：用户状态（封停与否）</div>
</div>
<div>
  <button>修改密码</button>
</div>
<!--这个是用于密码的修改，需要在平时隐藏，其实现逻辑在第 8 章中-->
<div>
   <div class="box" >
   <label>输入旧密码:</label>
   <input placeholder="输入旧密码">
   </div>
   <div class="box" >
   <label>输入新密码:</label>
   <input placeholder="输入新密码">
   </div>
    <div  class="box">
```

```
          <button>修改密码</button>
    </div>
  </div>
  <div style="padding-top: 10px">
  <!--需要跳转至新的页面中-->
    <router-link to="/sendEmail">
      <button>发送站内信</button>
    </router-link>

  </div>
      <common-footer></common-footer>  <!-- 展示引入的 footer 组件 -->
    </div>
</template>
<script>
import MovieIndexHeader from '../components/MovieIndexHeader'
import CommonFooter from '../components/commonFooter'
import UserMessage from '../components/UserMessage'
// 逻辑部分代码
export default {
  name: 'HelloWorld',
  data () {
    return {
    }
  },
  components: {
    MovieIndexHeader,
    CommonFooter,
    UserMessage
  },

}
</script>

<style lang="css" scoped>
  .box{
    display: inline-flex;
  }
  .container {
    width: 100%;
    margin: 0 auto;
  }
  .userMessage{
    padding-top:60px;
    margin-top:-10px;
    margin-left: -10px;
  }
</style>
```

　　本节的页面非常简单，只需要将后台返回的资料和信息进行展示即可。这里使用了 <div> 控件进行数据的填充，页面上有两个按钮，一个是发送站内信按钮，另一个是密码找回按钮。完整的显示效果如图 7-17 所示。

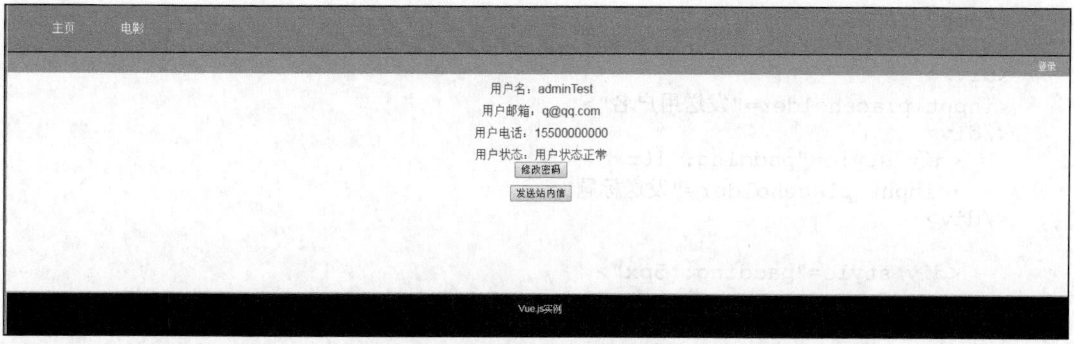

图 7-17　用户详情页

7.4.9　站内信的发送页面

常见的站内信系统一般分为发件方和收件方。两者的对话，应当以列表的方式显示在页面上。对于页面设计而言，需要一个发送的列表和一个收到信的列表，此处两个列表应当是一致的，所以可以统一成一个组件。

在 components 文件夹中新建一个 EmailList.vue 用于用户列表信息显示，完整代码如下：

```html
<template lang="html">
<div class="message">
 <div>
    题目
</div>
<div>
    来源用户
</div>
<div>
    一条的内容
</div>
</div>
</template>
<script>
// 逻辑部分代码
export default {
}
</script>
<style lang="css" scoped>
  .message{
    border: 1px solid;
  }
</style>
```

同样，也可以将对话框分离出来，在 components 文件夹中新建一个名为 SendTalk-Box.vue 的文件，用于实现作为对话框的组件。该文件的完整代码如下：

```
<template lang="html">
<div>
<div>
<input placeholder="发送用户名">
</div>
    <div style="padding: 10px">
     <input placeholder="发送标题">
</div>

    <div style="padding: 5px">
     <textarea style="width: 80%;height:50px ;" placeholder="内容">
     </textarea>
</div>

<div style="padding-top: 10px">
    <button>发送站内信</button>
</div>
</div>


</template>
<script>
</script>
<style lang="css" scoped>
</style>
```

写好这两个组件之后，将它们在一个页面中进行组合。在 **pages** 文件夹中建立一个文件，命名为 sendEmail.vue，作为用户单击站内信列表之后跳转的页面，完整代码如下：

```
<template lang="html">
<!--此页面需要-->
  <div class="container">
  <div>
     <movie-index-header ></movie-index-header>  <!-- 展示引入的 header 组件 -->
  </div>
  <div class="userMessage">
    <user-message></user-message>
  </div>
<!--用户的相关信息-->
<label>收件箱</label>
<div>
  <email-list></email-list>
</div>
<label>发件箱</label>
<div>
  <email-list></email-list>
</div>

<send-talk-box></send-talk-box>
    <common-footer></common-footer>  <!-- 展示引入的 footer 组件 -->
  </div>
</template>
<script>
```

```
import MovieIndexHeader from '../components/MovieIndexHeader'
import CommonFooter from '../components/commonFooter'
import UserMessage from '../components/UserMessage'
import EmailList from '../components/EmailList.vue'
import SendTalkBox from '../components/SendTalkBox.vue'
// 逻辑部分代码
export default {
  data () {
    return {
    }
  },
  components: {
    MovieIndexHeader,
    CommonFooter,
    UserMessage,
    EmailList,
    SendTalkBox,
  },
}
</script>

<style lang="css" scoped>
  .box{
    display: inline-flex;
  }
  .container {
    width: 100%;
    margin: 0 auto;
  }
  .userMessage{
    padding-top:60px;
    margin-top:-10px;
    margin-left: -10px;
  }
</style>
```

该代码引入了两个相关的组件，并将其显示在页面中。这样一个完整的站内信页面就完成了。

7.5 小结与练习

7.5.1 小结

本章主要介绍了各种组件的编写。项目的大部分页面目前还是静态页面，并没有出现大量的 JavaScript 逻辑性代码。

在第 8 章的学习中，将会对所有的页面进行动态化处理，即加入数据获取和循环列表判断等操作，将页面和逻辑部分相结合，实现一些简单的功能。

一个成熟的工程需要更加逻辑化的写法和项目构建，重复大量无意义的代码和页面内容会极大地影响读者的独立思考能力。所以本章只是讲解了前端页面和逻辑的写法，希望读者可以在客户端页面的示例中独立思考，完成后台页面的编写。

7.5.2　练习

1．独立思考和设计，完成后台页面的设计和编写。

2．思考怎样才能对代码进行优化，并结合第 8 章的内容，完成整个页面的编写，同时在本机上能成功运行。

第 8 章　让页面变成动态页面

对于一个网页而言，只是简单的静态页面是远远不够的。本章将会编写电影网站的所有页面逻辑，使原本的静态页面网站变成能够处理用户请求和显示动态项目的网站。

本章会涉及大量 Vue.js 和 JavaScript 语法的应用，目的就是让读者从中学会 Vue.js 的各种基础语句和处理器的使用。

8.1　条件渲染

条件渲染是重要的控制系统，执行不同的代码会有不同的显示效果，方便根据用户的权限或组别展示不同的页面，达到代码逻辑中 if······else 的逻辑效果。

8.1.1　v-if 应用

在字符串模板或者传统的语句中，if 模板应该是由相应的条件块组成的，如下方的条件块。

【示例 8-1】v-if 的应用举例。

```
<!-- 模板 -->
{{#if ok}}
  <h1>Yes</h1>
{{/if}}
```

但是在 Vue.js 中，为了符合 HTML 代码规范，可以直接在标签中使用 v-if 进行判断，也可以实现同样的功能，如下：

```
<h1 v-if="ok">Yes</h1>
```

v-if 也提供 else 条件语句。可以用 v-else 添加一个 else 块：

```
<h1 v-if="ok">Yes</h1>
<h1 v-else>No</h1>
```

除了 else，在 Vue.js 2.1 以上的版本中还提供了 else-if 的功能，标签为 v-else-if。顾名思义，就是充当 v-if 的 else-if 块。可以链式地使用多次，例如：

```
<div v-if="type === 'A'">
  A
</div>
```

```
<div v-else-if="type === 'B'">
  B
</div>
<div v-else-if="type === 'C'">
  C
</div>
<div v-else>
  Not A/B/C
</div>
```

🔔注意：　v-else-if 元素必须紧跟在 v-if 或 v-else-if 元素之后，否则会出现错误。

8.1.2　v-show 应用

另一个用于根据条件展示元素的指令是 v-show，其用法与 v-if 基本相似。

【示例 8-2】v-show 的应用举例。

```
<h1 v-show="ok">Hello!</h1>
```

不同的是，带有 v-show 的元素始终会被渲染并保留在 DOM 中。v-show 简单地切换元素的 CSS 属性 display。

🔔注意：v-show 不支持<template> </template>语法，也不支持 v-else。

v-if 是 "真正的" 条件渲染，因为它会确保在切换过程中条件块内的事件监听器和子组件适当地被销毁和重建。

v-if 也是惰性的，如果在初始渲染时条件为假，则什么也不做，直到条件第一次变为真时，才开始渲染条件块。

相比之下，v-show 就简单得多，不管初始条件是什么，元素总会被渲染，并且只是简单地基于 CSS 进行切换。

一般来说，v-if 有更高的切换开销，而 v-show 则有更高的初始渲染开销。因此，如果需要非常频繁地切换，使用 v-show 较好；如果在运行时条件不会改变时，则使用 v-if 较好。

8.2　列表渲染

列表渲染是网页开发中必不可少的内容，通过一个数组循环，可以极大地利用模板显示众多的内容和相关的列表。

通过简单的循环方式，可以将需要显示的内容渲染在页面中。对于一些显示效果类似的部分，使用列表渲染可以进行多组件复用，减少了大量重复的代码内容，达到使用 for 循环的操作。

8.2.1　v-for 列表渲染

用 v-for 把一个数组对应为一组元素，可以进行一个模板或一些内容的循环显示。v-for 指令使用 item in items 形式的特殊语法，items 是源数据数组，item 是数组元素迭代的别名。

【示例 8-3】v-for 的应用举例。

```
<ul id="example-1">
  <li v-for="item in items">
    {{ item.message }}
  </li>
</ul>
```

逻辑代码如下：

```
var example1 = new Vue({
  el: '#example-1',
  data: {
    items: [
      { message: 'Foo' },
      { message: 'Bar' }
    ]
  }
})
```

在 v-for 块中，拥有对父作用域属性的完全访问权限。v-for 还支持一个可选的第 2 参数为当前项的索引，代码如下：

```
<ul id="example-2">
  <li v-for="(item, index) in items">
    {{ parentMessage }} - {{ index }} - {{ item.message }}
  </li>
</ul>
```

逻辑代码如下：

```
var example2 = new Vue({
  el: '#example-2',
  data: {
    parentMessage: 'Parent',
    items: [
      { message: 'Foo' },
      { message: 'Bar' }
    ]
  }
})
```

8.2.2　使用 of 作为分隔符

开发者也可以用 of 替代 in 作为分隔符，因为它是最接近 JavaScript 迭代器的语法，而这样的使用也更像自然语言。

【示例 8-4】of 的应用举例。

```
<div v-for="item of items"></div>
```

v-for 也可以通过一个对象的属性来迭代。一个对象的 v-for 和一个数组的循环是一致的，如下面的示例：

```
<ul id="v-for-object" class="demo">
  <li v-for="value in object">
    {{ value }}
  </li>
</ul>
```

逻辑代码如下：

```
new Vue({
  el: '#v-for-object',
  data: {
    object: {
      firstName: 'John',
      lastName: 'Doe',
      age: 30
    }
  }
})
```

同时，开发者也可以把第 2 个参数作为键名，实现加 key 的双循环输出，这个方法同样也适用于对象。

【示例 8-5】key 双循环输出。

```
<div v-for="(value, key) in object">
  {{ key }}: {{ value }}
</div>
```

第 3 个参数为索引：

```
<div v-for="(value, key, index) in object">
  {{ index }}. {{ key }}: {{ value }}
</div>
```

🔔注意：在遍历对象时，是按 Object.keys()的结果进行遍历，但是不能保证它的结果在不同的 JavaScript 引擎下是一致的。

如果需要对一些数据进行过滤、排序或操作，可以使用 v-for 进行排序。有时，想要显示一个数组的过滤或排序副本，而不实际改变或重置原始数据，可以创建返回过滤或排序数组的计算属性。

```
<li v-for="n in evenNumbers">{{ n }}</li>
```

逻辑代码如下：

```
data: {
  numbers: [ 1, 2, 3, 4, 5 ]
```

```
},
computed: {
  evenNumbers: function () {
    return this.numbers.filter(function (number) {
      return number % 2 === 0
    })
  }
}
```

在计算属性不适用的情况下（如在嵌套 v-for 循环中），开发者可以使用一个 method()
方法。

【示例 8-6】 of 的应用举例。

```
<li v-for="n in even(numbers)">{{ n }}</li>
```

其逻辑代码如下：

```
data: {
  numbers: [ 1, 2, 3, 4, 5 ]
},
methods: {
  even: function (numbers) {
    return numbers.filter(function (number) {
      return number % 2 === 0
    })
  }
}
```

同样，v-for 也可以取整数，在这种情况下，它将重复多次模板。代码如下：

```
<div>
  <span v-for="n in 10">{{ n }} </span>
</div>
```

如果在<template></template>中使用 v-for，其使用方法类似于 v-if 的使用，即也可以
利用带有 v-for 的<template>渲染多个元素。比如下面的代码：

```
<ul>
  <template v-for="item in items">
    <li>{{ item.msg }}</li>
    <li class="divider"></li>
  </template>
</ul>
```

8.2.3　v-for 与 v-if 同时使用

如果 v-for 和 v-if 同时使用时，就存在优先级的问题，需要注意以下几点。

（1）当它们处于同一节点，v-for 的优先级比 v-if 更高，这意味着 v-if 将分别重复运行
于每个 v-for 循环中。当开发者想为仅有的一些项渲染节点时，这种优先级的机制会十分
有用，例如：

```
<li v-for="todo in todos" v-if="!todo.isComplete">
  {{ todo }}
</li>
```

上面的代码只传递了未完成的数据部分，而不会将所有的部分都进行传递，减少了不必要的性能消耗。

（2）如果开发者的目的是有条件地跳过循环的执行，可以将 v-if 置于外层元素（或<template>）上。例如：

```
<ul v-if="todos.length">
  <li v-for="todo in todos">
    {{ todo }}
  </li>
</ul>
<p v-else>No todos left!</p>
```

如果需要在一个组件中使用 v-for 的话，在自定义的组件里，可以像任何普通元素一样使用 v-for。

【示例 8-7】v-for 循环中的嵌套举例。

```
<my-component v-for="item in items" : key="item.id"></my-component>
```

在 Vue.js 2.2.0 以上的版本里，当在组件中使用 v-for 时，key 是必须的，所以在本书的循环中 key 一定是指定的。然而，任何数据都不会被自动传递到组件里，因为组件有自己独立的作用域。为了把迭代数据传递到组件里，需要使用 props：

```
<my-component
  v-for="(item, index) in items"
  v-bind: item="item"
  v-bind: index="index"
  v-bind: key="item.id"
></my-component>
```

不能自动将 item 注入到组件里的原因是，会使组件与 v-for 的运作紧密耦合。明确组件数据的来源能够使组件在其他场合重复使用。

下面是一个使用 v-for 的完整例子。

【示例 8-8】v-for 的应用举例。

```
<div id="todo-list-example">
  <input
    v-model="newTodoText"
    v-on: keyup.enter="addNewTodo"
    placeholder="Add a todo"
  >
  <ul>
    <li
      is="todo-item"
      v-for="(todo, index) in todos"
      v-bind: key="todo.id"
      v-bind: title="todo.title"
      v-on: remove="todos.splice(index, 1)"
```

```
></li>
  </ul>
</div>
```

注意：这里的 is="todo-item"，在使用 DOM 模板时是十分必要的，因为在<ul>元素内只
有<li>元素会被看作有效内容。这样实现的效果与<todo-item>相同，但是可以避
开一些潜在的浏览器解析错误。

示例 8-8 的逻辑代码如下：

```
Vue.component('todo-item', {
  template: '\
    <li>\
      {{ title }}\
      <button v-on: click="$emit(\'remove\')">X</button>\
    </li>\
  ',
  props: ['title']
})
new Vue({
  el: '#todo-list-example',
  data: {
    newTodoText: '',
    todos: [
      {
        id: 1,
        title: 'Do the dishes',
      },
      {
        id: 2,
        title: 'Take out the trash',
      },
      {
        id: 3,
        title: 'Mow the lawn'
      }
    ],
    nextTodoId: 4
  },
  methods: {
    addNewTodo: function () {
      this.todos.push({
        id: this.nextTodoId++,
        title: this.newTodoText
      })
      this.newTodoText = ''
    }
  }
})
```

8.2.4　key 关键字使用

当使用 v-for 更新已渲染过的元素列表时，默认用"就地复用"策略。如果数据项的顺序被改变，Vue.js 将不会移动 DOM 元素来匹配数据项的顺序，而是简单复用此处每个元素，并且确保它在特定索引下显示已被渲染过的每个元素。

这个默认的模式是高效的，但是只适用于不依赖子组件状态或临时 DOM 状态（如表单输入值）的列表渲染输出。

为了给 Vue.js 一个提示，以便能跟踪每个节点的身份，从而重用和重新排序现有元素，开发者需要为每项提供一个唯一的 key 属性。理想状态下，每个节点都是存在 key 值的，且这个 key 值是唯一的。这个特殊的属性需要用 v-bind 来绑定动态值（在这里使用简写）。

```
<div v-for="item in items" : key="item.id">
 <!-- 内容 -->
</div>
```

建议尽可能在使用 v-for 时提供 key，除非遍历输出的 OM 内容非常简单，或者是刻意依赖默认行为以获取性能上的提升。

🔔 说明：key 关键字是 Vue.js 识别节点的一个通用机制，并不与 v-for 特别关联，key 还具有其他用途。

8.3　事件处理器 v-on

可以用 v-on 指令监听 DOM 事件来触发一些 JavaScript 代码，相当于 JavaScript 中的 onClick 事件，会在按钮被触动或其他某个操作触发时执行该事件。

【示例 8-9】v-on 的使用举例。

```
<div id="example-1">
 <button v-on: click="counter += 1">增加 1</button>
 <p>这个按钮被单击了 {{ counter }} 次。</p>
</div>
```

示例 8-9 的逻辑部分代码如下，当用户单击了该按钮后，会自动在当前的数字上进行加 1 操作，并显示在页面上。

```
var example1 = new Vue({
 el: '#example-1',
 data: {
  counter: 0
 }
})
```

8.3.1 方法事件处理器

许多事件处理的逻辑都很复杂，所以直接把 JavaScript 代码写在 v-on 指令中是不可行的。因此 v-on 可以接收一个定义的方法来调用。

【示例 8-10】方法事件处理器举例。

```
<div id="app">
    <!--设立一个 div-->
    <div>
        <!--对于 button 设计 v-on 监听方法-->
        <button v-on:click="greet">Greet</button>
    </div>
</div>
```

接着对监听单击事件的 greet()方法进行定义。逻辑代码如下：

```
new Vue({
    el: '#app',
    data: {
        name:'Vue.js'
    },
    // 在`methods`对象中定义方法
    methods: {
        greet: function (event) {
            // `this`在方法里指当前 Vue 实例
            alert('Hello ' + this.name + '!')
            // `event`是原生 DOM 事件
            if (event) {
                alert(event.target.tagName)
            }
        }
    }

})
```

当用户单击 Greet 按钮时，会弹出一个对话框，显示 Hello.Vue.js，其结果如图 8-1 所示。在关闭该对话框后，又会弹出 tagName 的信息，显示为 Button。

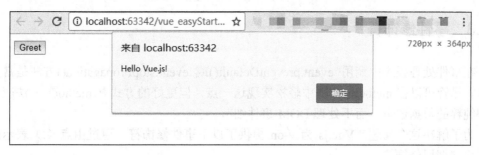

图 8-1 Vue.js 方法

8.3.2　内联处理器

除了直接绑定到一个方法，也可以用内联 JavaScript 语句，JavaScript 的基本函数和语法都是可以直接使用的。

【示例 8-11】内联处理器举例。

```
<div id="example-3">
  <button v-on: click="say('hi')">Say hi</button>
  <button v-on: click="say('what')">Say what</button>
</div>
```

示例 8-11 的逻辑部分代码如下：

```
new Vue({
  el: '#example-3',
  methods: {
    say: function (message) {
      alert(message)
    }
  }
})
```

有时也需要在内联语句处理器中访问原生 DOM 事件。可以用特殊变量$event 指定内容，传入需要执行的方法中，如下方示例：

```
<button v-on: click="warn('Form cannot be submitted yet.', $event)">
  Submit
</button>
```

逻辑代码如下：

```
......
methods: {
  warn: function (message, event) {
    //现在我们可以访问原生事件对象
    if (event) event.preventDefault()
    alert(message)
  }
}
```

8.3.3　事件修饰符

在事件处理程序中调用 event.preventDefault()或 event.stopPropagation()方法是常见的需求。尽管可以在 methods 方法中轻松实现这一点，但更好的方式是 methods 方法应该只处理纯粹的数据逻辑，而不处理 DOM 事件细节。

为了解决这个问题，Vue.js 为 v-on 提供了以下事件修饰符，通过由点（.）表示的指令后缀来调用修饰符。

- .stop
- .prevent
- .capture
- .self
- .once

示例代码如下：

```
<!-- 阻止单击事件冒泡 -->
<a v-on: click.stop="doThis"></a>
<!-- 提交事件不再重载页面 -->
<form v-on: submit.prevent="onSubmit"></form>
<!-- 修饰符可以串联 -->
<a v-on: click.stop.prevent="doThat"></a>
<!-- 只有修饰符 -->
<form v-on: submit.prevent></form>
<!-- 添加事件侦听器时使用事件捕获模式 -->
<div v-on: click.capture="doThis">...</div>
<!-- 只当事件在该元素本身（比如不是子元素）触发时触发回调 -->
<div v-on: click.self="doThat">...</div>
<!-- 单击事件将只会触发一次 -->
<a v-on: click.once="doThis"></a>
```

注意：使用修饰符时，顺序很重要；相应的代码会以同样的顺序产生。因此，用 @click.prevent.self 会阻止所有的单击，而 @click.self.prevent 只会阻止元素上的单击。

8.3.4　键值修饰符

在监听键盘事件时，我们经常监测常用的键值。Vue.js 允许为 v-on 在监听键盘事件时添加关键修饰符：

```
<!-- 只有在 keyCode 是 13 时调用 vm.submit() -->
<input v-on: keyup.13="submit">
```

记住所有的 keyCode 比较困难，所以 Vue.js 为最常用的按键提供了别名：

```
<!-- 同上 -->
<input v-on: keyup.enter="submit">
<!-- 缩写语法 -->
<input @keyup.enter="submit">
```

全部的按键别名如下：

- .enter
- .tab

- .delete （捕获"删除"和"退格"键）；
- .esc
- .space
- .up
- .down
- .left
- .right

可以通过全局 config.keyCodes 对象自定义键值修饰符别名：

```
// 可以使用 v-on: keyup.f1
Vue.config.keyCodes.f1 = 112
```

8.3.5　修饰键

以下修饰键开启鼠标或键盘监听事件，当按键被按下时发生响应。

- .Ctrl
- .Alt
- .Shift
- .meta

🔔注意：在 Mac 系统键盘上，meta 对应命令键（⌘）。在 Windows 系统键盘上 meta 对应 Windows 徽标键（⊞）。

示例代码如下：

```
<!-- Alt + C -->
<input @keyup.alt.67="clear">
<!-- Ctrl + Click -->
<div @click.ctrl="doSomething">Do something</div>
```

修饰键与正常的按键不同；修饰键和 keyup 事件一起用时，事件引发时必须按下正常的按键。换一种说法：如果要引发 keyup.ctrl，必须按下 ctrl 时释放其他的按键；单单释放 ctrl 不会引发事件。

🔔注意：此修饰键出现在 Vue.js 2.10 以上版本。

8.3.6　鼠标的 3 个按键修饰符

鼠标的 3 个按键修饰符如下：

- .left
- .right

- .middle

这些修饰符会限制处理程序监听特定的鼠标按键。

🔔注意：此修饰键出现在 Vue.js 2.10 以上版本。

8.4　交互的灵魂——表单

开发者可以用 v-model 指令在表单控件元素上创建双向数据绑定，该命令会根据控件类型自动选取正确的方法来更新元素。尽管看起来是神奇的，但 v-model 本质上就是语法糖，负责监听用户的输入事件以更新数据，并极端处理一些特别的例子。

🔔注意：v-model 会忽略所有表单元素的 value、checked 和 selected 特性的初始值。因为它会选择 Vue.js 实例数据作为具体的值。开发者应该通过 JavaScript 在组件的 data 选项中声明初始值。

8.4.1　文本输入

文本输入就是网页端可以输入文本的地方，示例代码如下：

```
<div id="app">
    <!--设立一个div-->
    <div>
        <!--相应的表单元件-->
        <input v-model="message" placeholder="编辑">
        <p>Message is: {{ message }}</p>
    </div>
</div>
<script>
    new Vue({
        el: '#app',
        data: {
            message:''
        },
        // 在`methods`对象中定义方法
        methods: {

        }
    })
</script>
```

显示效果如图 8-2 所示。

图 8-2　输入框

8.4.2 多行文本

多行文本是网页中的代码块，示例代码如下：

```
<div id="app">
    <!--设立一个 div-->
    <div>
        <!--相应的表单元件-->
        <span>message is: </span>
        <p style="white-space:pre-line;">{{ message }}</p>
        <br>
        <textarea v-model="message" placeholder="多行文本"></textarea>

    </div>
</div>
<script>
    new Vue({
        el: '#app',
        data: {
            message:''
        },
        // 在`methods`对象中定义方法
        methods: {

        }

    })
</script>
```

显示效果如图 8-3 所示。

图 8-3　多行文本输入

注意：在文本区域插值（<textarea></textarea>）并不会生效，应用 v-model 来代替。

8.4.3　复选框

复选框用于逻辑值的勾选，单个勾选框代码如下：

```
<input type="checkbox" id="checkbox" v-model="checked">
<label for="checkbox">{{ checked }}</label>
```

【示例 8-12】在页面上设置多个复选框，使其绑定到一个数组中。

```
<div id="app">
    <!--设立一个div-->
    <div>
        <!--相应的表单元件-->
        <input type="checkbox" id="name1" value="张三" v-model="checked
        Names">
        <label for="name1">张三</label>
        <input type="checkbox" id="name2" value="李四" v-model="checked
        Names">
        <label for="name2">李四</label>
        <input type="checkbox" id="name3" value="王二" v-model="checked
        Names">
        <label for="name3">王二</label>
        <br>
        <span>Checked names: {{ checkedNames }}</span>
    </div>
</div>
```

逻辑代码如下：

```
new Vue({
  el: '#app',
  data: {
    checkedNames: []
  }
})
```

页面运行后，当用户勾选相关的选项，则会在数组中增加该选项并显示在页面上，如图 8-4 所示。

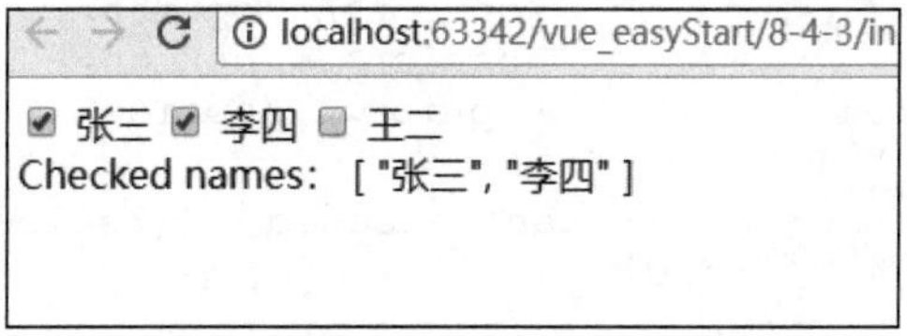

8.4.4　单选按钮

图 8-4　多选输入

单选按钮用于表单中一些选择项的选择，其只能选择一项内容。

【示例 8-13】在页面上新建两个单选按钮，并且将两个单选按钮绑定同一个 v-model 值，这时当用户选择一个按钮时，其值就会改变。代码如下：

```
<div id="app">
    <!--设立一个div-->
    <div>
        <!--相应的表单元件-->
        <input type="radio" id="one" value="One" v-model="picked">
        <label for="one">One</label>
        <br>
        <input type="radio" id="two" value="Two" v-model="picked">
        <label for="two">Two</label>
        <br>
        <span>选择了：{{ picked }}</span>
    </div>
</div>
```

逻辑代码如下：

```
new Vue({
  el: '#app',
  data: {
    picked: ''
  }
})
```

页面显示效果如图 8-5 所示。

图 8-5　单选输入

8.4.5　选择按钮

在表单中如果有多个选项的情况下使用选择按钮进行控制，可以多选相关的内容。这里的选择按钮其实就是一个下拉选择框，和单选按钮一样的功能，绑定一个对应的 v-model。

【示例 8-14】选择按钮举例。

```
<div id="app">
    <!--设立一个div-->
    <div>
        <!--相应的表单元件-->
        <select v-model="selected">
            <option disabled value="">请选择</option>
            <option>A</option>
            <option>B</option>
            <option>C</option>
        </select>
        <span>Selected: {{ selected }}</span>
    </div>
</div>
```

逻辑代码如下：

```
    new Vue({
        el: '#app',
        data: {
            selected:''
        },
```

```
    // 在`methods`对象中定义方法
    methods: {

    }
  })
```

🔔注意：如果 v-model 表达的初始值不匹配任何选项，\<select\>元素就会显示该值，但因为值不匹配，所以会是"未选中"的状态进行渲染。在 iOS 中，这会使用户无法选择第一个选项，因为这样的情况下，iOS 不会引发 change 事件。因此，像上述代码提供 disabled 选项是建议的做法。

显示效果如图 8-6 所示。

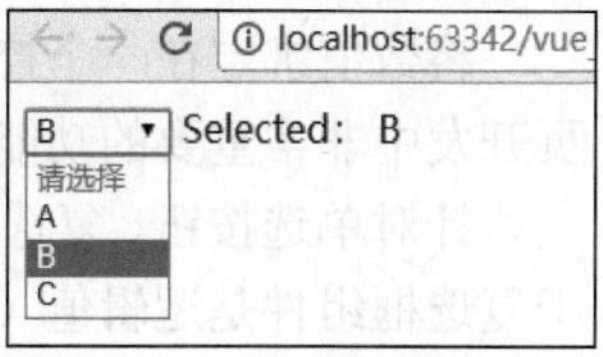

选择按钮还可以是多选列表，即把它们绑定到一个数组中。

【示例 8-15】选择按钮举例。

```
<div id="app">
  <select v-model="selected" multiple style="width:
 50px;">
    <option>A</option>
    <option>B</option>
    <option>C</option>
  </select>
  <br>
  <span>Selected: {{ selected }}</span>
</div>
```

图 8-6 选择输入

逻辑代码如下：

```
new Vue({
  el: '# app ',
  data: {
    selected: []
  }
})
```

如果是从后台获取数据或计算得来的动态选项，可使用 v-for 进行列表的渲染。

【示例 8-16】使用 v-for 进行选项渲染。

```
<select v-model="selected">
  <option v-for="option in options" v-bind: value="option.value">
    {{ option.text }}
  </option>
</select>
<span>Selected: {{ selected }}</span>
```

逻辑代码如下：

```
new Vue({
  el: '...',
  data: {
    selected: 'A',
    options: [
      { text: 'One', value: 'A' },
```

```
      { text: 'Two',   value: 'B' },
      { text: 'Three', value: 'C' }
    ]
  }
})
```

8.5　值的绑定

　　将数值绑定在一个控件上，针对控件的操作而做出相应的反映或触发某个事件，是网页开发中非常重要的功能。

　　针对单选按钮、复选框及选择列表选项，v-model 绑定的 value 通常是静态字符串（对于复选框组件是逻辑值（true,facse）），代码如下：

```
<!-- 当选中时，`picked` 为字符串 "a" -->
<input type="radio" v-model="picked" value="a">
<!-- `toggle` 为 true 或 false -->
<input type="checkbox" v-model="toggle">
<!-- 当选中时，`selected` 为字符串 "abc" -->
<select v-model="selected">
  <option value="abc">ABC</option>
</select>
```

　　有时想绑定 value 到 Vue.js 实例的一个动态属性上，这时可以用 v-bind 进行绑定，并且这个属性的值可以不为字符串。

8.5.1　复选框值的绑定

　　复选框的值绑定代码如下：

```
<input
  type="checkbox"
  v-model="toggle"
  v-bind: true-value="a"
  v-bind: false-value="b"
>
```

　　逻辑代码如下：

```
// 选中时
vm.toggle === vm.a
// 没有选中时
vm.toggle === vm.b
```

8.5.2　单选按钮值的绑定

　　单选按钮的值绑定代码如下：

```
<input type="radio" v-model="pick" v-bind: value="a">
```

逻辑代码如下：

```
// 选中时
vm.pick === vm.a
```

8.5.3　选择列表的设置和值的绑定

选择列表的设置和值绑定代码如下：

```
<select v-model="selected">
    <!-- 内联对象字面量 -->
  <option v-bind: value="{ number: 123 }">123</option>
</select>
```

逻辑代码如下：

```
//当选中时
typeof vm.selected // => 'object'
vm.selected.number // => 123
```

8.5.4　完整的表单实例

在前面我们介绍了很多表单的用例，本节中将展示一个注册提交表单的实例。

首先需要新建一个 index.html 文件作为编写该实例的文件，一个完整的注册页面需要用户的用户名、密码和性别等内容信息。这里使用普通的 input 文本框作为用户名称和密码的控件，使用 radio 单选按钮作为性别的筛选，使用 checkbox 作为爱好的多项选择，使用 select 控件作为职业的选择，最后使用一个 textarea 多行文本输入框作为备注。

页面的代码如下，需要在每一个提供输入的控件中使用 v-mode 绑定不同的值，用来记录用户的输入。

```
<div id="app" style="display: flex;justify-content: center;">
    <!--设立一个div-->
    <div>
        <h2>注册表单</h2>
        <br>
        <!--input 的应用-->
        <label>用户名称</label>
        <input v-model="username" placeholder="用户名称">
        <br> <br>
        <label>密码</label>
        <input type="password" v-model="password" placeholder="输入密码">
        <br> <br>
        <label>重复输入密码</label>
        <input type="password" v-model="rePassword" placeholder="重复输入密码">
        <br> <br>
        <label>性别</label>
        <input type="radio" id="male" value="male" v-model="sex">
        <label for="male">male</label>
        <input type="radio" id="female" value="female" v-model="sex">
```

```
<label for="female">female</label>
<br> <br>
<label>爱好</label>
<input type="checkbox" id="basketball" value="篮球" v-model="hobby">
<label for="basketball">篮球</label>
<input type="checkbox" id="football" value="足球" v-model="hobby">
<label for="football">足球</label>
<input type="checkbox" id="other" value="其他" v-model="hobby">
<label for="other">其他</label>
<br> <br>
<label>职业</label>
<select v-model="work">
    <option disabled value="">请选择</option>
    <option>学生</option>
    <option>工作</option>
    <option>其他</option>
</select>
<br> <br>
<label>备注</label>
<textarea v-model="note" placeholder="备注"></textarea>
<br> <br>
<button v-on:click="submit">提交</button>
    </div>
</div>
```

这样就可以获得需要的页面了，页面显示如图 8-7 所示。

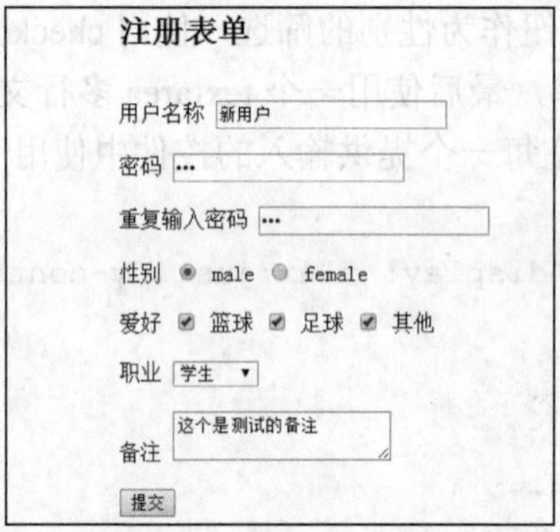

图 8-7　注册表单页面

接下来需要编写 JavaScript 的逻辑代码，首先需要在 data 数据中进行申明，之后就可以使用该变量进行值的获取和显示等操作了。完整的代码如下：

```
new Vue({
        el: '#app',
//预设其绑定的值
        data: {
            username: '',
            password: '',
            rePassword: '',
```

```
            sex: '',
            hobby: [],
            work: '',
            note: ''
        },
        // 在 `methods` 对象中定义方法
        methods: {
        //单击提交之后会执行的代码
        //展示所有的用户提交资料
            submit() {
                if (this.password === this.rePassword) {
                    let con = confirm("用户名：" + this.username + ' 性别：' +
                    this.sex + ' 爱好：' + this.hobby.join('-') + ' 职业：' +
                    this.work + ' 备注：' + this.note); //在页面上弹出对话框
                    if (con) alert("提交成功");
                    // 在这里可以对所有的数据以 post 或者 get 等方式发送请求
                    else alert("取消提交");

                } else {
                    alert("两次密码输入不一致！")
                }
            }
        }
    }))
```

当用户成功地通过验证之后，会进入相应的验证输入的操作，当用户单击"确定"按钮时，再次弹出提交成功的提示。

显示效果如图 8-8 所示。

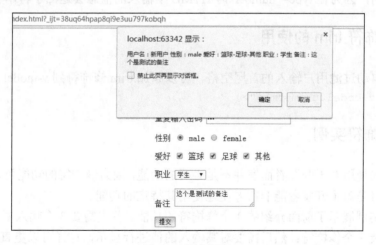

图 8-8　提交回显

注意：在一个真实的注册操作页中，需要更复杂的验证方式，可以在用户单击"确定"按钮后进行服务器的提交操作。

8.6　修饰符

本节介绍一些常用的 Vue.js 修饰符。在一个控件中使用修饰符，可对控件或操作做出一定的改变或约束。如.nunber 的使用，会自动将值转化成 Number 类型。在一般的开发中，不刻意指定该修饰符的值，会执行默认操作。

8.6.1　修饰符.lazy 的使用

在默认情况下，v-model 在 input 事件中同步输入框的值与数据，但开发者可以添加一个修饰符 lazy，从而转变为在 change 事件中同步：

```
<!-- 在 "change"而不是"input"事件中更新-->
<input v-model.lazy="msg" >
```

8.6.2　修饰符.number 的使用

如果想自动将用户的输入值转为 Number 类型（如果原值的转换结果为 NaN 则返回原值），可以添加一个修饰符 number 给 v-model 来处理输入值：

```
<input v-model.number="age" type="number">
```

这很有用，因为在 type="number"时 HTML 中输入的值总会返回字符串类型。

8.6.3　修饰符.trim 的使用

如果要自动过滤用户输入的首尾空格，可以添加.trim 修饰符到 v-model 上过滤输入：

```
<input v-model.trim="msg">
```

8.6.4　修饰符实例

修饰符的使用对于开发者而言并不是必要的功能，因为修饰符的功能可以使用代码来完成，修饰符是为了开发者能非常方便地使用其特定的功能。

下面的实例展示了前面介绍的 3 个修饰符的功能。首先需要 3 个输入框，并且给其绑定 3 个变量及 3 个修饰符；然后需要对其输入的值进行显示，这样可以更直观地展示这 3 个修饰符的作用。

完整的页面代码如下：

```
<div id="app" style="display: flex;justify-content: center;">
    <!--设立一个 div-->
    <div>
```

```
        <h2>修饰符表单</h2>
        <br>
        <!--修饰符的应用.lazy-->
        <label>lazy 修饰符</label>
        <input v-model.lazy="input1" placeholder="lazy 修饰符">
        <br> <br>
        <!--修饰符的应用.number-->
        <label>number 修饰符</label>
        <input v-model.number="input2" placeholder="number 修饰符">
        <br> <br>
        <!--修饰符的应用.trim-->
        <label>trim 修饰符</label>
        <input v-model.trim="input3" placeholder="trim 修饰符">
        <br> <br>
        <!--修饰符的应用.lazy-->
        <label>lazy 修饰符</label>
        {{this.input1}}
        <br> <br>
        <!--修饰符的应用.number-->
        <label>number 修饰符</label>
        {{this.input2}}
        <br> <br>
        <!--修饰符的应用.trim-->
        <label>trim 修饰符</label>
        {{this.input3}}
        <br> <br>
    </div>
</div>
<script>
    new Vue({
        el: '#app',
//预设其绑定的值
        data: {
            input1: '',
            input2: '',
            input3: '',
        },
        // 在`methods`对象中定义方法
        methods: {
//定义方法
......
        }
    })
</script>
```

　　显示效果如图 8-9 所示。可以看到，当在第一个 lazy 修饰符输入的地方进行输入时，下方的 lazy 显示区并不会同步地显示内容，只有当光标移出该文本框时，输入的内容才会显示在 lazy 显示区。

同样，在 number 修饰符修饰的文本框中，输入的文字也不会出现在其显示内容中，而 trim 修饰符也会自动去除两边的空格。

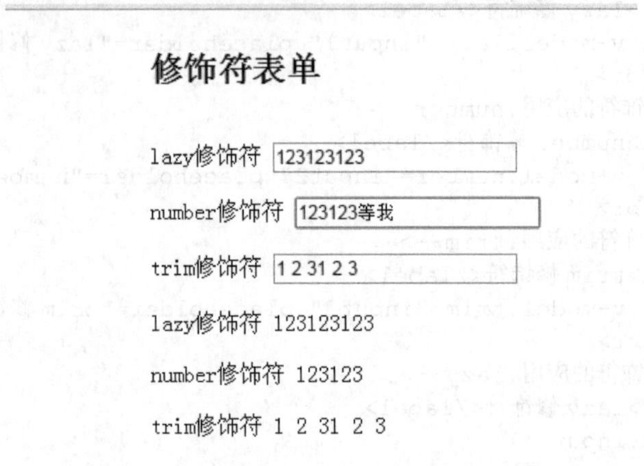

修饰符表单

lazy修饰符 123123123

number修饰符 123123等我

trim修饰符 1 2 31 2 3

lazy修饰符 123123123

number修饰符 123123

trim修饰符 1 2 31 2 3

图 8-9　修饰符应用

修饰符为开发者提供了一些便利，合理利用修饰符，可以完成一些神奇的操作的同时完全不需要再编写代码，极大地减少了开发者的工作量，并使代码的可读性更高。

8.7　电影网站项目功能编写

本节涉及页面的逻辑部分会出现很多新的技术点和内容，本节会进行简单介绍，但不会深入介绍，如果读者想了解更多内容，可以通过其他方式进行学习。

🔔注意：如果读者是从 7.4 节跳转至本节的，请简单阅读完第 8 章的内容后再进行本节的学习，如果遇到不了解的内容，请查阅相关内容。

本项目建立在第 7 章的静态页面搭建基础上，而数据库使用和其中的数据操作均在之前的章节中讲解过。使用 JavaScript 获取内容时，读者可以先在数据库中新增一些数据，以供测试用。

8.7.1　主页服务器内容获取

根据第 7 章完成的静态页面，在主页应该完成这样的操作：判断用户的登录状态、文章内容的显示、电影推荐列表的显示，以及首页图内容的显示。

（1）首先需要在服务端启用的状态下（Node.js 相关请查看前 5 章），通过相关的 API 地址获取数据。请求发送的代码如下：

```
this.$http.get(url).then((data) => {
    console.log( data.body.data)
})
```

上述代码使用了 get 请求 url，将获取的返回内容打印在控制台中，也可以使用 post 请求方式，代码如下，其中 send_data 为 JavaScript 对象。

```
this.$http.post(url, send_data).then((data) => {
    console.log( data.body.data)
})
```

（2）主页需要请求 3 个服务器 API 地址，分别获取主页推荐、主页新闻列表和主页电影列表，并将获得的内容放置在定义的变量中，所以需要在 data 中定义变量。代码如下：

```
data () {
  return {
    headerItems: [],
    newsItems: [],
    movieItems: []
  }
},
```

（3）编写获得内容的方法，这 3 个请求均放在页面状态的 created() 中。代码如下：

```
//获取数据，获得主页推荐\主页新闻列表\主页电影列表
  created () {
//主页推荐
    this.$http.get('http: //localhost: 3000/showIndex').then((data) => {
      this.headerItems = data.body.data;
      console.log( data.body.data)
    })
//获取新闻
    this.$http.get('http: //localhost: 3000/showArticle').then((data) => {
      this.newsItems = data.body.data;
      console.log(data.body)
    })
//获取所有电影
    this.$http.get('http: //localhost: 3000/showRanking').then((data) => {
      this.movieItems = data.body.data;
      console.log( data.body)
    })
  },
```

运行代码，会在浏览器的控制台中打印获取的内容（数据库中需要存在内容），如图 8-10 所示。

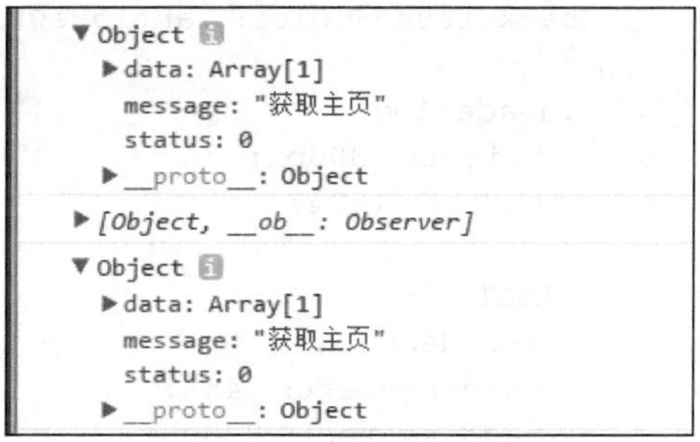

图 8-10　打印效果

8.7.2　主页获取推荐内容显示

前面我们已经获取了相关的内容，接下来是对内容的组件填充，这里会改变组件的内容。

（1）首先是主页大图获取组件。完整的代码如下：

```
<index-header-pic v-for="item in headerItems" : key="item._id" :
recommendImg="item.recommendImg" : recommendSrc="item.recommendSrc" :
recommendTitle="item.recommendTitle"></index-header-pic>
```

注意：各种 list 组件并用 v-for 来遍历获得的数据，: xx="xxx"用来给子组件传递数据，
xx 作为 key，后边引号内容为对应的值。

（2）组件内的代码也需要更改，这里使用到了 6.3.7 节介绍的值的传递，使用 props
方式进行值的传递。组件的完整代码如下：

```
<template lang="html">
  <div class="headerPic">
    <div>
      <p class="imgTitle">{{recommendTitle}}</p>
      <a v-bind: href=recommendSrc>
        <img v-bind: src=recommendImg class="headerImg"/>
      </a>
    </div>
  </div>
</template>
<script>
//逻辑部分的代码
export default {
  props: ['recommendSrc', 'recommendImg','recommendTitle']
}
</script>
<style lang="css" scoped>
.headerPic{
  height: 300px;
  width: 100%;
  background-color: antiquewhite;
}
  .headerImg{
    height: 300px;
    width: 100%;
  }
  .imgTitle{
    z-index: 2;
    padding-left: 45%;
    padding-top: 230px;
    position: absolute;
    color: #fff;
    font-size: 20px;
  }
</style>
```

（3）上述代码通过 props 获取 pages 传递到的值，并且通过 v-bind 赋值给相关的属性

或者直接显示。正确编写代码后，再次打开浏览器，可以看到此组件正常加载并显示，如图 8-11 所示。

图 8-11　主页大图组件

上面的图片即为 src 的地址，其中的测试文字即是获得的信息文字，单击图片会跳转到后台 API 返回的地址。

注意：这里暂时只支持显示一张图片，即一条数据，当出现两条数据时会造成页面样式的错乱，在第 9 章的优化部分会调整相关样式，支持多图并使之成为动态效果图。

8.7.3　主页列表显示

1. 电影列表组件

同 8.7.2 节更新主页 index.vue 中的 MovieList 组件的代码，为该组件增加循环的方法及参数。

```
<movies-list v-for="item in movieItems" : key="item._id" : id="item._id" :
movieName="item.movieName" : movieTime="item.movieTime"></movies-list><!
--引入 MovieList-->
```

组件本身的代码也需要更新。完整的代码如下：

```html
<template lang="html">
  <div class="movieList">
    <div>
    <router-link : to="{path: '/movieDetail', query: { id: id }}" class=
"goods-list-link">
      {{movieName}}{{movieTimeShow}}
    </router-link>
    </div>
  </div>
</template>
<script>
  // 逻辑部分代码
export default {
    data () {
```

```
    return{
      movieTimeShow: ''
    }
  },
  props: ['id','movieName', 'movieTime'], /* props 是子组件获取父组件数据用的 */
  created(){
    this.movieTimeShow=new
Date(parseInt(this.movieTime)).toLocaleString().replace(/:\d{1, 2}$/,' ');
  },
}
</script>
<style lang="css" scoped>
.movieList{
  padding: 5px;
  border-bottom: 1px dashed #ababab;
}
</style>
```

电影列表组件和主页推荐内容组件不同的是，这里需要对时间进行加工，因为后台为了方便性，使用了时间戳方式进行存储，但显示的却是带有格式的时间，所以所有的时间要进行 Date 格式化。

为了方便显示用户阅读的时间数据，我们使用了下面的 JavaScript 函数格式化获取的 Date 值：

```
new Date(parseInt(this.movieTime)).toLocaleString().replace(/:\d{1,2}$/,' ');
```

之后用到<router-link>给 movieDetail 页面传递了一个对象，也就是说，movieDetail 页面将会通过 ID 获取详细内容。

重启后也可以看到显示效果，如图 8-12 所示。

电影名称2017/10/23 下午2:11
电影名称2017/10/23 下午2:12
电影名称2017/10/23 下午2:12
电影名称2017/10/23 下午2:12
电影名称2017/10/23 下午2:12

图 8-12　列表页

2．新闻列表组件

接下来是新闻列表组件的制作，依旧基于原本的 NewList.vue 组件，首先需要更新主页 index.vue 中的组件，为其增加 v-for 属性。更新后的代码如下：

```
<news-list v-for="item in newsItems" : key="item._id" : id="item._id" :
articleTitle="item.articleTitle" : articleTime="item.articleTime"></
news-list>
```

新闻列表组件为每一条新闻列表传递了 3 个相关的参数，分别用来标识新闻的唯一 ID、名称、建立的时间，这些都需要在组件中显示。完整的 NewsList.vue 组件代码如下：

```html
<template lang="html">
  <li class="goods-list">
  <div class="newsList">
<!-- 这个是用来跳转页面的，可以理解为 a 标签 -->
    <router-link : to="{path: '/newDetail', query: { id: id }}" class=
"goods-list-link">
      {{articleTitle}}
      {{articleTimeShow}}
    </router-link>
  </div>
  </li>
</template>

<script>
// 逻辑部分代码
export default {
  data () {
    return{
      articleTimeShow: ''
    }
  },
  props: ['id','articleTitle', 'articleTime'],/* props 是子组件用来获取父组
件的数据*/
  created(){
    this.articleTimeShow=new
Date(parseInt(this.articleTime)).toLocaleString().replace(/: \d{1,2}$/,
' ');
  },
  }

</script>
<style lang="css" scoped>
  .newsList{
    padding: 5px;
    font-size: 10px;
    border-bottom: 1px dashed #ababab;
  }
</style>
```

显示效果如图 8-13 所示。

- 第一篇文章测试 2017/10/24 下午2:10

图 8-13　新闻列表

这样，两个相关的显示组件获取数据完毕。

8.7.4　主页用户状态显示

最后在主页的功能中，剩下一个获取用户状态的组件 UserMessage.vue。此组件需要先对 Session 进行检测，如果存在 Session 则直接显示登录，如不存在则跳转链接。

为展现两种不同的效果，需要使用到 v-if，其中，isLogin 变量作为控制器，在登录状态可以跳转到用户的信息页面。完整的代码如下：

```html
<template lang="html">
    <div v-if=!isLogin class="header">
      <router-link to="/loginPage">
        <div class="header_menu">登录</div>
      </router-link>
    </div>
    <div v-else class="header">
      <router-link : to="{path: '/userInfo', query: { id: id }}">
        <div class="header_menu">已登录：{{username}}</div>
      </router-link>
    </div>
</template>.
<!--这里需要先对 Session 进行检测，如果存在 Session 则直接显示登录，如不存在则跳转链接-->
<script>
//逻辑部分代码
export default {
  //定义相关的变量
data(){
    return{
      isLogin: false,
      username: '',
    }
  },
  created(){
//此时登录成功
    let token=localStorage.getItem('token')
//检测是否是用户登录状态
    if(token){
      this.isLogin=true
      this.username=localStorage.getItem('username')
      this.id=localStorage.getItem('_id')
    }else{
        console.log('用户登录失败');
//可以增加跳转信息或者返回错误信息
    }
  }
}
</script>
<style lang="css" scoped>
.header{
```

```
      width: 103%;
      height: 30px;
      left: 0;
      top: 0;
      color: #000;
      background-color: #C3BD5C;
   }
   .header_menu{
      padding-right: 60px;
      padding-top: 10px;
      float: right;
      color: #fff;
      font-size: 8px;
   }
</style>
```

📖注意：这里使用了 localStorage 用来存储相关的信息，该信息可以在 Chrome 的开发工具中看到，写入时在 login 页面进行处理，可以参照之后的登录页面逻辑。查看方式如图 8-14 所示。

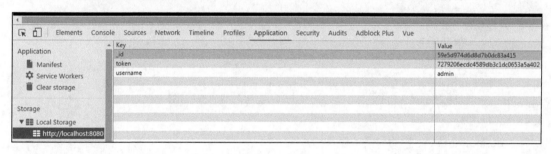

图 8-14　控制台

当用户为登录状态时，可以看到显示效果如图 8-15 所示。

已登录：admin

至此，一个完整的主页功能基本上就实现了。

图 8-15　登录显示

8.7.5　电影列表页

对于电影列表页的逻辑来说，因为之前已经完成过相关组件，所以此页面内容就会简单很多，这也是组件复用带来的好处。只需要为 movieList 组件增加 v-for 数据即可，完整的页面代码如下：

```
<template lang="html">
<!--此页面需要-->
  <div class="container">
    <div>
      <movie-index-header ></movie-index-header> <!-- 展示引入的 header 组件 -->
```

```
      </div>
      <div class="contentMain">
        <div>
          <div class="contentLeft">
            <ul class="cont-ul">
              <movies-list v-for="item in movieItems" : key="item._id" :
              id="item._id" : movieName="item.movieName" : movieTime="item.
              movieTime"></movies-list><!--引入 MovieList-->
            </ul>
          </div>
        </div>
        <div>
          <common-footer></common-footer>  <!-- 展示引入的 footer 组件 -->
        </div>
      </div>
  </div>
</template>
<script>
import MovieIndexHeader from '../components/MovieIndexHeader'
import CommonFooter from '../components/commonFooter'
import MoviesList from '../components/MoviesList'
```

```
// 逻辑部分代码
export default {
  name: 'movieList',
  data () {
    return {
      movieItems: []
    }
  },
  components: {
    MovieIndexHeader,
    CommonFooter,
    MoviesList
  },

//这里用于获取数据
  created () {
//获取所有电影
    this.$http.get('http: //localhost: 3000/movie/list').then((data) => {
      this.movieItems = data.body.data;
      console.log( data.body)
    })
  },
  methods: {
  }
}
</script>

<style lang="css" scoped>
  .container {
    width: 100%;
```

```
    margin:  0 auto;
  }
  .contentMain{
    padding-top:  150px;
  }
  .contentText{
    font-size:  15px;
    padding-top:  20px;
  }
</style>
```

通过服务器端的 get 请求可以获取相关的数据内容，接下来赋值给相关的变量，并且使用 v-for 循环赋值给列表组件。

8.7.6　电影详情页

电影详情页的逻辑主要涉及两个组件：一个获取电影信息，一个是通过 movie_id 获取相关评论和评论内容。

首先是基本电影内容的显示，通过导航 URL 中携带的一个 ID 值获取服务器内容，此时使用 post 方式，请求 http: //localhost: 3000/movie/detail 地址，通过发送 ID 作为请求的参数，并且将获取内容显示出来。

（1）获取 URL 的参数，即单击后的 ID 值，并将其赋值给变量中，代码如下：

```
this.movie_id=this.$route.query.id
movie_id=this.$route.query.id
```

（2）通过$http 进行 post 请求，代码如下：

```
this.$http.post('http: //localhost: 3000/movie/detail',{id:  movie_
id}).then((data) => {
  this.detail = data.body.data;
})
```

除了显示相关的电影内容外，本页面还有两个相关功能，一个是点赞功能，一个是获取下载地址功能。

1．点赞功能

首先是点赞功能，通过 v-on 绑定一个 support()方法，此方法在 JavaScript 代码中进行申明，需要在 export default 中新增一个 methods 对象。support()方法的定义如下：

```
support: function (event) {
  this.$http.post('http: //localhost: 3000/movie/support',{id: movie_
  id}).then((data1)=>{
    let data_temp= data1.body
    let that=this
    console.log(data_temp)
    if(data_temp.status===0){
      this.$http.post('http: //localhost: 3000/movie/showNumber',{id:
```

```
movie_id}).then((data2)=>{
that.detail['movieNumSuppose']=data2.body.data.movieNumSuppose
        })
      }else{
        alert(data_temp.message)
      }
    })
  },
}
```

当然，请求服务器完成后，需要在单击后将原本的数据加 1，让使用者看到增加的数字，如图 8-16 所示。

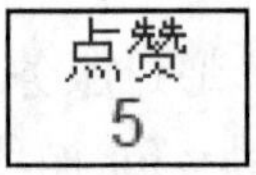

┌──────────┐
│ 点赞   │
│   5   │
└──────────┘

图 8-16　点赞示意

2．获取下载地址

获取下载地址非常简单，通过 ID 发送请求后，直接跳转下载地址即可。代码如下：

```
movieDownload: function (event) {
    this.$http.post('http: //localhost: 3000/movie/download',{movie_id:
    movie_id}).then((data1)=>{
        if(data1.status==1){
          alert(data1.message)
        }else{
          window.location=data1.data;
        }
    })
}
```

🔔**注意**：使用 movieDownload 接口的意义并非是获得相关的下载地址，这里是为了在后台做一些操作或者统计，这样的下载方式在网页中比较常见，也可用于显示验证和广告等功能。

统计下载数量功能的完整代码如下：

```
<template lang="html">
<!--此页面需要-->
  <div class="container">
    <div>
      <movie-index-header ></movie-index-header> <!-- 展示引入的 header 组件 -->
    </div>
    <div class="contentMain">
      <div class="">
        <h1>{{detail.movieName}}</h1>
        <div class="viewNum">下载次数：{{detail.movieNumDownload}}</div>
      </div>
      <div class="">
      <button v-on: click=movieDownload()>点击下载</button>
      </div>
      <div>
        <img class="headerImg" v-bind: src=detail.movieImg>
      </div>
```

```
        <div v-on: click="support()" class="btnPosition">
          <div class="SupportBtn">点赞<div>{{detail.movieNumSuppose}}</div></div>
          </div>
        </div>
      </div>
      <div>
      <comment v-bind: movie_id="movie_id"></comment>
</div>
      <div>
        <common-footer></common-footer>  <!-- 展示引入的 footer 组件 -->
      </div>
    </div>
  </div>
</template>
<script>
import MovieIndexHeader from '../components/MovieIndexHeader'
import CommonFooter from '../components/commonFooter'
import Comment  from '../components/Comment.vue'

let movie_id=0
// 逻辑部分代码
export default {
  name: 'MovieDetail',
  data () {
    return {
      detail: [],
    }
  },
  components: {
    MovieIndexHeader,
    CommonFooter,
    Comment,
  },

  created () {
    //初始化后获取电影内容
    this.movie_id=this.$route.query.id
    movie_id=this.$route.query.id
    this.$http.post('http: //localhost: 3000/movie/detail',{id: movie_
    id}).then((data) => {
      this.detail = data.body.data;
    })
  },
  methods: {
    //点赞
    support: function (event) {
      this.$http.post('http: //localhost: 3000/movie/support',{id: movie_
      id}).then((data1)=>{
        let data_temp= data1.body
        let that=this
        console.log(data_temp)
        if(data_temp.status===0){
          this.$http.post('http: //localhost: 3000/movie/showNumber',{id:
```

```
        movie_id})).then((data2)=>{
          that.detail['movieNumSuppose']=data2.body.data.movieNum
          Suppose
        })
      }else{
        alert(data_temp.message)
      }

    })
  },
//    电影下载
  movieDownload: function (event) {
    this.$http.post('http: //localhost: 3000/movie/download',{movie_id:
    movie_id})).then((data reback)=>{
      if(data reback.status==1){
        alert(data reback.message)
      }else{
//跳转至该下载链接
        window.location=data reback.data;
      }
    })
  }
}
}
</script>

<style lang="css" scoped>
  .headerImg{
    height: 200px;
  }
  .container {
    width: 100%;
    margin: 0 auto;
  }
  .contentMain{
    padding-top: 150px;
  }

  .btnPosition{
    padding-left: 48%;
  }
  .SupportBtn{
    border:  solid 1px #000;
    width: 60px;
  }
  .viewNum{
    font-size: 10px;
  }
</style>
```

最后，本页面需要一个评论组件，如上面代码所示，通过 v-bind 将 movie_id 传递至组件中用于获取相关内容，当然，这里也要对已经完成的 Comment.vue 进行更新。代码如下：

```html
<template lang="html">
<div>
<label >评论</label>
<hr>
<div>
    <li v-for="item in items">
    {{ item.username }}评论: {{item.context}}
  </li>
</div>

<div style="padding: 5px">
    <textarea v-model="context" style="width:  80%;height: 50px ;"
    placeholder="内容"></textarea>
</div>
<div style="padding-top: 10px">
    <button v-on: click="send_comment">评论</button>
</div>
</div>

</template>
<!--这里获取所有的评论,并且还可以发表评论,对于文章详情页也可以使用-->
<script>

// 逻辑部分代码
export default {
  props: ['movie_id'],
  data () {
    return {
      items: [],
      context: '',
    }
  },
  created(){
//获得所有的评论
    this.$http.post('http: //localhost: 3000/movie/comment',{id: this.
    movie_id}).then((data) => {
      if(data.body.status==0){
        this.items=data.body.data
      }else{
        alert("获得失败")
      }
    })
  },
  methods: {
    send_comment(event){
      let send_data;
        if(typeof(localStorage.username)!="undefined"){
        send_data={
          movie_id: this.movie_id,
          context: this.context,
          username: localStorage.username
        }
```

```
    }else{
      send_data={
        movie_id: this.movie_id,
        context: this.context,
      }
    }

    this.$http.post('http: //localhost: 3000/users/postCommment', send_
    data).then((data) => {
        alert(data.body.message)
    })
  }
 }
}
</script>
<style lang="css" scoped>
</style>
```

通过组件传递的 ID 获得有关的评论内容，当用户输入新的评论内容之后，将 v-model
绑定的数据通过 post 方式将请求发送到相关的 API 地址中，并且打印返回信息。具体的
评论效果如图 8-17 所示。

图 8-17　评论

8.7.7　新闻页面功能

新闻页面本质上和电影详情内容几乎一致，评论组件的复用也正说明了页面组件的优势。

利用唯一产生的 ID 作为评论相对应的值，就可以在任何一个页面中增加评论功能。
方法就是传递不同且唯一的 ID 并使用 v-bind 来绑定每个组件的值。完整代码如下：

```
<template lang="html">
<!--此页面需要-->
  <div class="container">
   <div>
     <movie-index-header ></movie-index-header> <!-- 展示引入的 header 组件 -->
   </div>
   <div class="contentMain">
      <h1>{{detail.articleTitle}}</h1>
      <div>{{detail.articleTime}}</div>
      <div class="contentText">{{detail.articleContext}}</div>
   </div>
      <comment v-bind: movie_id="article_id"></comment>
   <div>
     <common-footer></common-footer>   <!-- 展示引入的 footer 组件 -->
```

```
      </div>
    </div>
</template>
<script>
import MovieIndexHeader from '../components/MovieIndexHeader'
import CommonFooter from '../components/commonFooter'
import Comment from '../components/Comment.vue'

let article_id=0
//逻辑部分代码
export default {
  name: 'NewDetail',
  data () {
    return {
      detail: [],
      article_id: '',
    }
  },
  components: {
    MovieIndexHeader,
    CommonFooter,
    Comment,
  },

//这里用于获取数据
  created () {
    article_id=this.$route.query.id
    this.article_id=article_id
    this.$http.post('http: //localhost: 3000/articleDetail',{article_id:
    article_id}).then((data) => {
      this.detail = data.body.data[0];
      this.detail.articleTime = new Date(parseInt(this.detail.article
      Time)).toLocaleString();
    })
  },
  methods: {
  }
}
</script>

<style lang="css" scoped>
  .container {
    width: 100%;
    margin: 0 auto;
  }
  .contentMain{
    padding-top: 150px;
  }
  .contentText{
    font-size: 15px;
    padding-top: 20px;
  }
```

```
</style>
```

8.7.8　用户登录功能

用户登录页面承载了整个系统的登录控制，通过此处页面登录后，要在 Session 中存储相关的 username 和 token 值。

本例提供注册和忘记密码两个功能，单击相应按钮跳转到相关页面。用户登录时，需要使用 v-model 绑定变量，当用户单击"登录"按钮时，将用户名和密码发送至服务器提供的 API 上。代码如下：

```
userLogin: function (event) {
this.$http.post('http: //localhost: 3000/users/login',{username:
this.username, password: this.password}).then((data) => {
  if(data.body.status==1){
    alert(data.body.message)
  }else{
    let save_token={
      token: data.body.data.token,
      username:  this.username,
    }
    localStorage.setItem('token',data.body.data.token);
    localStorage.setItem('username',data.body.data.user[0].
    username);
    localStorage.setItem('_id',data.body.data.user[0]._id);
    this.$router.go(-1)
  }
})
},
```

用户登录成功后，使用 localStorage 存储用户的登录信息，可以在 Chrome 中查看到保存的信息，如图 8-18 所示。

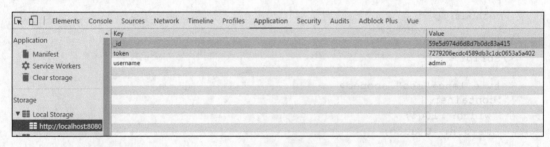

图 8-18　控制台

跳转页面使用 vue-router 中的 push()方法，其中 URL 为需要跳转的地址。

```
this.$router.push({path: url })
```

完整代码如下：

```html
<template lang="html">
  <div>
    <div>
    <div>
    <div class="box">
            <label>输入用户名：</label>
    <input v-model="username" placeholder="用户名">
</div>
    <div class="box">
    <label>密码：</label>
    <input v-model="password" placeholder="密码">
    </div>
    <div  class="box">
    <button v-on: click=userLogin()>登录</button>
    <button  style="margin-left: 10px" v-on:click=userRegister()>注册</button>
    <button  style="margin-left:  10px" v-on: click=findBackPassword()>
    忘记密码</button>
</div>

</div>
</div>


</div>

</template>
<script>
  // 逻辑部分代码
export default {
// 定义相关的变量
data(){
    return{
    username: '',
     password: '',
     }
 },
    methods: {
      userLogin: function (event) {
      this.$http.post('http: //localhost: 3000/users/login',{username:
      this.username, password: this.password}).then((data) => {
        if(data.body.status==1){
          alert(data.body.message)
        }else{
          let save_token={
            token: data.body.data.token,
            username:  this.username,
          }
          localStorage.setItem('token',data.body.data.token);
          localStorage.setItem('username',data.body.data.user[0].
          username);
          localStorage.setItem('_id',data.body.data.user[0]._id);
          this.$router.go(-1)
```

```
      }
    })
  },
//注册跳转页面
    userRegister: function (event) {
      this.$router.push({path: 'register'})
    },
//找回密码
    findBackPassword: function (event) {
      this.$router.push({path: 'findPassword'})
    }
  }

  }
</script>
<!-- 样式规定 -->
<style>
  .box{
    display: flex;
    justify-content: center;
    align-items: center;
    padding-top: 10px;
  }
</style>
```

用户登录成功后，会自动跳转到主页，同时在 userMessage.vue 的提示中会显示登录的用户名称。

8.7.9　用户注册页面功能

用户注册页面需要将用户的相关注册信息发送至服务器提供的 API 上，使用 v-model 绑定 name 和用户输入的值。同时对输入密码和重复输入密码进行对比，当用户输入的两次密码不同时，给用户弹出提示；如果两次一致，将表单传入到服务器中。完整代码如下：

```
<template lang="html">
  <div>
    <div>
    <div>
    <div class="box">
            <label>输入用户名：</label>
    <input v-model="username" placeholder="用户名">
</div>
    <div class="box">
    <label>输入密码：</label>
    <input v-model="password" placeholder="密码">
    </div>
      <div class="box">
    <label>重复输入密码：</label>
    <input v-model="rePassword" placeholder="密码">
```

```
    </div>
        <div class="box">
    <label>输入邮箱: </label>
    <input v-model="userMail" placeholder="邮箱">
    </div>
        <div class="box">
    <label>输入手机: </label>
    <input v-model="userPhone" placeholder="手机">
    </div>
    <div class="box">
    <button v-on: click=userRegister()>注册</button>
</div>
</div>
</div>
</div>
</template>
<script>
  // 逻辑部分代码
export default {
// 定义相关的变量
data(){
    return{
        username: '',
        password: '',
        userMail: '',
        userPhone: '',
        rePassword: '',
      }
    },
    methods: {
//注册方法
    userRegister: function (event) {
    if(this.password!=this.rePassword){
      alert("两次密码不一致")
    }else{
      let sendDate={
        username: this.username,
        password: this.password,
        userMail: this.userMail,
        userPhone: this.userPhone,
      }
      this.$http.post('http: //localhost: 3000/users/register',sendDate).
      then((data) => {
        if(data.body.status==1){
          alert(data.body.message)
        }else{
          alert(data.body.message)
          this.$router.go(-1)
        }
      })
    }
```

```
    },
  }

  }
</script>
<style>
  .box{
    display:  flex;
    justify-content:  center;
    align-items:  center;
    padding-top:  10px;
  }
</style>
```

用户注册成功弹出提示，如图 8-19 所示，然后跳转到登录的页面。

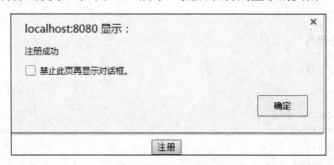

图 8-19　注册成功

8.7.10　用户密码找回功能

前面我们已经完成了相关的页面，这里需要定义一个显示不同表单的变量，用来控制显示，初始化时 showRePassword 为 false，showUserInfo 为 true。

用户密码找回功能的基本逻辑是，当用户重置密码时，进入密码重置页面，先隐藏输入密码的输入框（使用 v-show），当验证用户相关信息成功后，再显示重置密码的输入框，用户输入需要更改的密码后，显示密码更改成功。完整代码如下：

```html
<template lang="html">
  <div>
    <div>
    <div v-show="showUserInfo">
    <div class="box">
          <label>输入用户名：</label>
    <input v-model="username" placeholder="用户名">
</div>
    <div class="box">
    <label>输入邮箱：</label>
    <input v-model="userMail" placeholder="邮箱">
    </div>
```

```
        <div class="box">
        <label>输入手机: </label>
        <input v-model="userPhone" placeholder="手机">
        </div>

        <div class="box">
        <button v-on: click=checkUser()>找回密码</button>
</div>


</div>
<div v-show="showRePassword" >
    <div class="box" >
    <label>输入新密码: </label>
    <input v-model="repassword" placeholder="输入新密码">
    </div>
     <div class="box">
    <button v-on: click=changeUserPassword()>修改密码</button>
</div>
</div>
</div>


</div>

</template>
<script>
    //逻辑部分代码
export default {
//定义相关的变量
data(){
        return{
          userMail: '',
          userPhone: '',
          username: '',
          repassword: '',
          showRePassword: false,
          showUserInfo: true,
        }
    },
    methods: {
      checkUser: function (event) {
      this.$http.post('http: //localhost: 3000/users/findPassword',
      {username: this.username,userMail: this.userMail,userPhone:
      this.userPhone}).then((data) => {
        if(data.body.status==1){
          alert(data.body.message)
        }else{
          alert(data.body.message)
          this.showRePassword=true
          this.showUserInfo=false
```

```
          console.log(this.showRePassword)
        }
      })
    },
    changeUserPassword: function (event) {
      this.$http.post('http: //localhost: 3000/users/findPassword',
      {username: this.username,userMail: this.userMail,userPhone:
      this.userPhone, repassword: this.repassword}).then((data) => {
        if(data.body.status==1){
          alert(data.body.message)
        }else{
          alert(data.body.message)
          this.$router.go(-1)
        }
      })
    },

  }
 }
</script>
<!-- 样式规定 -->
<style>
  .box{
    display: flex;
    justify-content: center;
    align-items: center;
    padding-top: 10px;
  }
</style>
```

显示效果如图 8-20 所示。

单击"找回密码"按钮后，自动将 showUserInfo 重置为 false 状态，showRePassword 重置为 true，显示更新密码页面，如图 8-21 所示。

图 8-20　验证页面

图 8-21　更新密码页面

8.7.11　用户详情页逻辑

用户详情页面的逻辑是获取用户的详细内容，需要对 http: //localhost: 3000/showUser 发起一个 post 请求，以取得 user_id。

在本例的设计中，需要用户单击"忘记密码"按钮时才显示密码修改的内容，然后让用户自行更新密码。完整代码如下：

```html
<template lang="html">
<!--此页面需要-->
  <div class="container">
  <div>
      <movie-index-header ></movie-index-header> <!-- 展示引入的 header 组件 -->
  </div>
  <div class="userMessage">
    <user-message></user-message>
  </div>
<!--用户的相关信息-->

<div>
  <div class="box">用户名：{{detail.username}}</div>
</div>
<div>
  <div class="box">用户邮箱：{{detail.userMail}}</div>
</div>
<div>
  <div class="box">用户电话：{{detail.userPhone}}</div>
</div>
<div>
  <div class="box">用户状态：{{userStatus}}</div>
</div>
<div>
  <button v-on: click=ShowChangeUserPassword()>修改密码</button>
</div>
<div  v-show="showRePassword" >
   <div class="box" >
   <label>输入旧密码：</label>
   <input v-model="password" placeholder="输入旧密码">
   </div>
   <div class="box" >
   <label>输入新密码：</label>
   <input v-model="repassword" placeholder="输入新密码">
   </div>
    <div  class="box">
   <button v-on: click=changeUserPassword()>修改密码</button>
</div>
</div>
<div style="padding-top: 10px">
  <router-link to="/sendEmail">
    <button>发送站内信</button>
</router-link>

</div>
    <common-footer></common-footer>  <!-- 展示引入的 footer 组件 -->
  </div>
```

```
</template>
<script>
import MovieIndexHeader from '../components/MovieIndexHeader'
import CommonFooter from '../components/commonFooter'
import UserMessage from '../components/UserMessage'
//逻辑部分代码
export default {
  name: 'HelloWorld',
  data () {
    return {
      items: [],
      detail: [],
      userStatus: '',
      showRePassword: false,
      password: '',
      repassword: ''
    }
  },
  components: {
    MovieIndexHeader,
    CommonFooter,
    UserMessage
  },

  //这里用于获取数据
  created () {
    let userId=this.$route.query.id
    if(userId){
      this.$http.post('http: //localhost: 3000/showUser',{user_id: userId}).
      then((data) => {
        if( data.body.status==1){
          alert(data.body.message)
        }else{
          this.detail = data.body.data;
          if(data.body.data.userStop){
            this.userStatus="用户已经被封停"
          }else{
            this.userStatus="用户状态正常"
          }
        }
        console.log( data.body.data)
      })
    }else{
      alert("用户信息错误")
    }
  },
  methods: {
    ShowChangeUserPassword(event){
      this.showRePassword=true
    },
```

```
    changeUserPassword(event){
      let token=localStorage.token
      let user_id=localStorage._id
        this.$http.post('http: //localhost: 3000/users/findPassword',
        {token: token,user_id:user_id,repassword:this.repassword,password:
        this.password}).then((data) => {
          if(data.body.status==1){
            alert(data.body.message)
          }else{
            alert(data.body.message)
            this.$router.go(-1)
          }
        })
    },
  }
}
</script>

<style lang="css" scoped>
.box{
  display: inline-flex;
}
.container {
  width: 100%;
  margin: 0 auto;
}
.userMessage{
  padding-top: 60px;
  margin-top: -10px;
  margin-left: -10px;
}
</style>
```

读者需要注意，这里对用户状态进行了相应的加工，并且在更改用户密码的方法中，通过给后台 API 发送不同的请求参数，实现了更改登录密码而不需要输入相关的资料。

8.7.12 站内信逻辑

站内信页面涉及两个相关组件，一个是用来显示站内信列表的组件，一个是用来发送输入内容的文本框组件。

首先是对站内信列表组件的逻辑书写，只需要显示页面中传递的相关参数即可。完整代码如下：

```
<template lang="html">
<div class="message">
 <div>
    {{title}}
</div>
<div>
```

```
    {{fromUser}}
</div>
<div>
    {{context}}
</div>
</div>
</template>
<script>
//逻辑部分代码
export default {
  props: ['title', 'fromUser','context']
}
</script>
<style lang="css" scoped>
  .message{
    border: 1px solid;
  }
</style>
```

即只需要在 props 中增加显示的内容即可。

接下来是发送站内信的组件,此时需要获取用户输入的内容,并发送给后台 post 请求。
完整代码如下:

```
<template lang="html">
<div>
<div>
<input v-model="toUserName" placeholder="发送用户名">
</div>
    <div style="padding: 10px">
     <input v-model="title" placeholder="发送标题">
</div>

    <div style="padding: 5px">
     <textarea v-model="context" style="width: 80%;height: 50px ;"
     placeholder="内容"></textarea>
</div>

<div style="padding-top: 10px">
    <button v-on: click="send_mail">发送站内信</button>
</div>
</div>

</template>
<script>

//逻辑部分代码
export default {
  props: [],
  data () {
    return {
      toUserName: '',
```

```
      context: '',
      title: '',
    }
  },
  methods: {
    send_mail(event){
      let send_data={
        token: localStorage.token,
        user_id: localStorage._id,
        toUserName: this.toUserName,
        title: this.title,
        context: this.context,
      }
      this.$http.post('http: //localhost: 3000/users/sendEmail',send_
      data).then((data) => {
        if( data.body.status==1){
          alert(data.body.message)
        }else{
          alert('发送成功')
        }
      })
    }
  }
}
</script>
<style lang="css" scoped>
</style>
```

上述代码的实现就是通过发送用户信息和需要接受的用户名进行站内信的发送。站内逻辑接口没有实现模糊功能，对于该方式的后台 API，一定要输入正确的接受用户名才能进行发送和接受。

剩下的就只有页面的逻辑内容了，页面只要引入列表和输入框即可，在该页面中访问网址 http: //localhost: 3000/users/showEmail，通过不同的参数获取发送的内容和接收的内容。完整代码如下：

```
<template lang="html">
<!--此页面需要-->
  <div class="container">
  <div>
      <movie-index-header ></movie-index-header> <!-- 展示引入的 header 组件 -->
  </div>
  <div class="userMessage">
    <user-message></user-message>
  </div>
<!--用户的相关信息-->
<label>收件箱</label>
<div>
  <email-list v-for="item in receive_items" : title="item.title" :
```

```
      fromUser="item.fromUser" : context="item.context"></email-list>
  </div>
  <label>发件箱</label>
  <div>
    <email-list v-for="item in send_items" : title="item.title" :
    fromUser="item.fromUser" : context="item.context"></email-list>
  </div>

  <send-talk-box></send-talk-box>
     <common-footer></common-footer> <!-- 展示引入的 footer 组件 -->
    </div>
</template>
<script>
import MovieIndexHeader from '../components/MovieIndexHeader'
import CommonFooter from '../components/commonFooter'
import UserMessage from '../components/UserMessage'
import EmailList from '../components/EmailList.vue'
import SendTalkBox from '../components/SendTalkBox.vue'
// 逻辑部分代码
export default {
  name: 'HelloWorld',
  data () {
    return {
      receive_items: [],
      send_items: [],
      detail: [],
    }
  },
  components: {
    MovieIndexHeader,
    CommonFooter,
    UserMessage,
    EmailList,
    SendTalkBox,
  },

  // 这里用于获取数据
  created () {
    let userId=localStorage._id
    let send_data={
      token: localStorage.token,
      user_id: localStorage._id,
      receive: 0
    }
    let receive_data={
      token: localStorage.token,
      user_id: localStorage._id,
      receive: 1
```

```
      }

    if(userId){
      this.$http.post('http: //localhost: 3000/users/showEmail',send_data).
      then((data) => {
        if( data.body.status==1){
          alert(data.body.message)
        }else{
          this.send_items = data.body.data;
        }
      console.log( data.body.data)
      })
      this.$http.post('http: //localhost: 3000/users/showEmail',receive_
      data).then((data) => {
        if( data.body.status==1){
          alert(data.body.message)
        }else{
          this.receive_items = data.body.data;
        }
        console.log( data.body.data)
      })
    }else{
      alert("用户信息错误")
    }
  },
  methods: {

  }
}
</script>

<style lang="css" scoped>
  .box{
    display: inline-flex;
  }
  .container {
    width: 100%;
    margin: 0 auto;
  }
  .userMessage{
    padding-top: 60px;
    margin-top: -10px;
    margin-left: -10px;
  }
</style>
```

8.8　小结与练习

8.8.1　小结

本章其实是对第 7 章的补充，也就是更新第 7 章所有逻辑页面的代码。读者要掌握的是对逻辑代码的理解，并能够自行完成后台部分的逻辑功能编写，最后能成功运行和实现用户管理操作等后台功能。

8.8.2　练习

1．根据示例完成前台的所有页面逻辑和显示效果逻辑的编码工作。
2．根据示例自行理解和实现后台管理页面的逻辑编码工作。

第 4 篇
页面优化

▶▶ 第 9 章　让页面变得更加美丽

第9章 让页面变得更加美丽

截至目前，整个 Vue.js+Node 的项目已经基本完成了。但是细心的读者可能已经发现，整个项目的 UI 部分可谓是简陋不堪，只是为了实现相关的功能而完全没有考虑到 UI 的美观和实用。

本章要介绍的就是该项目页面的优化技术。

9.1 使用 CSS 美化 Vue.js

网页的美化主要靠 CSS。Vue.js 也可以借助 CSS 实现更好的效果。本节就来介绍 CSS 的概念和使用。

9.1.1 什么是 CSS

层叠样式表（Cascading Style Sheets，CSS）是一种用来表现 HTML（标准通用标记语言的一个应用）或 XML（标准通用标记语言的一个子集）等文件样式的计算机语言。CSS 不仅可以静态地修饰网页，还可以配合各种脚本语言动态地对网页各元素进行格式化。CSS 能够对网页中元素位置的排版进行像素级精确控制，几乎支持所有的字体、字号和样式，其拥有对网页对象和模型样式的编辑能力。下面介绍 CSS 的特点和优势。

1. 丰富的样式定义

CSS 提供了丰富的文档样式外观，以及设置文本和背景属性的能力；允许为任何元素创建边框，设置元素边框与其他元素间的距离，以及元素边框与元素内容间的距离；允许随意改变文本的大小写方式、修饰方式及其他页面效果。

2. 易于使用和修改

CSS 可以将样式定义在 HTML 元素的 style 属性中，也可以将其定义在 HTML 文档的 header 部分，还可以将样式声明在一个专门的 CSS 文件中，以供 HTML 页面引用。总之，CSS 样式表可以将所有的样式声明统一存放，进行统一管理。

另外，可以将相同样式的元素进行归类，使用同一个样式进行定义；也可以将某个样式应用到所有同名的 HTML 标签中；还可以将一个 CSS 样式指定到某个页面元素中。如果要修改样式，只需要在样式列表中找到相应的样式声明进行修改即可。

3．多页面应用

CSS 样式表可以单独存放在一个 CSS 文件中，这样开发者就可以在多个页面中使用同一个 CSS 样式表。CSS 样式表理论上不属于任何页面文件，在任何页面文件中都可以将其引用。这样就可以实现多个页面风格的统一。

4．层叠

简单地说，层叠就是对一个元素多次设置同一个样式，这将使用最后一次设置的属性值。例如，对一个站点中的多个页面使用了同一套 CSS 样式表，而某些页面中的某些元素想使用其他样式，就可以针对这些样式单独定义一个样式表应用到页面中。这些后来定义的样式将对前面的样式设置进行重写，在浏览器中看到的将是最后设置的样式效果。

5．页面压缩

在使用 HTML 定义页面效果的网站中，往往需要大量或重复的表格和 font 元素形成各种规格的文字样式，这样做的后果是会产生大量的 HTML 标签，从而增加页面文件的大小。而将样式的声明单独放到 CSS 样式表中，可以大大减小页面的文件大小，这样在加载页面时使用的时间也会大大减少。另外，CSS 样式表的复用更大程度地缩减了页面的文件大小，减少了下载的时间。

之前的所有页面都使用了简单的 CSS 进行了样式调整。CSS 的使用虽然非常简单，但是如何合理地调整样式和整体网站的 UI，让其更加美观，这才是页面样式优化中的重中之重。

对于一个程序员而言，其实并不擅长优化用户界面，也不喜欢一次次地修改界面，也很难做到设计良好而风格统一的 UI。但是不用担心，在代码的世界里，总会有很多"大牛"已经制造好了"轮子"供开发者使用。这就是开源的力量。这个时候开发者应该使用一些更加简单易用的 UI 框架进行项目开发。

9.1.2　如何在项目中使用 CSS

其实在前面所讲的页面中我们已经使用了大量的 CSS 元素，简单地编写了页面需要显示的内容。如果读者需要更深入地理解 CSS 的知识，请参阅基本的 CSS 文档，或者登录 W3C School 学习有关 CSS 的知识，网址是 http://www.w3school.com.cn/。

如果读者开发过网站或写过基本的静态页面，应该能理解如何在一个项目中使用 CSS 样式。在 Vue.js 中，使用原生的 CSS 也是非常简单的一件事情，因为 Vue.js 支持 CSS 的书写方式。

比如，可以尝试在 Vue.js 的页面中直接使用 CSS 样式，如下方的<div>：

```
<div class="divTest">CSS 测试
</div>
```

定义 CSS 的代码如下：

```
. divTest{
    Width:100px;
    Height:100px;
}
```

这样就完成了 div 的样式。但对开发者而言，所有的样式如果都需要手写是非常繁琐的，而且难度也非常高，这时就该用到现有的开源 UI 框架库了。

9.2　动态绑定 class，让页面变得美观

操作元素的 class 列表和内联样式是数据绑定常见需求。因为它们都是属性，所以可以用 v-bind 处理它们：只需要通过表达式计算出字符串结果即可。不过字符串拼接麻烦且易错，因此在将 v-bind 用于 class 和 style 时，Vue.js 做了专门的增强。表达式结果的类型除了字符串之外，还可以是对象或数组。

对于一个具体项目的 UI 美化，可以参见 9.6 节。该节对如何使用 CSS，以及如何使用网络中的开源 UI 组件库进行了实践。

9.2.1　绑定对象语法

开发者可以通过传给 v-bind:class 一个对象，动态地切换 class。

【示例 9-1】绑定样式举例。

```
<div v-bind:class="{ active: isActive }"></div>
```

上面的语法表示 active 这个 class 存在与否将取决于数据属性 isActive 是否为真值（truthy）时。

🔔注意：这里读者一定要区分真值（truthy）和 true 的区别。比如说，任意一个字符串本身就是一个真值，即其本身存在即为真值，而 true 只是一个 boolean 类型，供逻辑判断使用。而 JavaScript 中有 Truthy 值和 Falsy 值的概念——除了 boolean 值为 true 和 false 外，所有类型的 JavaScript 值均可用于逻辑判断。其规则如下：
所有的 Falsy 值当进行逻辑判断时均为 false。falsy 值包括 false、undefined、null、正负 0、NaN 和""。
其余所有的值均为 Truthy，当进行逻辑判断时均为 true。值得注意的是，Infinity、空数组和"0"都是 Truthy 值。

可以通过一个简单的 JavaScript 代码来验证该情况。

```
//字符串 0 为真值
let x = "0";
if(x){
//该输出会执行
  console.log("string 0 is Truthy.")
} else {
  console.log("string 0 is Falsy.")
}
//数字 0 为 falsy
  let x1 = 0;
if(x1){
  console.log("0 is Truthy.")
} else {
//该输出会执行
  console.log("0 is Falsy.")
}
//空数组也为真值（存在）
let y = [];
if(y){
//该输出执行
  console.log("empty array is Truthy.")
} else {
  console.log("empty array is Falsy.")
}
```

执行效果如图 9-1 所示。

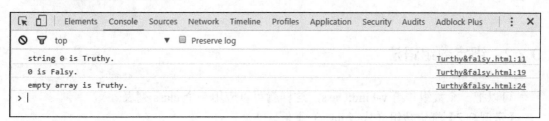

图 9-1　打印效果

开发者可以在对象中传入更多属性来动态地切换多个 class。此外，v-bind:class 指令也可以与普通的 class 属性共存。代码如下：

```
<div class="static"
    v-bind:class="{ active: isActive, 'text-danger': hasError }">
</div>
```

例如，以下变量 data 中指定的数据和普通的 class 属性可以共存。

```
data: {
  isActive: true,
  hasError: false
}
```

结果渲染为：

```
<div class="static active"></div>
```

当 isActive 或 hasError 变化时，class 列表将相应地更新。如果 hasError 的值为 true，class 列表将变为"static active text-danger"。

绑定的数据对象不必内联定义在模板里。

```
<div v-bind:class="classObject"></div>
data: {
  classObject: {
    active: true,
    'text-danger': false
  }
}
```

渲染的结果和上面一样。也可以在这里绑定一个返回对象的计算属性。这是一个常用且强大的模式。如下：

```
<div v-bind:class="classObject"></div>
data: {
  isActive: true,
  error: null
},
computed: {
  classObject: function () {
    return {
      active: this.isActive && !this.error,
      'text-danger': this.error && this.error.type === 'fatal'
    }
  }
}
```

9.2.2　绑定数组语法

可以把一个数组传给 v-bind:class，这样就可以应用一个 class 列表。

【示例 9-2】绑定数组样式（class）举例。

```
<div v-bind:class="[activeClass, errorClass]"></div>

data: {
  activeClass: 'active',
  errorClass: 'text-danger'
}
```

渲染为：

```
<div class="active text-danger"></div>
```

如果一个项目开发需求中，需要开发者根据条件切换列表中的 class 以达到不同的样式和布局，可使用三元表达式。代码如下：

```
<div v-bind:class="[isActive ? activeClass : '', errorClass]"></div>
```

上述代码将始终添加 errorClass，但是只有在 isActive 的判断为 true 时才添加

activeClass。不过，当有多个条件样式（class）时这样写有些繁琐，所以可以使用对象语法来达到简化代码的作用。

改写后的代码如下：

```
<div v-bind:class="[{ active: isActive }, errorClass]"></div>
```

这里分为两个使用场景，当在组件上使用时和直接使用内联样式的情况下。如果需要在一个自定义组件上使用 class 属性时，这些样式类会被添加到根元素上面，且元素上已经存在的类不会被覆盖。

当使用内联样式时同样可以绑定数组语法和对象语法。

注意：v-bind:style 的对象语法十分直观，看着非常像 CSS，但其实是一个 JavaScript 对象。CSS 属性名可以用驼峰式（camelCase）或短横线分隔（kebab-case，记得用单引号括起来）来命名。

下面可以通过一段代码来说明。通过对 style 样式的绑定，以及在 data 中指定文字的大小和颜色来获得相应的效果。

```
<div v-bind:style="{ color: activeColor, fontSize: fontSize + 'px' }"></div>

// 对于样式对象进行赋值
data: {
  activeColor: 'red',
  fontSize: 30
}
```

因为绑定的样式其实是 JavaScript 对象，所以也可以直接绑定一个样式对象，这会让模板更清晰。改写后的代码如下，其可以达到同样的效果，但是改写后更容易理解和修改。

```
<div v-bind:style="styleObject"></div>
// 直接在 data 中定义一个内联样式对象
data: {
  styleObject: {
    color: 'red',
    fontSize: '13px'
  }
}
```

当然，对象语法常常结合返回对象的计算属性来使用，这样可以让整个页面变得更加动态且适合更多的应用场景和环境。

注意：v-bind:style 的数组语法可以将多个样式对象应用到同一个元素上，直接传递一个相应的数组即可以应用。代码如下：

```
<div v-bind:style="[baseStyles, overridingStyles]"></div>
```

9.2.3　自动添加前缀

当 v-bind:style 使用需要添加浏览器引擎前缀的 CSS 属性时（如 transform），Vue.js 会自动侦测并添加相应的前缀。

这样的特性极大减少了对于全浏览器适配的工作量，让开发者不需要顾虑如何适配不同的浏览器。

【示例 9-3】 可以新建一个 index.html 文件，引入 Vue.js，并使用 v-bind 语法来绑定 style 并且指定其 transform 属性。

```html
<!DOCTYPE html>
<html>
<head>
    <meta charset="utf-8">
    <title>自动添加前缀</title>
    <script type="text/javascript" src="http://vuejs.org/js/vue.min.js">
    </script>
</head>
<body>
<div id="app">
    <!--设立一个 div，其长宽均为 100px，背景为绿色-->
    <div style="padding: 100px">
        <!--对这个 div 绑定一个 transform 属性-->
        <div style="width: 100px;height: 100px;background: green;color:#
        fff" v-bind:style="{transform:transformVal}">旋转 div</div>
    </div>
</div>
<script>
    new Vue({
        el: '#app',
        data: {
//赋值样式属性
            transformVal: 'rotate(7deg)'
        }
    })
</script>
</body>
</html>
```

其显示效果如图 9-2 所示。此时使用的浏览器为 Chrome 浏览器。

🔔**注意**：需要指出，浏览器前缀是 CSS 3 初期支持程度不同而造成的结果，即不同浏览器为了兼容 CSS 3 新特性而出现的一种临时解决方案。但是随着浏览器版本的逐步更新，所有的 CSS 3 几乎都已经被统一而不需要前缀了。为了解决不同版本的适配问题，还是应当对老版本的浏览器进行适配。

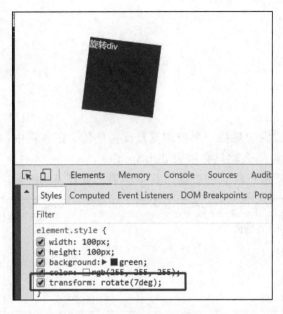

图 9-2　旋转后的效果

9.2.4　绑定多重值

从 Vue.js 2.3.0 起，开发者可以为 style 绑定的属性提供一个包含多个值的数组，这常用于多个带前缀的值，可以新建一个 index.html 进行测试。

【示例 9-4】首先仍然需要引用 Vue.js，接着对于一个 div 的 style 属性传入一个关于 flexbox 的属性数组。其代码如下：

```html
<!DOCTYPE html>
<html>
<head>
    <meta charset="utf-8">
    <title>绑定多重值</title>
    <script type="text/javascript" src="http://vuejs.org/js/vue.min.
    js"></script>
</head>
<body>
<div id="app">
    <!--设立一个 div-->
    <div>
        <!--对于这个 div 绑定一个 display 属性-->
        <div v-bind:style="{ display: ['-webkit-box', '-ms-flexbox',
        'flex'] }">绑定多重值</div>
    </div>
</div>
<script>
    new Vue({
```

```
        el: '#app',
        data: {

        }
    })
</script>
</body>
</html>
```

这样写只会渲染数组中最后一个被浏览器支持的值。在本例中，如果浏览器支持不带浏览器前缀的 flexbox，那么就只会渲染 display: flex。

可以打开审查元素进行样式的查看，其页面显示如图 9-3 所示。

图 9-3　绑定多重值

9.3　丰富多彩的模板和 UI 框架

本节将会介绍相关的前端框架，从最常用的一般网页 UI 框架到专门为 Vue.js 设计的前端框架入手，让读者体会前端世界的丰富多彩。

9.3.1　常用的 UI 框架

有很多针对 Vue.js 的特性制作的相关主题和 UI，大大减少了个人开发者开发应用界面 UI 的难度。作为一个新的开发技术，Vue.js 受到了许多大公司的追捧，它们在开发完成自己公司产品的同时，将自己设计开发的 UI 库返还给了 Vue.js 的开发社区。这使得开源软件的发展越来越完善，也使得个人开发者上手的难度越来越小。

下面是对于一些常见的 Vue.jsUI 组件库的介绍。

1. Element组件库

Element 是饿了么平台之前端推出的基于 Vue.js 2.0 的后台组件库,它能够帮助我们更轻松、快速地开发 Web 项目。在发展 UI 的同时,饿了么平台也制作了更简单的网站快速成型工具,使得不仅是开发者甚至设计师、产品经理都可以方便地使用基于 Vue.js 2.0 的桌面端组件库,色彩风格也非常适合现阶段国内应用和网页系统的开发。

Element 官网使用了该框架进行开发,如图 9-4 所示。

图 9-4　Element 网站主页

- Element 官网地址是 http://element-cn.eleme.io/#/zh-CN;
- GitHub 地址是 https://github.com/ElemeFE/element;
- 开源协议采用 MIT 协议。

2. iView组件库

iView 是一套基于 Vue.js 的高质量 UI 组件库。饿了么平台是业务驱动的 UI 库,iView 却拥有自己的设计原则,并且众多公司都在使用,包括 TalkingData、阿里巴巴、京东、滴滴等公司。

iView 提供了高质量、功能丰富的 UI 库和插件,并允许使用友好的 API,自由灵活地使用空间。iView 的文档非常完善,且提供了定制化的主题。

TalkingData 作为其开发方,主页同样使用 iView 作为开发 Vue.js 的 UI 库,效果如图 9-5 所示。

- iView 的官网地址为 https://www.iviewui.com/;

- GitHub 地址为 https://github.com/iview/iview；
- 开源协议采用 MIT 协议。

图 9-5　TalkingData 官网

3．Vuetify组件库

Material Design（简称 MD）是近年非常流行的设计风格，由 Google 领头并提出设计风格规范，在设计界的影响非常大。当下所有的 UI 界面都出现了符合 MD 的设计版本，当然，Vue.js 作为前端的库也出现了大量符合 MD 的组件库，Vuetify 就是其中之一。

Vuetify 官网的设计如图 9-6 所示。

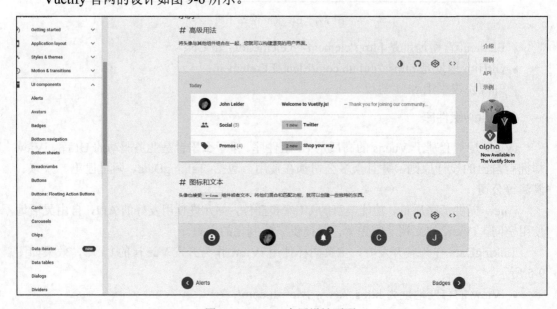

图 9-6　Vuetify 官网设计页面

- Vuetify 官网地址为 https://vuetifyjs.com/zh-Hans/；
- GitHub 地址为 https://github.com/vuetifyjs/vuetify；
- 开源协议采用 MIT 协议。

整个 Vue.js 的 UI 组件库是非常丰富的，这里只是介绍了几个常用的组件库，而很多不常用但也非常强大的 UI 组件就靠各位读者自己来发现了。其他一些常见的组件库如图 9-7 所示。

图 9-7 常用 UI 组件库

9.3.2 如何使用专门为 Vue.js 准备的 UI 框架

一般而言，市面上所有知名 UI 框架均存在于 npm 库中，如果用户需要使用该 UI 框架，只需要在项目中添加该包的版本号，然后再使用相关的命令进行安装即可。本书接下来会演示如何使用这些框架。

9.4 使用 Vue-iView 建立精美的应用

本文以 iView 为例，介绍如何使用 UI 组件库，其支持的功能和提供的组件如图 9-8 所示。

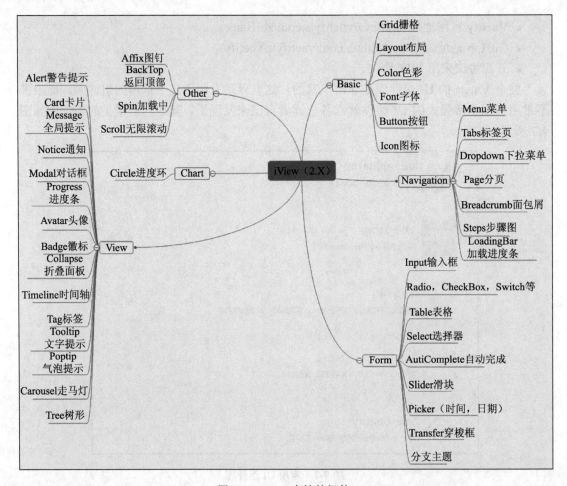

图 9-8 iView 支持的组件

iView 已经实现了对 Vue.js 2.0 版本的支持，这使得整个 iView 更有活力。

9.4.1 安装 iView

iView 的安装方式和 Vue.js 的安装方式类似，有两种安装方式：CDN 方式和 npm 方式。

1. CDN方式

打开网址 http://unpkg.com/iview，可以看到 iView 最新版本的资源，也可以切换版本选择需要的资源，在页面上引入 JavaScript 和 CSS 文件即可开始使用。

在浏览器中输入该网址，网址会自动跳转至最新的内容，当然也可以在右上角的下拉列表框中选择想要的版本，如图 9-9 所示。

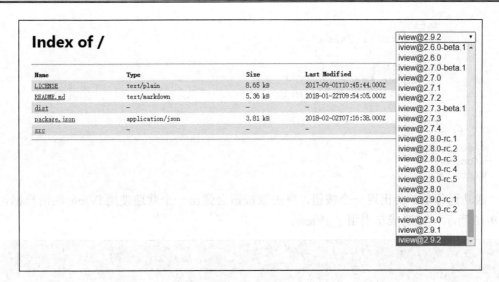

图 9-9　选择版本

之后直接在页面中引入内容即可，代码如下：

【示例 9-5】CDN 方式引用 iView。

```
<!-- import Vue.js -->
<script src="//vuejs.org/js/vue.min.js"></script>
<!-- import stylesheet -->
<link rel="stylesheet" href="//unpkg.com/iview/dist/styles/iview.css">
<!-- import iView -->
<script src="//unpkg.com/iview/dist/iview.min.js"></script>
```

然后可以使用一个示例来测试是否正确引用了。新建一个 HTML 文件 iviewTest.html，
代码如下：

```
<!DOCTYPE html>
<html>
<head>
    <meta charset="utf-8">
    <title>iview</title>
    <link rel="stylesheet" type="text/css" href="http://unpkg.com/iview/dist/
    styles/iview.css">
    <script type="text/javascript" src="http://vuejs.org/js/vue.min.js">
    </script>
    <script type="text/javascript" src="https://unpkg.com/iview@2.9.2/
    dist/iview.min.js"></script>
</head>
<body>
<div id="app">
    <i-button @click="show">点击弹出!</i-button>
    <Modal v-model="visible" title="Welcome">欢迎使用 iView</Modal>
</div>
<script>
    new Vue({
        el: '#app',
```

```
        data: {
            visible: false
        },
        methods: {
            show: function () {
                this.visible = true;
            }
        }
    })
</script>
</body>
</html>
```

成功运行后，会出现一个按钮，单击该按钮会弹出一个欢迎使用 iView 的消息框，如图 9-10 所示，说明成功引用了 iView。

图 9-10　iView 测试

2.npm方式

官方并不推荐 CDN 这样的引用方式，因为使用 npm 方式可以更好地结合所有的控件，并且可以非常方便地进行包管理，能结合 Webpack 做一些类似全球化的语言设置或其他功能。

采用 npm 安装的方式也很简单、便捷。只需要使用以下命令，即可成功安装。

```
$ npm install iview --save
```

9.4.2　iView 的用法

官方推荐使用 Webpack 作为打包工具。为了方便开发者工作，官方提供了一个脚手架 iView Cli，可以快速搭建使用 iView 的应用。官方还提供了示例的程序 iview-project。如果直接使用该程序，无须配置，可以直接享受 iView 开发。当然之前使用的 vue-cli 也可以作为 iView 的脚手架，但是需要进行简单配置。

读者可以体验一下官方提供的基础工程 iview-project。Github 地址是 https://github.com/iview/iview-project。将 GitHub 中的项目下载至本地，使用 git clone 命令（需要本机安装 Git 环境），如图 9-11 所示；或者直接下载，将项目的压缩包下载至本地并解压。

```
                        MINGW32 /e/JavaScript/vue_book/9-3-2 (master)
$ git clone https://github.com/iview/iview-project.git
Cloning into 'iview-project'...
remote: Counting objects: 135, done.
remote: Total 135 (delta 0), reused 0 (delta 0), pack-reused 135
Receiving objects: 100% (135/135), 71.01 KiB | 0 bytes/s, done.
Resolving deltas: 100% (58/58), done.
```

图 9-11　git clone 命令

打开命令行工具，使用 cd 命令进入项目工程所在的文件夹，在其项目的根目录下使用 npm install 进行所需插件的安装，安装完成后的效果如图 9-12 所示。

```
管理员: C:\Windows\system32\cmd.exe

Microsoft Windows [版本 6.1.7601]
版权所有 (c) 2009 Microsoft Corporation。保留所有权利。

C:\Users\zhangfan2>cd E:\JavaScript\vue_book\9-3-2\iview-project

C:\Users\zhangfan2>E:

E:\JavaScript\vue_book\9-3-2\iview-project>npm install
npm WARN deprecated babel@6.23.0: In 6.x, the babel package has been deprecated
in favor of babel-cli. Check https://opencollective.com/babel to support the Bab
el maintainers
npm WARN deprecated minimatch@0.3.0: Please update to minimatch 3.0.2 or higher
to avoid a RegExp DoS issue
npm WARN optional SKIPPING OPTIONAL DEPENDENCY: fsevents@1.1.3 (node_modules\web
pack\node_modules\fsevents):
npm WARN notsup SKIPPING OPTIONAL DEPENDENCY: Unsupported platform for fsevents@
1.1.3: wanted {"os":"darwin","arch":"any"} (current: {"os":"win32","arch":"x64"}
)
npm WARN optional SKIPPING OPTIONAL DEPENDENCY: fsevents@1.1.3 (node_modules\web
pack-dev-server\node_modules\fsevents):
npm WARN notsup SKIPPING OPTIONAL DEPENDENCY: Unsupported platform for fsevents@
1.1.3: wanted {"os":"darwin","arch":"any"} (current: {"os":"win32","arch":"x64"}
)

added 1410 packages in 259.749s
```

图 9-12　npm 方式安装

安装成功后，使用 npm run init 命令初始化网站项目，该命令在第一次运行时，会在项目文件夹中建立一个 index 文件作为访问的入口，然后初始化实例文件、检查包等。然后使用 npm　run dev 命令运行开发环境，效果如图 9-13 所示。

图 9-13　运行效果

注意：该工程使用的是 Vue.js 2 + vue-router + Webpack 2 + iView 2，官方并没有提供可以自定义的版本，如果使用其他版本不保证一定可以正确运行。

9.4.3　应用 iView 主题

iView 最大的一个亮点就是提供了大量不同的 UI 主题，在一定程度上可以根据用户的需要定制属于自己公司和品牌的相关主题，更加贴合业务的需要和多样化的视觉要求。

iView 的样式是基于 Less 的，其主题文件是以前缀.ivu-作为命名空间，并且定义了一套样式变量。所以对变量列表进行的更新，相当于对主题的更新。

修改主题可以使用两种方法。下面具体介绍。

1．变量覆盖

用变量覆盖方法来修改主题则要求用户使用了 Webpack 打包工程，需要在项目中新建一个目录，并建立一个新的 less 文件。在入口文件（main.js）中引入 less 文件，即可完成修改。读者可以使用官方的示例程序用来尝试修改主题。

首先需要如 9.4.2 节中一样成功运行该示例程序，然后进入根目录，选择 src 文件夹。该文件夹是放置开发者代码的地方，在其下再新建一个文件夹 theme，然后在其中新建 index.less 文件，输入以下代码：

```
@import '~iview/src/styles/index.less';
@primary-color        : #60f016;
```

🔔**注意**：在默认的主题中，文字的主题颜色是蓝色的（#2d8cf0），我们将其改成绿色（#60f016）。

这样，一个样式文件就完成了，但此时项目本身依旧没有使用到该主题，此时需要在 main.js 文件中引入这个主题。打开 main.js 文件，在其中添加以下代码内容，引入样式。

```
import './theme/index.less';
```

保存代码，等待程序自动重启编译，更改后的样式内容如图 9-14 所示，主题的主页颜色变成了绿色。

图 9-14　更改后的效果

2．通过安装工具来修改

通过安装工具修改的方法主要是针对没有使用 Webpack 的开发者，此时需要使用由官方提供的 iview-theme 来进行编译，安装主题生成工具，也可以从 npm 全局安装或在项目中局部安装。

使用 npm install iview-theme –g 命令来安装主题生成工具。然后在业务工程里新建一个目录，用来存放主题文件，使用下面的命令初始化主题，这时会从 iView 仓库拉取最新的样式文件：

```
iview-theme init my-theme
```

最后编辑 my-theme/custom.less 文件，用以下命令进行编译：

```
iview-theme build -o dist/
```

之后会在目录下生成一个.CSS 样式文件，然后在入口文件中引入该文件，可以参考下方的引入代码：

```
import Vue from 'vue';
import iView from 'iview';
import '../my-theme/dist/iview.css';
Vue.use(iView);
```

注意：第 2 种修改主题方式略显烦琐，因为本书使用 Webpack 作为构建工具，并且直接使用 cil 工具，所以推荐使用第 1 种方法来更改主题。

9.5　常用组件

任何一种 UI 组监库，之所以被称为组件库，就是因为它不仅是一些设计样式和颜色，而且提供了非常多的开箱即用的组件。本节以 iView 组件库为例，编写一些小例子，而在 9.6 节中则会对项目本身进行优化。

9.5.1　栅格（Grid）组件

iView 使用了 24 栅格系统，如果读者使用过 Bootstrap 这样的 UI 框架，应该对栅格系统非常熟悉。24 栅格将一排的区域进行了 24 等分，使开发者可以轻松应对大部分的布局问题。24 栅格的比例意义如图 9-15 所示。

如果需要一个平分的样式，可以使用 row 行样式（class）在水平方向创建一行之后，将一组 col 分格样式（class）插入在 row 行样式（class）中，通过设置 col 分格样式（class）的 span 参数，指定跨越的范围，其范围是 1~24（这里为了将其进行等分，所以选择 12），最后在每个 col 分格中输入自己的内容。

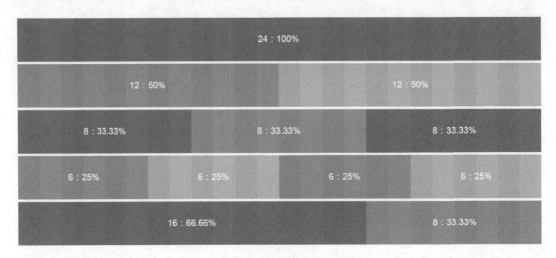

图 9-15　24 栅格的比例示意

【示例 9-6】可以在前面建立的基本框架中进行测试。打开 9.4 节使用过的项目，成功运行后主页中会出现 iView 的 LOGO。代码位于 src/views/index.vue 中，可以通过更改主页显示内容来测试本节的栅格布局。

```
<style scoped lang="less">
    .index{
        width: 100%;
        position: absolute;
        top: 0;
        bottom: 0;
        left: 0;
        text-align: center;
        h1{
            height: 150px;
            img{
                height: 100%;
            }
        }
        h2{
            color: #666;
            margin-bottom: 200px;
            p{
                margin: 0 0 50px;
            }
        }
        .ivu-row-flex{
            height: 100%;
        }
    }
</style>
<template>
    <div class="index">
        <!--定义行-->
        <Row type="flex" justify="center" align="middle">
```

```
<!--左侧的标志和按钮-->
<Col span="12">
    <h1>
        <img src="../images/logo.png">
    </h1>
    <h2>
        <p>Welcome to your iView app!</p>
        <Button type="ghost" @click="handleStartLeft">左侧
        iView</Button>
    </h2>
</Col>
<!--右侧的标志和按钮-->
<Col span="12">
<h1>
    <img src="../images/logo.png">
</h1>
<h2>
    <p>Welcome to your iView app!</p>
    <Button type="ghost" @click="handleStartRight">右侧 iView</
    Button>
</h2>
</Col>
        </Row>
    </div>
</template>
<script>
// 逻辑部分代码
export default {
    methods: {
        handleStartLeft () {
            this.$Modal.info({
                title: 'test',
                content: '点击左侧的 iview'
            });
        },
        handleStartRight() {
            this.$Modal.info({
                title: 'test',
                content:  '点击右侧的 iview'
            });
        },
    }
}
</script>
```

　　这样就完成了一个基本的栅格布局，刷新页面后，会自动显示出更改后的效果，由原来的一个居中的标志，变成了一行两个标志，如图 9-16 所示。

🔊注意：栅格布局同样也支持类似 Bootstrap 的响应式布局，可以采用预设 4 个响应尺寸（xs、sm、md 和 lg），在设置之后，即会在不同的尺寸大小下获得更好的显示效果，可以调整浏览器尺寸来查看效果。

图 9-16　平分栅格

9.5.2　按钮

　　按钮是 UI 组件不可或缺的一部分，任何交互都需要按钮的参与，最简单的按钮只是提供一个单击的功能，而没有考虑更好的交互和样式，而 iView 中的按钮，提供了丰富的色彩和样式。

　　iView 按钮类型有：默认按钮、主按钮、幽灵按钮、虚线按钮、文字按钮及 4 种颜色按钮。可以通过设置 type 为 primary、ghost、dashed、text、info、success、warning、error 来创建不同样式的按钮，如不设置则为默认样式。

　　iView 可以在基本按钮的基础上更改按钮的形状，或直接在其上设置相关的图标（如搜索按钮）和大、中、小 3 种尺寸。通过设置 icon 属性在 Button 内嵌入一个 Icon，或者直接在 Button 内使用 Icon 组件即可。

　　使用 Button 的 icon 属性，图标位置将在最左边，如果需要自定义图标位置，需使用 Icon 组件。通过设置 shape 属性为 circle，可将按钮设置为圆形。通过设置 size 为 large 和 small，将按钮设置为大尺寸和小尺寸，如不设置则为默认（即中尺寸）尺寸。

　　依旧可以在 9.5.1 节的示例主页中测试按钮，在<template></template>标签的最底层<div class="mian"></div>增加新的代码段如下：

　　【示例 9-7】按钮举例。

```
<Row  type="flex" justify="center" align="middle">
        <Col span="24">
        <!--圆形搜索按钮 primary-->
            <Button type="primary" shape="circle" icon="ios-search">
            </Button>
        <!--圆角搜索图标文字按钮，ghost-->
            <Button type="ghost" shape="circle" icon="ios-search">搜索
            </Button>
        <!--虚线按钮，普通形状，图标-->
            <Button type="dashed"  icon="ios-search"></Button>
        <!--文字按钮-->
```

```
        <Button type="text" icon="ios-search">搜索</Button>
    <!--info 按钮，大-->
        <Button type="info" size="large">搜索</Button>
    <!--成功按钮，默认-->
        <Button type="success">搜索</Button>
    <!--警告按钮，小-->
        <Button type="warning" size="small">搜索</Button>
    </Col>
    </Row>
```

成功保存后，刷新显示，按钮效果如图 9-17 所示。

图 9-17 按钮图示

9.5.3 表单组件

iView 中为每一个项目提供了非常多的交互式表单组件，整个表单组件都非常好用，这里介绍常用的几种组件。

1．input输入框

input 输入框是基本表单组件，支持 input 和 textarea，并在原生控件基础上进行了功能扩展，可以组合使用。

🔔注意：此类表单组件都可以使用 v-model 指令进行双向数据绑定。

input 输入框允许直接设置 style 来改变输入框的宽度，默认为 100%。输入框有 3 种尺寸：大、默认（中）、小。通过设置 size 为 large、small 来设置大、小尺寸，不设置的话为默认（中）尺寸。通过 icon 属性可以在输入框右边设置一个图标，单击该图标会触发 on-click 事件。当 type 属性为 textarea 时是文本域，用于多行输入，rows 属性控制文本域默认显示的行数。

对于需要不可用状态的表单组件，只需要直接添加其组件的不可使用（disabled）属性就可以了。

2．radio单选框

radio 单选框用于一组可选项的单项选择，或者单独用于切换到选中状态，使用 v-model

指令属性可以双向绑定数据。

使用 RadioGroup 实现一组互斥的选项组。在组合使用时，radio 单选框使用 label 属性的值来自动判断。每个 radio 单选框的内容可以自定义，如不填写则默认使用 label 的值。

组合使用时可以设置属性 type 为 button 来应用按钮的样式，同样也支持按钮的尺寸设置，即通过调整 size 属性来控制其大小（size、large、small）。

3. CheckBox多选框

CheckBox 多选框用于一组可选项的多项选择，或者单独用于标记切换某种状态，同样可以绑定于 v-model 指令。

使用 CheckboxGroup 配合数组来生成组合。在组合使用时，Checkbox 使用 label 属性的值来自动判断是否为选中状态。每个 Checkbox 多选框的内容可以自定义，如不填写则默认使用 label 的值，通过设置 CheckBox 的 disable 属性可以禁用该 CheckBox。

4. Select选择器

下拉式的选择模式，使用模拟的增强下拉选择器来代替浏览器原生的选择器。选择器支持单选、多选、搜索及键盘快捷操作。可以使用 v-model 属性实现双向绑定数据。单选时，value 只接受字符串和数字类型；多选时，只接受数组类型，组件会自动根据每一个选项（Option）的值（value）来返回选中的数据。

可以给 Select 添加 style 样式，如宽度。在展开选择器后，可以使用键盘的 Page UP 和 Page Dwn 键进行上下快速选择，按 Enter 确认，按 Esc 键收起选择器。

通过设置 size 属性为 large 和 small，可将输入框设置为大尺寸和小尺寸，不设置的话为默认（中）尺寸，也可以通过 disable 属性设置其是否禁用。

【示例 9-8】使用 OptionGroup 可将选项进行分组，可以在 9.5.2 节的代码中尝试一下，在 index.vue 中的最底层<div></div>标签中添加以下代码。

```
<!--选择器-->
<Select v-model="model7" style="width:200px">
    <OptionGroup label="水果">
      <Option v-for="item in list1" :value="item.value" :key="item.value">
      {{ item.label }}</Option>
    </OptionGroup>
    <OptionGroup label="蔬菜">
      <Option v-for="item in list2" :value="item.value" :key="item.value">
      {{ item.label }}</Option>
    </OptionGroup>
</Select>
```

除样式以外，还需要在<script></script>代码中更新 data 值，代码如下：

```
// 定义相关的变量
data(){
    return{
      list1: [
```

```
    {
        value: '苹果',
        label: 'apple'
    },
    {
        value: '梨',
        label: 'pear'
    },
    ],
    list2: [
    {
        value: '卷心菜',
        label: 'cabbage'
    },
    ],
    }
},
```

保存成功后，刷新页面，可以看到主页中出现了一个下拉选择框，效果如图 9-18 所示。

图 9-18　选择器分组

通过设置属性 multiple 可以开启多选模式。在多选模式下，model 接受数组类型的数据，所返回的也是数组。通过设置属性 filterable 可以开启搜索模式，单选和多选都支持搜索模式。多选搜索时，可以使用键盘的 Delete 键快速删除最后一个已选项。

5. 日期时间选择器

iView 自带了方便好用的时间和日期选择器，使用户不必去网上寻找相关的插件。

使用日期选择器，设置 type 属性为 date 或 daterange，可分别选择单个日期时间或日期时间范围。使用时间选择器，设置 type 属性为 time 或 timerange，可分别选择单个时间或范围时间类型。

6. 表单

了解了如此多的表单组件，那我们就来制作一个简单但功能比较完善的表单页面吧。这里还是在前面内容的基础上进行开发，由于本例内容比较多，所以新建一个路由和文件来编写相关的代码。

　　首先，打开项目根目录下的 views 文件夹，新建一个文件 formExample.vue，在其中编写代码如下：

```less
<style scoped lang="less">
    .index {
        width: 80%;
        position: absolute;
        top: 10%;
        bottom: 0;
        left: 10%;
        text-align: center;
        h1 {
            height: 150px;
            img {
                height: 100%;
            }
        }
        h2 {
            color: #666;
            margin-bottom: 200px;
            p {
                margin: 0 0 50px;
            }
        }
        .ivu-row-flex {
            height: 100%;
        }
    }
</style>
<template>
    <div class="index">
        <Form :model="formItem" :label-width="80">
            <FormItem label="Input">
                <!--input 组件-->
                <Input     v-model="formItem.input"     placeholder="Enter
something..."></Input>
            </FormItem>
            <FormItem label="Select">
                <!--select 组件-->
                <Select v-model="formItem.select">
                    <Option value="beijing">New York</Option>
                    <Option value="shanghai">London</Option>
                    <Option value="shenzhen">Sydney</Option>
                </Select>
            </FormItem>
            <FormItem label="DatePicker">
                <Row>
                    <Col span="11">
                    <!--日期选择组件-->
                    <DatePicker type="date" placeholder="Select date" v-model="
                    formItem.date"></DatePicker>
                    </Col>
                    <Col span="2" style="text-align: center">
```

```
                            -</Col>
                            <Col span="11">
                            <!--时间选择组件-->
                            <TimePicker type="time" placeholder="Select time" v-model="
                            formItem.time"></TimePicker>
                            </Col>
                        </Row>
                    </FormItem>
                    <FormItem label="Radio">
                        <!--单选组件-->
                        <RadioGroup v-model="formItem.radio">
                            <Radio label="male">Male</Radio>
                            <Radio label="female">Female</Radio>
                        </RadioGroup>
                    </FormItem>
                    <FormItem label="Checkbox">
                        <!--多选组件-->
                        <CheckboxGroup v-model="formItem.checkbox">
                            <Checkbox label="Eat"></Checkbox>
                            <Checkbox label="Sleep"></Checkbox>
                            <Checkbox label="Run"></Checkbox>
                            <Checkbox label="Movie"></Checkbox>
                        </CheckboxGroup>
                    </FormItem>
                    <FormItem label="Switch">
                        <!--开关组件-->
                        <i-switch v-model="formItem.switch" size="large">
                            <span slot="open">On</span>
                            <span slot="close">Off</span>
                        </i-switch>
                    </FormItem>
                    <FormItem label="Slider">
                        <!--滑动组件-->
                        <Slider v-model="formItem.slider" range></Slider>
                    </FormItem>
                    <FormItem label="Text">
                        <!--文本框组件-->
                        <Input v-model="formItem.textarea" type="textarea" :
                        autosize="{minRows: 2,maxRows: 5}"
                            placeholder="Enter something..."></Input>
                    </FormItem>
                    <FormItem>
                        <Button type="primary">Submit</Button>
                        <Button type="ghost" style="margin-left: 8px">Cancel</Button>
                    </FormItem>
                </Form>
        </div>
    </template>
<script>
//逻辑部分代码
export default {
        data() {
            return {
                formItem: {
```

```
                    input: '',
                    select: '',
                    radio: 'male',
                    checkbox: [],
                    switch: true,
                    date: '',
                    time: '',
                    slider: [20, 50],
                    textarea: ''
                }
            }
        }
        ,
        methods: {}
    }
</script>
```

接着，在 router.js 中定义相关路由，在 router.js 中的 router 数组中加入如下代码。

```
{
    path: '/formExample',
    meta: {
        title: '表单测试'
    },
    component: (resolve) => require(['./views/formExample.vue'], resolve)
}
```

保存所有代码后，等待程序自动重启，刷新页面，接着访问网址 http://localhost:8080/formExample，可以进入该页面，如图 9-19 所示。

图 9-19 完整表单

这样一个完整的表单就完成了。

🔔**注意:** 在 Form 内，每个表单域由 FormItem 组成，可包含的控件有 Input、Radio、Checkbox、Switch、Select、Slider、DatePicker、TimePicker、Cascader、Transfer、InputNumber、

Rate、Upload、AutoComplete 和 ColorPicker。

给 FormItem 设置属性 label 即可以显示表单域的标题，但是需要给 Form 设置 label-width 才可以正常显示。给 FormItem 设置 label-for 属性可以指定原生的 label 标签的 for 属性，配合设置控件的 element-id 属性，可以在单击 label 时聚焦控件。

9.5.4　表格

一个显示良好的表格能极大提高网站功能的可用性。而 Web 开发中最基本的表格只提供了非常简单的表格功能，iView 则添加了其他大量的功能，用于展示大量的结构化数据，其支持排序、筛选、分页、自定义操作、导出 CSV 等复杂功能。

【示例 9-9】下面在上一个项目的基础上重新写一个表格的展示页面。在 views 文件夹中新建一个 tableExample.vue 文件，用于编写页面的代码，文件内容如下：

```less
<style scoped lang="less">
    .index {
        width: 80%;
        position: absolute;
        top: 10%;
        bottom: 0;
        left: 10%;
        text-align: center;
        h1 {
            height: 150px;
            img {
                height: 100%;
            }
        }
        h2 {
            color: #666;
            margin-bottom: 200px;
            p {
                margin: 0 0 50px;
            }
        }
        .ivu-row-flex {
            height: 100%;
        }
    }
</style>
<template>
    <div class="index">
        <Table :columns="columns" :data="tableData" size="small" ref="table"></Table>
        <br>
        <Button type="primary" size="large" @click="exportData(1)"><Icon type="ios-download-outline"></Icon> 导出所有的数据</Button>
```

```
            <Button type="primary" size="large" @click="exportData(2)"><Icon
            type="ios-download-outline"></Icon> 导出筛选后的数据</Button>
        </div>
</template>
<script>
//逻辑部分代码
export default {
        data () {
            return {
                columns: [
                    {
                        "title": "名称",
                        "key": "name",
                        "fixed": "left",
                    },
                    {
                        "title": "显示",
                        "key": "show",
                        "sortable": true,
                        filters: [
                            {
                                label: '大于 4000',
                                value: 1
                            },
                            {
                                label: '小于 4000',
                                value: 2
                            }
                        ],
                        filterMultiple: false,
                        filterMethod (value, row) {
                            if (value === 1) {
                                return row.show > 4000;
                            } else if (value === 2) {
                                return row.show < 4000;
                            }
                        }
                    },
                ],
                tableData: [
                    {
                    "name": "Name1",
                    "show": 7302,
                    },
                    {
                    "name": "Name2",
                    "show": 4720,
                    },
                    {
                    "name": "Name3",
                    "show": 7181,
```

```
            },
            {
                "name": "Name4",
                "show": 9911,
            },
            {
                "name": "Name5",
                "show": 934,
            },
            {
                "name": "Name6",
                "show": 6856,
            },
            {
                "name": "Name7",
                "show": 5107,
            },
            {
                "name": "Name8",
                "show": 862,
            },
            ]
        }
    },
    methods: {
        exportData (type) {
            if (type === 1) {
                this.$refs.table.exportCsv({
                    filename: 'The original data'
                });
            } else if (type === 2) {
                this.$refs.table.exportCsv({
                    filename: 'Sorting and filtering data',
                    original: false
                });
            }
        }
    }
  }
}
</script>
```

在 router.js 中命名该文件的访问路由，在 router.js 文件的 roter 数组中增加如下代码：

```
{
    path: '/tableExample',
    meta: {
        title: '表格测试'
    },
    component: (resolve) => require(['./views/tableExample.vue'], resolve)
}
```

保存后，输入路由路径 http://localhost:8080/tableExample 并访问，结果如图 9-20 所示。单击此表单后的下载按钮，会自动下载该表单的数据，文件类型为.cvs 文件。

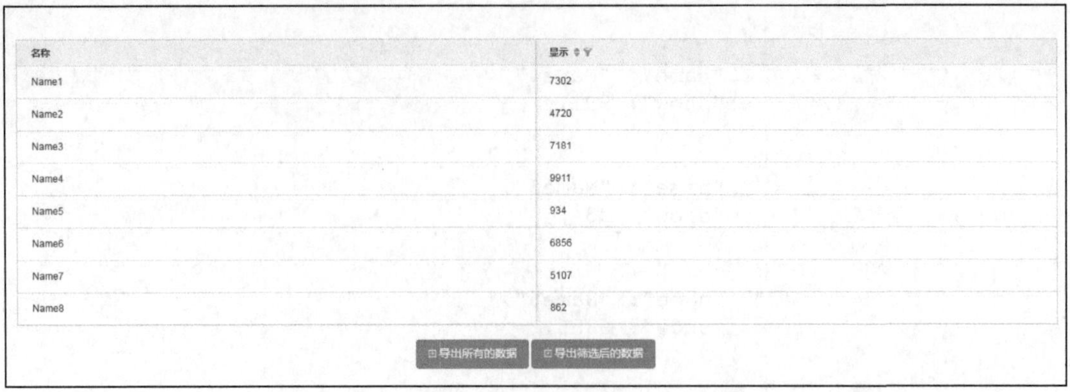
名称
显示
Name1
7302
Name2
4720
Name3
7181
Name4
9911
Name5
934
Name6
6856
Name7
5107
Name8
862
导出所有的数据
导出筛选后的数据

图 9-20 表格展示

9.6 使用 iView 美化项目

既然本章中已经介绍了那么多的 UI 组件，那么我们之前的电影项目应当如何优化呢？

本节将使用 iView 对之前使用原生样式的页面进行改写。本节还会介绍如何使用原生的 Vue.js 构建工具来结合 iView 进行项目美化。

9.6.1 在项目中使用 iView

首先在根目录下安装 iView，进入 book_view 文件夹的根目录（package.json 文件所在目录），运行 npm install iview –save，安装 iView，如图 9-21 所示。iView 安装后会在 package.json 中的 dependencies 增加新的依赖包。

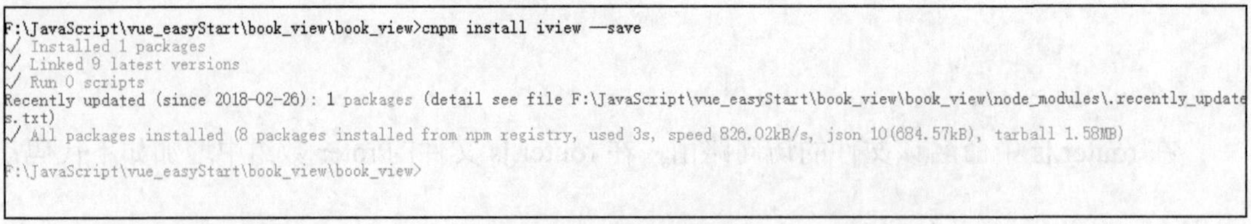
F:\JavaScript\vue_easyStart\book_view\book_view>cnpm install iview —save
√ Installed 1 packages
√ Linked 9 latest versions
√ Run 0 scripts
Recently updated (since 2018-02-26): 1 packages (detail see file F:\JavaScript\vue_easyStart\book_view\book_view\node_modules\.recently_updates.txt)
√ All packages installed (8 packages installed from npm registry, used 3s, speed 826.02kB/s, json 10(684.57kB), tarball 1.58MB)
F:\JavaScript\vue_easyStart\book_view\book_view>

图 9-21 安装 iView

接着在 Webpack 入口页面的 main.js 文件中添加配置，这样才能正确引用 iView 的 UI 组件。

【示例 9-10】iView 举例。

```
import Vue from 'vue';
import VueRouter from 'vue-router';
```

```
import App from 'components/app.vue';
import Routers from './router.js';
import iView from 'iview';
import 'iview/dist/styles/iview.css';

Vue.use(VueRouter);
Vue.use(iView);

//设定常量
const RouterConfig = {
    routes: Routers
};
const router = new VueRouter(RouterConfig);

new Vue({
    el: '#app',
    router: router,
    render: h => h(App)
});
```

注意：借助插件 babel-plugin-import 可以实现按需加载组件，而不是整体引用所有的包，这样可以极大地减少文件的占用。

引入成功后，运行该程序，可以看到项目主页已经改变了自身的样式，但还没有达到我们需要的程度，所以后面要继续改写主页。

注意：如果是在非 iView 模板工程或 iview-cli 中使用该组件，部分组件一定需要前缀加 i。

在非 template/render 模式下（如使用 CDN 引用时），组件名要分隔，如 datepicker 必须要写成 date-picker。

以下组件在非 template/render 模式下需要加前缀 i-。

- Button: i-button；
- Col: i-col；
- Table: i-table；
- Input: i-input；
- Form: i-form；
- Menu: i-menu；
- Select: i-select；
- Option: i-option；
- Progress: i-progress。

以下组件在所有模式下必须加前缀 i-，除非使用 iview-loader。

- Switch: i-switch；
- Circle: i-circle。

9.6.2　主页的样式改造

主页的样式由一个导航栏构成，在原来的代码中使用了简单的 div 进行分块，这里可以使用 Card 作为页面的分块内容，使用 Menu 作为页面导航（Navigation）。

首先对于公用的 Header 部分进行改写。修改 MovieIndexHeader.vue 中的内容，这里直接使用 iView 提供的导航菜单 Menu。完整代码如下：

```html
<template>
  <Menu mode="horizontal" theme="dark" active-name="1">
    <router-link to="/">
    <MenuItem name="1">
      <Icon type="ios-paper"></Icon>
      主页
    </MenuItem>
    </router-link>
    <router-link to="/movieList">
    <MenuItem name="2">
      <Icon type="ios-people"></Icon>
    电影
    </MenuItem>
    </router-link>
  </Menu>
</template>
<script>
//逻辑部分代码
export default {

}
</script>
```

接下来需要更改登录条目，对于登录的状态处理并不需要增加其他的插件，只需要稍微调整一下颜色，使其更符合主题样式，并且因为不同浏览器页面高度的不同，还需要调整一下页面定位。

将曾经的绝对定位的登录按钮改写成栅格布局，以<Row>标签和<col>标签作为定位，当然对于本工程，使用的为<Row>和<i-col>标签。

🔔注意：定位问题当时是在主页中定义的，所以需要在 index.vue 中改写，只需删除　　　　userMessage 这个样式（class）即可。

更改后的代码如下：

```html
<template lang="html">
    <div v-if=!isLogin class="header">
      <Row>
<i-col span="2" offset="22">
       <router-link to="/loginPage">
          <div class="header_menu"><Icon type="person" />登录</div>
       </router-link>
```

```
    </i-col>
    </Row>

    </div>
    <div v-else class="header">
        <Row>
      <i-col span="2"  offset="22">
       <router-link :to="{path: '/userInfo', query:{ id: id }}">
          <div class="header_menu"><Icon type="person" />已登录: {{username}}
          </div>
      </router-link>
      </i-col>
      </Row>
    </div>
</template>.
```

不需要对原有的任何逻辑进行更改，直接可以使用之前的 JavaScript 代码完成新页面的业务逻辑，为了美观性，将页面样式稍微调整一下。

```
<style lang="css" scoped>
.header{
  width: 100%;
  height: 30px;
  left: 0;
  top: 0;
  color: #000;
  background-color: #c3bbbb;
}
  .header_menu{
    padding-top: 6px;
    color:#fff;
    font-size:12px;
  }
</style>
```

🔔注意：对于读者来说，不一定需要和示例中的代码一致，只需要在更新样式时不断地调试，这样可以获得更好的样式和布局搭配。

之后就是对下方列表的改造，这里使用基本的 Card 组件改写 index.vue，部分代码如下。首先是对主要显示部分的代码进行改动，利用栅格布局，设计每一个 Card 控件的大小，并且合理布局出相应的空格。

```
    <div class="contentMain" >
      <Row>
      <!--改写成栅格布局-->
      <i-col span="11" offset="1">
      <!--使用card组件-->
        <Card>
          <p slot="title">
            <Icon type="ios-film-outline"></Icon>
            电影
          </p>
            <ul class="cont-ul">
              <movies-list v-for="item in movieItems" :key="item._id" :
```

```
          id="item._id" :movieName="item.movieName" :movieTime="item.
          movieTime"></movies-list><!--引入 MovieList-->
        </ul>
      </Card>
    </i-col>
    <i-col span="10" offset="1">
    <!--使用 card 组件-->
      <Card>
        <p slot="title">
          <Icon type="edit"></Icon>
          新闻
        </p>
        <ul class="cont-ul">
          <!-- list 组件展示区, 并用 v-for 来将数据遍历, :xx="xxx"用来给子组件
          传递数据的 -->
          <news-list v-for="item in newsItems" :key="item._id" :id="
          item._id" :articleTitle="item.articleTitle" :articleTime="
          item.articleTime"></news-list>
        </ul>
      </Card>
    </i-col>
  </Row>
```

在 Card 控件中设置其标题为电影和新闻, 并且合理选择用到的图标。对页面的样式进行微调, 修改过的 CSS 样式代码如下:

```css
<style lang="css" scoped>
  .container {
    width: 100%;
    margin: 0 auto;
  }
  .contentMain{
    padding-top: 15px;
  }
  .userMessage{
    margin-top:0px;
    margin-left: 0px;
  }
  .contentPic{
    padding-top:5px;
  }

  .cont-ul {
    padding-top: 0.5rem;
    background-color: #fff;
  }
  .cont-ul::after {
    content: '';
    display: block;
    clear: both;
    width: 0;
    height: 0;
  }
</style>
```

保存成功后，单击"刷新"按钮，就可以看到最新的页面了，如图 9-22 所示，是不是相比之前的页面美观了许多呢？

图 9-22　主页改造后

主页改造完毕，9.6.3 节将对登录页和按钮进行 iView 组件的重构。

9.6.3　登录页的样式改造

登录页主要是表单的操作和美化，使用简单的表单加上原本的绑定元素就可以完成登录页面的改写。同样，使用 flex 布局方式，让其页面的所有内容均保证在网站视图的中间位置。

改写主页涉及多个组件文件，而登录页面的修改只要改动一个 vue 文件，修改登录页面文件 loginPage.vue 即可。完整代码如下：

```html
<template lang="html">
  <div>

    <div class="box">
    <div style="width: 30%;padding-top: 10%">
      <label>LOGIN</label>
    <div>
          <i-input type="text" v-model="username" placeholder="用户名">
            <Icon type="ios-person-outline" slot="prepend"></Icon>
          </i-input>
    </div>
    <div class="box">
            <i-input type="text" v-model="password" placeholder="密码">
            <Icon type="ios-locked-outline" slot="prepend"></Icon>
          </i-input>
```

```
        </div>
      </div>
  </div>

    <div class="box">
      <i-button type="primary" v-on:click=userLogin()>登录</i-button>
      <i-button type="ghost" style="margin-left: 10px" v-on:click=
      userRegister()>注册</i-button>
      <i-button type="text" style="margin-left: 10px" v-on:click=
      findBackPassword()>忘记密码</i-button>
    </div>
  </div>

</template>
<script>
  //逻辑部分代码
export default {
//定义相关的变量
data(){
    return{
      username:'',
      password:'',
    }
  },
    methods:{
      userLogin:function (event) {
      this.$http.post('http://localhost:3000/users/login',{username: this.
      username,password:this.password}).then((data) => {
        if(data.body.status==1){
          alert(data.body.message)
        }else{
          let save_token={
            token:data.body.data.token,
            username: this.username,
          }
//在本地存储以下的值
          localStorage.setItem('token',data.body.data.token);

localStorage.setItem('username',data.body.data.user[0].username);
          localStorage.setItem('_id',data.body.data.user[0]._id);
//回退到上一个页面
          this.$router.go(-1)
        }
      })
    },
//注册跳转页面
      userRegister:function (event) {
        this.$router.push({path:'register'})
      },
//找回密码
      findBackPassword:function (event) {
```

```
        this.$router.push({path:'findPassword'})
      }
    }


  }
</script>
<!-- 样式规定 -->
<style>
  .box{
    display: flex;
    justify-content: center;
    align-items: center;
    padding-top: 10px;
  }
}
</style>
```

保存后，等待程序自动重启成功，然后刷新页面，可以看到更新后的页面样式如图 9-23 所示。

图 9-23　重写登录页面

9.7　小结与练习

9.7.1　小结

本章介绍了大量的 UI 组件库，并对 iView 库进行了深入介绍，使用 iView 对前面的电影项目进行了界面优化。

本章的重点并非是如何使用 UI 组件库，而是告诉读者在 Vue.js 乃至整个开发环境中，合理运用现有的插件和框架是非常简单而且方便的事情。这并不是一味地图省事或加快项目进程，而是通过应用其他开发者的代码，加深自己对代码的理解和编写能力。毕竟在人生的每一个时刻，我们都是学习者，编程尤其是这样，只有对新鲜的事物保持强烈的好奇和痴迷，才能真正成为一个合格的程序"猿"。

9.7.2　练习

　　本章只是对两个比较有特色的页面进行了 iView 化的页面改写，但整个项目并没有完全更新页面样式。所以本章的练习，希望读者可以自行根据 iView 的文档进行所有页面的更新和重写。

　　1．尝试对其他页面进行 iView 组件库的应用和页面重写。

　　2．尝试使用其他 UI 组件库进行页面的改写。

附录 iView 组件默认样式

```less
// Prefix
@css-prefix                : ivu-;
@css-prefix-iconfont       : ivu-icon;

// Color
@primary-color             : #2d8cf0;
@info-color                : #2db7f5;
@success-color             : #19be6b;
@warning-color             : #ff9900;
@error-color               : #ed3f14;
@link-color                : #2D8cF0;
@link-hover-color          : tint(@link-color, 20%);
@link-active-color         : shade(@link-color, 5%);
@selected-color            : fade(@primary-color, 90%);
@tooltip-color             : #fff;
@subsidiary-color          : #80848f;
@rate-star-color           : #f5a623;

// Base
@body-background           : #fff;
@font-family               : "Helvetica Neue",Helvetica,"PingFang SC","
                             Hiragino Sans GB","Microsoft YaHei","微软雅黑",
                             Arial,sans-serif;
@code-family               : Consolas,Menlo,Courier,monospace;
@title-color               : #1c2438;
@text-color                : #495060;
@font-size-base            : 14px;
@font-size-small           : 12px;
@line-height-base          : 1.5;
```

```
@line-height-computed              : floor(((@font-size-base * @line-height-base));
@border-radius-base                : 6px;
@border-radius-small               : 4px;
@cursor-disabled                   : not-allowed;

// Border color
@border-color-base                 : #dddee1;    // outside
@border-color-split                : #e9eaec;    // inside

// Background color
@background-color-base             : #f7f7f7;    // base
@background-color-select-hover: @input-disabled-bg;
@tooltip-bg                        : rgba(70, 76, 91, .9);
@head-bg                           : #f9fafc;
@table-thead-bg                    : #f8f8f9;
@table-td-stripe-bg                : #f8f8f9;
@table-td-hover-bg                 : #ebf7ff;
@table-td-highlight-bg             : #ebf7ff;
@menu-dark-title                   : #495060;
@menu-dark-active-bg               : #363e4f;
@menu-dark-subsidiary-color        : rgba(255,255,255,.7);
@menu-dark-group-title-color       : rgba(255,255,255,.36);
@date-picker-cell-hover-bg         : #e1f0fe;

// Shadow
@shadow-color                      : rgba(0, 0, 0, .2);
@shadow-base                       : @shadow-down;
@shadow-card                       : 0 1px 1px 0 rgba(0,0,0,.1);
@shadow-up                         : 0 -1px 6px @shadow-color;
@shadow-down                       : 0 1px 6px @shadow-color;
@shadow-left                       : -1px 0 6px @shadow-color;
@shadow-right                      : 1px 0 6px @shadow-color;

// Button
@btn-font-weight                   : normal;
@btn-padding-base                  : 6px 15px;
```

```
@btn-padding-large                  : 6px 15px 7px 15px;
@btn-padding-small                  : 2px 7px;
@btn-font-size                       : 12px;
@btn-font-size-large                : 14px;
@btn-border-radius                  : 4px;
@btn-border-radius-small            : 3px;
@btn-group-border                   : shade(@primary-color, 5%);

@btn-disable-color                  : #bbbec4;
@btn-disable-bg                     : @background-color-base;
@btn-disable-border                 : @border-color-base;

@btn-default-color                  : @text-color;
@btn-default-bg                     : @background-color-base;
@btn-default-border                 : @border-color-base;

@btn-primary-color                  : #fff;
@btn-primary-bg                     : @primary-color;

@btn-ghost-color                    : @text-color;
@btn-ghost-bg                       : transparent;
@btn-ghost-border                   : @border-color-base;

@btn-circle-size                    : 32px;
@btn-circle-size-large              : 36px;
@btn-circle-size-small              : 24px;

// Layout and Grid
@grid-columns                       : 24;
@grid-gutter-width                  : 0;
@layout-body-background             : #f5f7f9;
@layout-header-background           : #495060;
@layout-header-height               : 64px;
@layout-header-padding              : 0 50px;
@layout-footer-padding              : 24px 50px;
@layout-footer-background           : @layout-body-background;
```

```
@layout-sider-background          : @layout-header-background;
@layout-trigger-height            : 48px;
@layout-trigger-color             : #fff;
@layout-zero-trigger-width        : 36px;
@layout-zero-trigger-height       : 42px;


// Legend
@legend-color                     : #999;


// Input
@input-height-base                : 32px;
@input-height-large               : 36px;
@input-height-small               : 24px;


@input-padding-horizontal         : 7px;
@input-padding-vertical-base      : 4px;
@input-padding-vertical-small     : 1px;
@input-padding-vertical-large     : 6px;


@input-placeholder-color          : @btn-disable-color;
@input-color                      : @text-color;
@input-border-color               : @border-color-base;
@input-bg                         : #fff;


@input-hover-border-color         : @primary-color;
@input-focus-border-color         : @primary-color;
@input-disabled-bg                : #f3f3f3;


// Tag
@tag-font-size                    : 12px;


// Media queries breakpoints
// Extra small screen / phone
@screen-xs                        : 480px;
@screen-xs-min                    : @screen-xs;
@screen-xs-max                    : (@screen-xs-min - 1);
```

```
// Small screen / tablet
@screen-sm                      : 768px;
@screen-sm-min                  : @screen-sm;
@screen-sm-max                  : (@screen-sm-min - 1);


// Medium screen / desktop
@screen-md                      : 992px;
@screen-md-min                  : @screen-md;
@screen-md-max                  : (@screen-md-min - 1);


// Large screen / wide desktop
@screen-lg                      : 1200px;
@screen-lg-min                  : @screen-lg;
@screen-lg-max                  : (@screen-lg-min - 1);


// Z-index
@zindex-spin                    : 8;
@zindex-affix                   : 10;
@zindex-back-top                : 10;
@zindex-select                  : 900;
@zindex-modal                   : 1000;
@zindex-message                 : 1010;
@zindex-notification            : 1010;
@zindex-tooltip                 : 1060;
@zindex-transfer                : 1060;
@zindex-loading-bar             : 2000;
@zindex-spin-fullscreen         : 2010;


// Animation
@animation-time                 : .3s;
@transition-time                : .2s;
@ease-in-out                    : ease-in-out;


// Slider
@slider-color                   : tint(@primary-color, 20%);
```

@slider-height   : 4px;
@slider-margin   : 16px 0;
@slider-button-wrap-size   : 18px;
@slider-button-wrap-offset   : -4px;
@slider-disabled-color   : #ccc;

// Avatar
@avatar-size-base   : 32px;
@avatar-size-lg   : 40px;
@avatar-size-sm   : 24px;
@avatar-font-size-base   : 18px;
@avatar-font-size-lg   : 24px;
@avatar-font-size-sm   : 14px;
@avatar-bg   : #ccc;
@avatar-color   : #fff;
@avatar-border-radius   : @border-radius-small;